科学思想文化丛书

什么是科学

李醒民 著

商务印书馆
The Commercial Press
创于1897

2014 年·北京

图书在版编目(CIP)数据

什么是科学/李醒民著. —北京:商务印书馆,2014
ISBN 978 - 7 - 100 - 08689 - 9

Ⅰ.①什… Ⅱ.①李… Ⅲ.①科学学—研究 Ⅳ.①G301

中国版本图书馆 CIP 数据核字(2014)第 050988 号

什么是科学

李醒民 著

商 务 印 书 馆 出 版
(北京王府井大街 36 号 邮政编码 100710)
商 务 印 书 馆 发 行
北京市松源印刷有限公司印刷
ISBN 978 - 7 - 100 - 08689 - 9

2014 年 12 月第 1 版 开本 880×1230 1/32
2014 年 12 月北京第 1 次印刷 印张 10³/₈
定价:28.00 元

科学是人类文化最高最独特的成就

——出版者的话

　　人类社会发展到今天,科学技术对社会的推动作用日益为人们所重视。正如德国哲学家卡西尔所言:"科学是人的智力发展的最后一步,并且可以被看成是人类文化最高最独特的成就。它是一种在特殊条件下才可能得到发展的非常晚而又非常精致的成果。""在我们现代世界中再没有第二种力量可以与科学思想的力量相匹敌。它是我们全部人类活动的顶点和极致,被看成是人类历史的最后篇章和人的哲学的最重要的主题"。

　　世界各国无不重视科学技术在国家发展中的地位作用,无不重视国民科学思想的培育养成,并始终将其视为国家核心竞争力的基础,教育的重要任务。为应对世界格局的不断变化,继续保持教育的领先水平和科技的创新实力,美国在 2007 年颁布了《美国创造机会以有意义地促进技术、教育和科学之卓越法》。该法案明确提出加强科学、技术、工程和数学(STEM)教育在国家教育中的地位作用,把 STEM 教育提到了国家战略发展的高度。因该法案英文缩写为 America COMPETES Act,通常又被人们称为《美国竞争法》。2008 年美国国际教育技术协会在修订《国家教师教育技术标准》时,也把发展和创新确定为标准修订的主导思想。明确指出:"世界变了,学生变了,学习方式变了;教师教学,也必须变化!"

2011年,美国国家科学院研究委员会在发布的《成功的K-12阶段STEM教育:确认科学、技术、工程和数学的有效途径》中进一步明确,中小学(K-12阶段)实施STEM教育的目标主要包含三个方面:一是扩大最终能在科学、技术、工程和数学领域学习高级学位与从业的学生人数,同时有效扩大科学、技术、工程和数学领域中女性和少数族裔的参与度;二是培育更多具有科学、技术、工程和数学素养的劳动力队伍并尽力扩大这一领域人员中女性和少数族裔参与度;三是提升所有学生的科学、技术、工程和数学素养,包括那些并不从事与科学、技术、工程和数学职业相关工作的学生或继续修读科学、技术、工程和数学学科的学生。

它山之石可以攻玉,我们编辑出版这套科学思想文化丛书,就是旨在让科学这一"人类文化最高最独特的成就"焕发应有的光芒,扩展公众的阅读视野,培育广大青年学生学习探究的兴趣,也为广大教师的教学提供一种参考。

科学思想文化丛书编委会

2014年11月

目　录

科学文化

什么是科学 *

科学①是人类文明和文化发展的最近的产物,但是它却构成了我们时代毋庸置疑的特征,并且正在铸造世界的未来。科学以技术为中介所发挥的物质功能惊天动地,有目共睹。科学作为形而上的思想成果,更具有神奇深邃的精神功能,令人不能不刮目相看。科学也是人性,尤其是人的理性以及非理性展示的广阔舞台。要知道,"我们最有价值的资源是智力和独创性"②,而科学正是人的智力和独创性最宏伟的释放和最集中的展现。卡西尔的概括掷地作金石声,不愧为经典性的隽语箴言:

> 科学是人的智力发展的最后一步,并且可以被看成是人类文化最高最独特的成就。它是一种在特殊条件下才可能得到发展的非常晚而又非常精致的成果。……在我们现代世界中再没有第二种力量可以与科学思想的力量相匹敌。它是我们全部人类活动的顶点和极致,被看成是人类历史的最后篇章和人的哲学的

---

* 原载长沙:《湖南社会科学》,2007年第1期,出版时题目有改动。

① 我们约定,本书中的"科学"主要指称"自然科学",其含义与英语 science 相同。除非特别强调时使用"自然科学",一般均以"科学"名之。当然,中文语境中的"科学"有时也包括部分在方法上和结构上与自然科学比较接近的社会科学学科在内,如技术经济学、数学金融学、科学技术考古学以及社会学、人口学中的某些分支等。我们一般不称关于人文的知识体系为"人文科学",而称"人文学科"。

② G. T. Seaborg, *A Scientific Speaks Out, A Personal Perspective on Science, Society and Change*, Singapore: World Scientific Publishing Co. Pte. Ltd. , 1996, p. 390.

最重要的主题。①

　　既然科学在人类历史中的作用和地位如此显赫,如此举足轻重,不言而喻,它肯定会成为公众关注和探讨的论题。在面对科学或着手研究科学之时,人们自然要问:"科学是什么"或者"什么是科学"?

　　在回答这个问题之前,我们不妨引用一下古罗马基督教神学家奥古斯丁的一段话。在回答"时间究竟是什么?"这个问题时,这位神学大师开门见山地说:"没有人问我,我倒清楚,有人问我,我想说明,便茫然不解了。"②像时间概念一样,诸如宇宙、自然、空间、物质、精神、社会、文化、技术等"大概念",也是一个不问好像还明白、欲说反倒犯糊涂的话题,科学概念也不例外。但是,基于本书的立意,我们还是要尽可能地厘清科学的含义,大体把握它的内涵和外延。

　　要给科学下一个简明而精确的定义,或者给科学程序一个充分必要的条件,或者界定科学的恰当的内涵和外延,都是相当困难的,甚至是不可能的。因为科学的内涵和外延十分丰富,在历史上变化多端,而且还有一般而言的科学和科学在特定境况下所采取的特殊形式的区别。没有人能够给科学下一个完备的定义,没有人能够概括科学的全部含义和确立它的明晰边界。

　　许多企图定义科学的学者都感受到这个困难之艰巨。麦卡利斯特坦言,科学实践表明,科学在不同的科学分支、历史时期、研究院和个体科学家中采取不同的形式。在所有这些多样性中,还没达到可以说明科学实践的统一模型。③ 拉维茨认为,术语"科学"具有模

---

　　① 卡西尔:《人论》,甘阳译,上海:上海译文出版社,1985年第1版,第263页。
　　② 奥古斯丁:《忏悔录》,周士良译,北京:商务印书馆,1963年第1版,第242页。
　　③ J. W. McAllister, *Beauty & Revolution in Science*, New York: Cornell University Press, 1996, p. 1.

糊性。它意指"纯粹的"或"基础的"，还是"应用的"或"任务取向的"
（mission-oriented），或者是"R&D"，或者是在各个时间和地点它们以
所有的各种比例的混合呢？不同的名称涉及不同的活动，每一个都有
它自己的内部的和外部的目标和思想体系。因此，角色的复杂的多重
性和必然发生的自我意识的模糊性，现在是科学的本质结构的特征。①
莫兰径直指出：

> "什么是科学？"这个问题现在还没有科学的答案。盎格鲁—
> 撒克逊的认识论的最终发现是：被大多数科学家承认是科学的东
> 西是科学的。这表明，在把科学作为科学的对象和把科学家作为
> 主体来考察方面，还没有任何客观的方法。

他甚至这样强调：科学不是纯粹的；寻求纯粹科学的清晰和明确
的界限，澄清何谓科学的事物和何谓非科学的事物，是一种错误的想
法，我甚至说归根结底是一种古怪的想法。② 林德伯格一言以蔽之：要
给科学下一个人人满意的定义，是十分令人头疼的问题。③

---

① J. R. Ravetz, *The Merger of Knowledge with Power*, *Essays in Critical Science*,
London and New York：Mansell Publishing Limited，1990，p. 149.

② 莫兰：《复杂思想：自觉的科学》，陈一壮译，北京：北京大学出版社，2001 年第 1 版，
第 88、40 页。与此相关，莫兰也指出，科学地认识科学的困难由于这种认识论的悖论的特点
而增加：认识的前所未有的进步和无知的出乎意外的增长相关联；科学认识论的造福方面的
进展与它的有害和致命方面的进展相关联；科学力量的不断增长和处于社会中的科学家越
发无法控制科学本身的力量。科学的力量在研究领域是分散的，但是在政治和经济的领域
里被集中和联合。自然科学的进展引起有关社会和人类的问题研究的倒退。此外，科学知
识的超级专业化今后将使科学知识化为零散的碎片，从而变得不可能科学地思考个人、人
类、社会。最后，尤其重要的是，知识/力量的零散化的过程如果在科学内部没有予以抗衡的
力量，将导致知识的意义和功用的完全改变。知识产生出来不再是被人类思想、反思、探究
和讨论，以便启发他们对世界的看法和在世界中的行动，而是用于储存在资料库里供非人的
强大实体操纵。参见该书第 88-89 页。

③ 林德伯格：《西方科学的起源》，王珺等译，北京：中国对外翻译出版公司，2001 年第
1 版，第 3 页。

　　也许是人的探险欲和冒险本性——"明知山有虎，偏向虎山行"——使然，不少学者还是力图尝试定义科学，即便定义不是十全十美的。其中，有的是从知识体系或学科的视角下定义的。例如，康德显然考虑到科学的词源和德语语境，他的定义简洁明了："每一种学问，只要其任务是按照一定的原则建立一个完整的知识的话，皆可被称为科学。"波塞尔对此发挥道：

　　　　科学不仅为我们提供"工具知识"，亦为我们提供"定位知识"。工具知识的意思是通过科学我们得到一定的工具，借以可以达到一定的目的；定位知识的意思是科学为我们提供了人与世界的秩序，借以我们有能力确定自己要达到的目的。①

　　《苏联大百科全书》第二版也对科学作如是观："科学，是在社会实践的基础上历史地形成的和不断发展的关于自然界、社会和思维及其客观发展规律的知识体系。……从实在的事实出发，科学揭示现象的本质联系。"②霍奇森对于作为知识体系的科学阐述得相当精辟："科学的宽泛的定义可以说，科学是主要的定量知识的集合体，这些知识是人通过能动的努力，以系统的和可交流的方式理解他的周围事物和他自己而建立起来的。"所谓知识的集合体，我们不仅意味它的概念以确定的和一致的方式关联在一起，它是一个结构，而且也意味在科学的比较发达的领域，这些关系总是定量化的，能用数学术语表达。科学在它的客观的和持久的意义上是知识。科学涉及人周围的事物，意指

----

　　① 波塞尔：《科学：什么是科学》，李文潮译，上海：上海三联书店，2002年第1版，第11、243－244页。
　　② 拉契科夫：《科学学——问题·结构·基本原理》，韩秉成译，北京：科学出版社，1984年第1版，第33页。

我们通过我们的感官和仪器感知物质客体。科学必须是系统的，否则它就不会构成首尾一贯的知识本体。科学是可交流的，只有当科学家把自己的发现能与其他科学家交流，并被他们吸收或检验时，它才能成为科学共同体的集合精神。科学也是动态的，它连续地扩大它的前沿和加深它的知识。①

在从知识体系的视角着眼时，霍奇森大半是就自然科学而言的。不过，专门针对自然科学的定义也比比皆是。克龙比说："当我们今天谈到自然科学时，我们意谓在西方文化中创造出来的一种同时对知识和知识的对象的特殊洞察，一种同时对自然科学和自然的洞察。"在合理性的科学系统中，形式的推理与自然的因果性匹配。与因果论证的概念平行的是形式证明的概念。从这两个概念出发，西方自然科学的所有形式和风格随之而来。于是，在西方文化中，我们有一个高度理智化的和集合在一起的在心中构思的思想整体。②

科学也意谓一种门类的学科总称或科学的各个分支学科。拉维茨指出，科学（或每门科学）是一门学科。这个事实尤其隐含着，科学以某种方式是系统的和综合的；它具有特征性的方法，处理特殊类型的问题，提出特殊类型的答案，随之携带结果（常常变化）的储存以及特征性的一组预设（有时也变化）。③ 同样，也有专门就自然科学学科而下定义的，此处仅举二例。其一说：自然科学是理论说明的学科，该学科客观地在普遍的限制内处理自然现象，这些限制是：它的理论必须能够合理地与普遍列举的经验现象关联起来；它正常地未脱离自然

① P. E. Hodgson, Presuppositions and Limits of Science, G. Radnizky and G. Andersson ed. , *The Structure and Development of Science*, Dordrecht and Boston: D. Reidel Publishing Co. , 1979, pp. 133－147.

② A. C. Crombie, Designed in the Mind: Western Vison of Science, Nature and Humankind, *Hist. Sci.* , xxvi(1988), pp. 1－12.

③ D. Ratzsch, *Science & Its Limits*, *The Natural science in Christian Perspective* (Second Edition), Illinois and England: Inter Varsity Press, 2000, p. 12.

王国达到在它的说明中使用的概念。① 其二说：

> "自然科学"的表达意指取向于研究本来客观存在的、在其直接给予性中的自然之广阔的认知领域。由于把它看做是知识发生的形式，所以自然科学是有不同组成的和多维度的。它包括大量的由理论同化取向统一起来的学科、水平和结构。②

人们在谈论科学的外延时，往往也是就作为知识体系的科学而言的。在本书中，我们按照一般的看法，把科学的外延主要限定在自然科学的范围内，当然也包括部分较多运用科学方法、在形式和结构上比较接近自然科学的社会科学。我们一般不称人文学科为科学。显而易见，我们的科学概念比英语或法语的 science 要宽泛一些，但是比德语的 Wissenschaft 或俄语的 наука 却要狭窄得多。因此，本书中所说的"科学"，在大多数情况下是"自然科学"的简称。我们所谓的自然科学是经验的或与经验多少相关的③，因此严格地讲，数学并非自然科学，而属于广义的逻辑范畴。但是，出于习惯和方便的考虑，还是把它归于自然科学——数、理、化、天、地、生的统称。

中国学人在五四时期④已经认识到这一点。除了前面引用的任鸿隽的言论外，陈独秀也说过："科学有广狭二义：狭义的是指自然

① D. Ratzsch, *Science & Its Limits*, *The Natural science in Christian Perspective* (Second Edition), Illinois and England: Inter Varsity Press, 2000, p. 13.

② V. Ilyin and A. Kalinkin, *The Nature of Science*, *An Epistemological Analysis*, Moscow: Progress Publishers, 1988, p. 103.

③ 要知道，"自然科学不是亚里士多德意义上的纯理论规则，也就是说，不是纯沉思的东西"。参见帕朗-维亚尔：《自然科学的哲学》，张来举译，长沙：中南工业大学出版社，1987年第 1 版，第 223 页。

④ 笔者在诸多场合提及，笔者所谓的"五四时期"，意指 1919 年前后的时期，尤其是指中国科学社筹组的 1914 年至科学与玄学论战的 1923 年之间，也可以适当上溯和下延。

科学而言,广义的是指社会科学而言。社会科学的拿研究自然科学的方法,用在一切人事的学问上。……凡是用自然科学方法来研究、说明的都是科学,这乃是科学最大的效用。"①其实,陈独秀最后一句话是采纳皮尔逊的观点:"整个科学的统一仅在于它的方法,不在于它的材料。""形成科学的,不是事实本身,而是用来处理事实的方法。"②在这里,

> 我们既反对把科学的范围无限制地扩大,也特别强调科学是知识的体系或体系化的知识③。基于这一思考,我们认为,人文学科的绝大多数领域乃至整个领域、社会科学的相当部分,难以纳入科学的范畴——这决不等于贬低人文学科的地位和重要性,它们在某种意义上比科学更有价值;这只是表明它与自然科学差异太大,无法等量齐观。另外,常识本身是知识,但却不能算作科学,因为它是表观的、零散的,根本不成体系。常识对于人的日常生活来说也许是好向导,甚至须臾不可或缺的,但是在科学中却没有它的地位。常识也许在科学的起源中起过某种作用,但是它往往与成熟的科学相悖——科学在某种意义上是对常识的背离,比如哥白尼的日心说,爱因斯坦的相对论以及量子力学理论等。

正是出于以上考虑,我们不赞同卡纳普的下述观点:我们在最广泛的意义上使用"科学"一词,包括所有的理论知识,不管它是自然科学领域还是在社会科学或所谓的人文学科领域,不管是借助特殊的科

---

① 陈独秀:新文化运动是什么?《新青年》第7卷,第5号。

② 皮尔逊:《科学的规范》,李醒民译,北京:华夏出版社,1999年第1版,第15页。

③ James Couant 的科学定义特别强调这一点。他说,科学是"作为实验和观察的结果而发展的、丰富进一步的实验和观察的概念和概念图式的相互关联的系列"。参见 G. G. Simpson, Biology and the Nature of Science, *Science*, 139(1963), pp. 81-88.

学程序发现的知识,还是基于日常生活中的常识的知识。①

　　科学是我们心智的主要活动之一,是我们用以考察我们的世界的方式。如果我们认为科学是创造知识而不是知识本身,于是科学经常与"研究"几乎等同起来,终于意味着一个过程,而不是一堆静态的学说。② 像辛格一样,从科学是研究过程或探索过程——当然主要是以自然为研究或探索对象的——看问题的定义亦不在少数。李克特一针见血地指出:

　　　　科学暂且被定义为一个过程,或一组相互关联的过程;通过这个或这组过程,我们获得了现代的、甚至是正在变化之中的关于自然世界(包括无生命的自然界、生命、人类和社会在内)的知识。通过这个过程获得的知识可以被称为是"科学的",而且在某个时期被认为是科学的知识,很可能在以后的日子里被认为是过时的。③

此外,杜兰德和莫尔的科学定义也如是观:"科学者,发明天然之事实,而做有统系之研究,以定其相互关系之学也。"④科学的定义可以表述为:"人类为取得真实知识而进行的一种系统的精神探索。"⑤

　　在科学研究过程中,由于科学方法是须臾不可或缺的,或者说贯穿在探索过程的始终;尤其是,只有运用科学方法从事研究,才能得到科学的结果。因此,科学方法就成为这一过程中的主导要素和决定力

---

① R. Carnap, Logical Foundations of the Unity of Science. R. Boyd et. ed. , *The Philosophy of Science*, A Bradford Book, Cambridge: The MIT Press, 1991, pp. 393 - 404.

② 辛格:科学,邱仁宗译,北京:《自然科学哲学问题丛刊》,1979 年第 2 期,第 29 - 32 页。

③ 李克特:《科学是一种文化过程》,顾昕等译,北京:三联书店,1989 年第 1 版,第 3 页。

④ 杜兰德:科学之应用,《科学》,1919 年第 4 卷,第 6 期。

⑤ 莫尔:科学伦理学,黄文译,北京:《科学与哲学》,1980 年第 4 辑,第 84 - 102 页。

量。顺理成章的是,人们便以方法——我们仍将其纳入研究过程的视角——定义科学。莫里斯·科恩径直指出:"简单地说,科学是一种方法,它确定和指明能用以找到系统认识的方法。"①其他人也是如此这般处理的:科学是叙述、创造与理解人类经验的一种方法。人的经验系指人的一切感觉印象以及对这些感觉的意识的反映。"科学是叙述、创造与理解人类经验的一种方法。"②"科学可以用以指示一种有系统地获致知识的方法、活动和结果。"③当然,也有以回答问题的类型界定科学的,但是现在被在研究中运用的方法取而代之——科学附属于方法或过程④。

如果仅仅从知识体系和研究过程的视角定义科学,并不能窥见科学之全貌,因为科学是一种社会活动或社会现象。研究过程固然在不少情况下属于社会的行为,但是作为社会活动或社会现象的科学更多地体现在科学的社会建制方面。为此,我们转向从社会建制的视角观察科学。

弗兰西斯·培根也许是最早详细描绘科学的社会建制的先知。

---

① 拉契科夫:《科学学——问题·结构·基本原理》,韩秉成译,1984年第1版,第31页。

② 林德赛:《科学与文化》,方祖同译,台北:协志工业出版股份有限公司,1976年第1版,第2章。

③ 沈清松:《解除世界的魔咒——科学对文化的冲击与展望》,台北:时报文化出版有限公司,1984年第1版,第31页。

④ 例如,亚里士多德最早探讨了什么是"科学的"。他宣称,阐明"事物的为什么"是科学的全部工作,这反过来把他导向他的因果性学说:他把关于事物的科学知识(称之为 X)与回答"X 为什么"的所有方式等价。如果我们能够说"X 因为 Y"或"Y 至少是结果 X 的必要条件",那么这就是属于科学的断言类型(当然,这样的断言还可以为真或为假)。事实上,亚里士多德的观点是,科学是借助于它必须回答的那类问题决定内容的。现在,这在很大程度上被基于方法的程序取代了:科学附属于方法,即附属于过程。参见 R. Rosen, On the Limitations of Scientific Knowledge. J. L. Casti and A. Karlqvist ed. , *Boundaries and Barriers* , *On the Limits to Scientific Knowledge* , Boston: Addison Wesley Publishing Company Inc. , The Advanced Book Program,1996,pp. 199 - 214.

在新大西岛，人们兴建和创办了所罗门之宫。它是一个教团，一个公会，是世界上一个最崇高的组织，也是这个国家的指路明灯。它是专为研究上帝所创造的自然和人类而建立的。这个机构的目的是探讨事物的本原和它们运行的秘密，并扩大人类的知识领域，以使一切理想的实现成为可能。这个机构有形形色色的措施和设备，例如储存和试验各种物质的洞穴和高塔、养鱼和水禽的咸水湖和淡水湖、人造井和温泉、宏伟宽敞的建筑、保健院、果园和花园、动物园、药房和药店、制造技术、熔炉、光学馆、音乐馆、香料馆、机器馆、数学馆、幻术室等等，以便进行各种各样的实验和研究。这个机构的工作和任务是：到国外收罗各地的书籍和论文以及各种实验的模型；收集各种书籍记载的实验；收集所有机械工艺和实际操作方法；从事有用的新实验；把以上实验制成图表，从中得出知识和定理；观察同伴的实验，说明事物的本原和预见将来的方法，并对万物的性质和构成做出顺利可靠的发现；举行各种会议和讨论，在总结以前的经验后进行更高级、更深入的自然奥秘的实验；执行计划中的实验，并提出报告；把试验中的发现提升为更完全的经验、定理和格言，以解释大自然。这个机构还有它的诸多规章和仪式。① 在这里，培根实际上已经明确地把科学视为社会活动，尤其是社会建制。当然，培根对作为社会建制的科学只是做了生动形象的描绘，后人则从社会建制的视角设法给科学下定义。其中一个定义是这样的：

> 科学是一种特殊的社会活动，是一个相对独立的社会体系，这个体系把科学家和科学组织联合起来，为认识实在的客观规律和确定实际应用这些规律的形式和途径服务。②

---

① 培根：《新大西岛》，何新译，北京：商务印书馆，1959年第1版，第17－18、28－37页。
② 拉契科夫：《科学学——问题·结构·基本原理》，韩秉成译，1984年第1版，第37页。

必须明白,从单一的视角定义科学,只能是管中窥豹,窥一斑而难见全貌。这是因为:把科学定义为一种解决问题的工具,强调了科学的工具性方面;把科学定义为组织化的知识,强调了科学的档案性方面;把科学定义为获得关于自然界可靠知识的特殊方法,强调了科学的方法论方面;把科学定义为具有特殊研究才能的人所做出的发现,强调了科学的职业方面。正确地讲,科学是上述事情的全部,甚至更多。它确实是科学研究的产物;它的确采用了独特的方法;它是一个组织化的知识体系;它是一种解决问题的工具。它也是一种社会建制;它需要物资设备;它是教育的主题;它是文化的资源;它需要被管理;它是人类事务中重要的因素。我们的科学"模型"必须把这些相互不同,有时甚至是相互矛盾的方面联系起来,并且统一在一起。①

值得庆幸的是,伴随 20 世纪初叶物理学革命的成功、二战之后大科学的出现,加上科学社会学研究的深入,在多数关于科学的定义中,人们很少以单一的视角看待科学了,而是以综合的视角——知识体系、研究过程和社会建制视角中的两个或三个——定义科学,特别是注意到科学的社会建制面相,以及科学以技术为中介可以转化为生产力的现实。

巴恩斯注意到这一变化:现代科学意指科学研究以及与它相联系的和它所要求的所有各种任务和事业。在所有当前的人类活动中,科学是实际上最重要的和固有地最有趣的活动之一。因此,毫不奇怪,它引起显著的好奇心,被在相当的深度、从不同的视点来探究。② 其中,有从知识体系和研究过程两个视角来定义科学的:"科学是人类活动的一个范畴,它的职能是总结关于客观世界的知识,并使之系统化;

① 齐曼:《元科学导论》,刘珺珺等译,长沙:湖南人民出版社,1988 年第 1 版,第 5 - 7 页。
② B. Barnes, *About Science*, Oxford, New York: Basil Blackwell, 1985, p. i.

科学是一种社会意识形态。在历史发展进程中,科学可以转化为社会生产力和最重要的社会体制。‘科学’这个概念本身不仅包括获得新知识的活动,而且还包括这个活动的结果,即当时所得到的、综合构成世界的科学图景的科学知识的总和。‘科学’这个术语还被用来表示科学知识的各个领域。"①凯德洛夫等的定义更为详尽:

> 科学是精神文化的最重要因素,是人类知识的最高形式;它是借助相应的认识方法获得的、以精确的概念表现出来的发展着的知识体系,这些概念的真理性由社会实践来验证。科学是关于外部世界和人的精神活动的现象与规律的概念体系,它提供可能性去为社会的利益而预见和改造现实,它是历史地形成的人类活动、"精神生产"的形式,这个形式在其内容和结果上应该具备有目的地搜集的事实、制定好的假设和理论以及作为它们的基础的规律,应该具备研究的方式和方法。科学概念既用于表示科学知识的加工过程,也用于表示由实践检验为客观真理的知识的整个体系,还用于指明科学知识的个别领域,指明个别科学。现代科学是拥有极多分支的各个科学部门的总和。②

也有一些定义比较简明。例如,"科学是关于实在本质联系的客观真知的动态体系,这些客观真知是由于特殊的社会活动而获得的和发展起来的,并且由于其应用而转化为社会的直接实践力量。"③科学是经验的科学知识和在知识达到充分建立的形式之前产生和支撑预

---

①　阿列克谢耶夫:《科学》,李建珊译,北京:《科学与哲学》,1980年第4辑,第17-28页。

②　凯德洛夫等:"科学"的概念,丁由译,北京:《自然科学哲学问题丛刊》,1979年第2期,第33-42页。

③　拉契科夫:《科学学——问题·结构·基本原理》,韩秉成译,1984年第1版,第43页。

期知识的活动。①

　　从三个视角同时观照科学的定义亦为数不少,而且注意到三者之间的关联。拉德尼茨基指明,科学是增长着的一堆知识,这种知识并不意味确定性,它在原则上是易错的,常常被改善,在稀有的所谓"科学革命"时期会突然戏剧般地发展。科学尤其是一种活动即研究,它受智力产品的特定法则的支配,受方法论的连接、批判有时甚至是改进。科学也是一种建制体系,如大学、科学社团和杂志,这种体制构成科学共同体,以特定的活动(几乎是生活形式)成为可能的先决条件。②默顿则逐一列举了科学的内涵:

　　　　科学是一个易于引起误解、含义极为广泛的名词,该词涉及各种截然不同的、然而却是互相联系的项目。它通常用来表示:(1)证明知识可靠性的一组独特的方法;(2)储存从应用这些方法产生出来的累积的知识;(3)一套支配所谓的科学活动的文化价值和惯例;(4)上述各项的任何组合。③

　　拉特利尔也对科学如是观:科学可以看作是当代科学知识的总和,或者看作是一种研究活动,或者看作是获得知识的方法。当代科学最显著的特征是其社会组织的程度越来越高。研究活动和其他活动一样,已经成为一种职业。科学内容和方法同样是重要的。通过它

①　R. G. A. Dolby, *Uncertain Knowledge*, *An Image of Science for a Changing World*, Cambridge: Cambridge University Press, 1996, pp. 3, 6.

②　G. Radnitzky, Science and Values: The Cultural Importance of the Is/ought Distinction. *The Search for Absolute Values*: *Harmony Among the Science*, Volume II, Proceedings of the Fifth International on the Unity of the Sciences, New York: The International Culture Foundation Press, 1977.

③　默顿:科学的规范结构,文心(李醒民)译,北京:《科学与哲学》,1982年第2期,第119-131页。

的内容,科学提供关于实在的某种知识。通过它的方法,科学试图使这种知识能够有控制地增长,甚至能够不断地改进保证这种增长的手段。也许,科学活动最独特的方面正是这种取得进步从而导致特殊进化形式的能力。①

拉契科夫的综合视角特别强调科学的社会含义:"科学是一种复杂的社会现象,这种社会现象至少具有三个显而易见的方面:'理论'方面即'逻辑认识论'方面、'建制'方面和'实践'方面。不专门区分科学存在的这些方面,就不可能深刻理解科学。但是,这种区分并不意味着科学中的这些方面各自是孤立存在的。相反地,它们是相互作用的,以致在它们之间不可能划定泾渭分明的界限。"②仓桥重史也从社会含义上揭示出:

> 研究活动、研究方法、知识体系是掌握科学的三个要素,这也是分析科学与社会的关联性的主要因素。然而,将这些因素统一起来而形成科学的,正是科学活动主体的科学家,即科学是科学家和研究者按照一定的方法创造新的价值的活动。所以,从社会学的角度来看,科学由以下四个部分构成:第一是科学家的研究活动;第二是由科学家形成的科学共同体;第三是在科学家共有的价值观,使他们的行为方式合法化这一意义上的科学的体制化;第四是促进科学体制化的政策与计划。③

瓦托夫斯基说得有道理:科学是"一个有组织的和系统性的知识

---

① 拉特利尔:《科学和技术对文化的挑战》,吕乃基译,北京:商务印书馆,1997年第1版,第10—11页。
② 拉契科夫:《科学学——问题·结构·基本原理》,韩秉成译,1984年第1版,第41页。
③ 仓桥重史:科学与社会的关系,李玉兰译,上海:《世界科学》,1988年第7期,第1—2页。

体",这个定义从其结构的观点描述了科学的特征。但是科学也是一种活动,一种持续不断的探索过程,单用结构的术语来描述是不够的。从后一种意义上说,我们也需要从它的目标和目的方面来描述科学的功能、活动模式、典型程序的特点。① 正是基于这种认识,不少作者力图借助科学的目的、特征、本质、功能等对科学下定义——不用说与上述定义科学的三个视角有所交叉或重合。例如,从科学的目的出发,坎贝尔(Norman Campbell)把科学定义为"关于能够获得普遍一致的那些判断的研究"②。科恩(R. S. Cohen)表示,科学作为一种朝向真理的理想化的冒险,可以被理解为描述我们社会必须追求的核心之人的理想。③ 奥尔森(R. Olson)给科学所下的定义是:"心智的活动和习惯的集合,其目的在于致力于有组织的、普遍确凿的和可以检验的关于现象的知识之本体。"④辛普森把科学视为对物质的宇宙的探索,这种探索寻求被观察现象的自然的和有秩序的关系,是自我检验的。⑤ 马奥尼的定义显得比较详尽:

> 在最广泛的实质上,科学被看做是对结构和秩序的探求。它是借助事物本身和事物之间的关系二者描述实在本性的尝试。这两个广阔的兴趣领域被命名为本体论(关于实在的本质或结构的理论)和宇宙论(因果影响的理论)。在它对实在的恰当描述的无尽追求中,科学认可被称为经验论的认识论(知识

---

① 瓦托夫斯基:《科学思想的概念基础——科学哲学导论》,范岱年等译,北京:求实出版社,1982年第1版,第30页。

② G. G. Simpson, Biology and the Nature of Science, *Science*, 139(1963), pp. 81 – 88.

③ A. I. Tauber, Introduction. A. I. Tauber ed. , *Science and the Quest for Reality*, London:Macmillan Press Ltd. , 1997, pp. 1 – 49.

④ C. Hakfoort, The Historiography of Scientism: Critic Review, *Hist. Sci.* , xxxiii (1995), pp. 375 – 395.

⑤ G. G. Simpson, Biology and the Nature of Science, *Science*, 139(1963), pp. 81 – 88.

论）。这种认识论被说成是因下述事实与其他几个（例如理性论、神秘主义等）有区别：它使感觉经验成为知识的终极源泉。对经验论者来说，所有真正的知识必须由感觉资料中推出或最终与感觉资料相关。①

贝尔纳主张用详细描述科学的主要特征和方面来代替科学的定义，表示科学的基本规律性。根据他的意见，应该把科学看作：(1)体制，即组织完成社会中的一定任务的人们；(2)方法，即发现自然界和社会新方面及新规律的方法的总和；(3)科学传统的积累；(4)发展生产的重要因素；(5)新思想、新原理、新世界观的源泉。② 卡龙区分了关于科学的四种模型。第一种模型是科学作为合理性的知识的模型，在这里对象集中在把科学与其他知识形式区分开的东西。第二种模型是科学作为竞争事业的模型，在这里主要关注的是科学采取的组织形式。第三种模型是社会文化模型，尤其是它使之起作用的实践和不可言传的技艺。第四种模型即延伸的转化模型尝试表明，如何产生科学陈述的健全性，同时如何创造陈述的循环空间。在他看来，每一个模型的特征是由它对六个问题的答案概括的。中继线问题展示了科学发展的社会的和认知的维度。虽然问题表可以认为是片段性的，但是从实践的观点看，该格局似乎起作用。问题是：(1)科学生产由什么构成？(2)谁是行动者，它们拥有什么权限？(3)人们如何定义科学发展的基本动力学？(4)一致是如何得到的？(5)采取什么社会组织形式（内部的和外部的）？(6)如何描述总括

---

① M. J. Mahoney, *Scientist as Subject: The Psychological Imperative*, Cambridge, Massachusetts: Ballinger Publishing Company, 1976, p. 129.

② 雅赫尔：《科学社会学——理论和方法论问题》，顾镜清译，北京：中国社会科学出版社，1981年第1版，第2页。贝尔纳：《历史上的科学》，伍况甫译，北京：科学出版社，1959年第1版，第6页。

的科学动力学？[①]　鲁斯列举了科学的一些特色界定科学：我们今天称之为科学的东西是显著的和独特的合理性的主张的集合，这些主张具有若干有特色的特征。例如，科学是实在的感觉世界的经验事业。这并不是说，科学只涉及可观察的实体。每一个成熟的科学都包含不可观察物，但是最终它涉及我们周围的世界。科学力图理解经验世界，寻求未揭示的、盲目的自然规律性。科学事业的一个重大部分包括使用定律去影响说明，表明事物为什么是它们所是的样子。说明的另一面是预言，指明什么将发生。与说明和预言的双重概念密切相关的是可检验性，真正的科学理论向实在世界的核验敞开大门。可检验性是一个双通道过程：研究者寻求某种实验证据，寻求确认，也向可能的证伪开放。科学是尝试性的，科学家确实最终要放弃不能回答新的或重新被考虑的证据的理论。科学对简单性和统一性也有强烈的要求。[②]齐曼还洞察到，科学的诸多特征之间具有矛盾性，必须设法加以调和。他说，真实的科学的确是哲学的、专门的、竞争性的、探索性的、多元的、信息化的、体制化的、经济的、进步的事业。为了把握"它是什么，它指什么"，人们必须调和许多明显的矛盾。他试图表明，科学既是个体性的，也是集体性的；既是自由无约束的，也是科层体制化的；既是权威性的，也是可修正的；既是开拓创新的，也是高度保守的；既是能人统治的，也是寡头政治的。[③]

　　也有论者企图从揭橥科学的深层本质入手把握科学概念。林德伯格提出这样一个问题：什么是科学的本质？他的回答实际上是在定

　　① M. Callon，Four Models for the Dynamics of Science. A. I. Tauber ed. ，*Science and the Quest for Reality*，London：Macmillan Press Ltd. ，1997，pp. 249 – 292.

　　② M. Ruse，Creation Science Is Not Science，*STSV*，Vol. 7，No. 40，1982，pp. 72 – 78.

　　③ 齐曼：《真科学：它是什么，它指什么》，曾国屏等译，上海：上海科学教育出版社，2002 年第 1 版，中文版序。

义科学:(1)科学是人类借此获取对外界环境控制的行为模式,科学由此与工匠传统和技术紧密关联。(2)科学是理论形态的知识体系,技术则是应用理论知识来解决实际问题。(3)科学是这样一种理论陈述形式,即一般的、定律的陈述,最好以数学语言表达。(4)科学还可以从方法论的角度来定义,这样科学就与具体的一套程序联系在一起,通常是探明自然奥秘和证实或证伪某一有关自然特性理论的实验程序。(5)根据对科学的认识论态度定义科学,据此科学应该是个人获取知识和评判知识的某种独特方法。(6)在科学并不是以它的方法论或认识论态度来定义的,而是根据其陈述的内容,这样科学就是具体的一套关于自然的信念。上面讨论的"科学"一词的每一种含义,都作为一种约定俗成为众多的人接受,都合乎情理。[①] 李克特则揭示出,科学已经被明确为一个文化的、认知的和发展的过程。这个定义中的三个特点的每一个都从一个不同的角度为观察科学提供了基础。根据这个概念,科学是一个跃迁的过程,在这个过程中,具有一定特征的文化知识体系要被其他的具有同样特征但又在特定方面有所不同的知识体系取代。被取代的体系和替代它们的体系所共同具有的那些特征是"抽象性"和"可检验性";这些标准是一个体系被获准进入竞技场的标准,在竞技场里,这个体系将与具有同样特点的其他可供选择的体系竞争,以争取被盛行的科学知识实体接受。在任何特定时刻,竞争获胜的体系就这样取代了还在盛行的、无论什么样的其他可供选择的体系。之所以能这样,是因为前者在"简单性"和"预言能力"的标准上具有优越性。科学过程得以运行的机制包括基于"简单性"和"预言能力"在各种可供选择的体系中所做的选择,所有可供选择的体系都

---

① 林德伯格:《西方科学的起源》,王珺等译,北京:中国对外翻译出版公司,2001年第1版,第1-3页。

要具有进入被选择的竞技场所必需的抽象性和可检验性的特点。科学发展的方向类似于个体认知的发展方向。科学发展的起点是传统的文化知识。科学发展的结构一般地类似于进化过程的结构，特别类似于文化进化过程的结构。科学是一个从个体层次向文化层次的认知发展的延伸，是一个在传统的文化知识之上发展的生长物，而且是一个文化进化之特殊化的认知变异体和延伸。①

　　还有一些学人定义科学的视角十分独特，很难用一个概念加以概括。彭加勒立足于他的关系实在论哲学，把科学视为一种关系的体系，因为科学事实被某些天然的和隐秘的亲缘关系约束在一起。② 海德格尔基于生存论概念，"把科学领会为一种生存方式，并从而是一种在世方式；对存在者和存在进行揭示和开展的一种在世方式。"③在他看来，科学是人的活动，因而也就是人这种存在物的存在方式。科学就是在科学研究者的历史活动和生存方式中产生的，这种科学产生的逻辑，海德格尔称之为"诠释学"。④ 有趣的是，他还站在存在物的立场上认为，科学"不仅仅是人的一种文化活动"，"科学是所有那些存在之物借以展现自身的一种方式，并且是一种决定性的方式。"⑤波兰尼则指明，科学是一种信念体系和人的心灵生活的一部分：

　　　　科学似乎是一个庞大的信念体系，它深深地根植于我们的历史中，并在今天被我们社会的一个专门组织起来的机构培育着。

　　① 李克特：《科学是一种文化过程》，顾昕等译，北京：三联书店，1989 年第 1 版，第 85－87 页。

　　② 彭加勒：《科学的价值》，李醒民译，沈阳：辽宁教育出版社，2000 年第 1 版，第 149 页。

　　③ 海德格尔：《存在与时间》，陈嘉映等译，北京：三联书店，1987 年第 1 版，第 421－422 页。

　　④ 黄小寒：《"自然之书"读解——科学诠释学》，上海：上海译文出版社，2002 年第 1 版，第 71 页。

　　⑤ 海德格尔：《海德格尔选集》，孙周兴选编，上海：三联书店，1996 年第 1 版，第 955 页。

我们将看到,科学不是通过接受一个公式建立起来的,它是我们心灵生活的一部分。它为全世界成千上万专业化的科学家平均分享,共同培育,并为千百万其他人间接地接受和共享。而且,我们将认识到,对我们也分享这一心灵生活的种种理由所做的任何诚恳的解释,都必定是这种生活的一部分。①

也许自弗兰西斯·培根使用两本书的隐喻②以来,16、17世纪的诸多科学家就把科学看作是人与自然的对话。伽利略关于自然之书是用数学语言写成的金石之音③人人耳熟能详,这一先见之明直至今日仍余音袅袅,不绝如缕。这里有普里戈金的名言佐证:"我总是把科学看成是人与自然的对话,如同在现实的对话中那样,回答往往是意料之外的——有时候是令人惊讶的。"④佩拉的游戏隐喻也有异曲同工之妙:科学是与三个游戏者的游戏。在这个游戏中,一个游戏者(正在探究的心智 I)通过观察和实验询问另一个游戏者(自然 N)问题,后者通过资料和结果提供答案。当 I 迫使 N 揭示它的秘密时,游戏结束。然而,要了解何时达到这一点,需要某些法则。这就是方法 M 的任

---

① 波兰尼:《个人知识——迈向后批判哲学》,许泽民译,贵阳:贵州人民出版社,2000年第1版,第262-263页。

② M. Poole, *Beliefs and Values in Science Education*, Buckingham, Philadelphia: Open University Press, 1995, p. 77. 这个隐喻说,上帝被视为在两本书——《圣经》之书和自然之书——中对人类讲话。第一本书是上帝言语之书,第二本书是上帝作品之书。第一本是关于创造者的,第二本是关于创造物的。一本是口头的,另一本是看得见的。达尔文在他的《物种起源》以培根所说的两本书之一开头。

③ 伽利略说:"自然哲学是写在永远展现在我们眼前的大书上,我是指宇宙,但是如果不首先学习写这本书所用的语言,不掌握所用的符号,我们就不能理解它。这本书是用数学语言来写的,符号是三角形、圆和其他的数学图形,没有它们的帮助,人类就不能理解书中的一个字,只能徒劳地在黑暗的迷宫中彷徨。"参见克莱因:《数学与知识的探求》,刘志勇译,上海:复旦大学出版社,2005年第1版,第102页。

④ 普里戈金:《确定性的终结》,湛敏译,上海:上海科技教育出版社,1998年第1版,第45页。

务,方法支配把 I 和 N 连接起来的程序所需要的每一步。①

　　波普尔从生物学观点或进化论观点看问题,把科学或科学进步视为人类为了适应环境所采取的手段:侵入新的小生境,其至发明新的小生境。② 其实,马赫早就本着他的进化认识论思想,把科学看作是一种生物的、有机的现象③。莫兰揭示出,科学出自非科学的前提,科学概念是半岛而非孤岛。他说,科学不是纯粹的,因为不仅科学包含公设、非科学的"主题",而且这些东西对科学知识本身的构成也是必要的。这就是说,需要有非科学性来产生科学性,如同我们不停地利用非生命物质来产生生命。另一方面,必须解除科学概念的孤岛性。必须把这个概念半岛化,也就是表明科学实际上是文化大陆和社会大陆上的一个半岛。同时应该建立科学和艺术之间的十分密切的联系,而结束它们之间的相互蔑视。最后,应该把科学看作一个通过环境自我循环产生的过程。科学作为一个不中止的过程是不断地自我建设、自我破坏和自我重建的。④ 维尔格南特(R. Wohlgenannt)在对科学进行了 200 页的研究之后,从语言学的角度给科学下了这样一个定义:

　　　　我们的理解是,科学是由句子作用(即陈述形式)或者完整的句子形式(即陈述)组成的一个在所有陈述之间没有矛盾的联系体。这些陈述符合一系列固定的句子生成规则以及句子转换规则(即具有逻辑性的引申规则)。或者说我们的理解是,科学是由陈述句型构成的句子之间没有矛盾的联系体。这些陈述是描写、归类(或者)以及证明、引申,部分是普遍的全称陈述,部分是单一

①　M. Pera, *The Discourses of Science*, Chicago: The University of Chicago Press, 1994, p. 131.

②　波普尔:《科学知识进化论》,纪树立编译,北京:三联书店,1987 年第 1 版,第 248 页。

③　李醒民:《马赫》,台北:三民书局东大图书公司,1995 年第 1 版,第 149-153 页。

④　莫兰:《复杂思想:自觉的科学》,陈一壮译,北京:北京大学出版社,2001 年第 1 版,第 40-42 页。

性(单称陈述)。但是,最起码是间接地可以得到检验的对事实的陈述。同时,这些陈述符合一系列固定的句子构成规则以及句子转换规则,即引申规则。①

值得一提的是,五四时期的中国学人由于吸纳了批判学派的科学观和科学哲学思想,从而站在世界科学思潮的前列②,就作为一个整体的科学发表了许多真知灼见,其中也涉及科学的定义。梁启超从最广义解释,把"有系统之真知识,叫做科学"③。他还说过:根据经验的事实分析综合求出一个近真的公例[定律]以推论同类事物,这种学问叫做"科学"。④ 陈独秀在 1915 年写道:"科学者何? 吾人对于事物之概念,综合客观之现象,诉之主观之理性而不矛盾之谓也。"⑤秉志认为,科学"无非将常识而条理之,俾有系统,更由有系统之常识,造其精深,成为专门之知识而已"⑥。任鸿隽多处对科学下定义:"科学者,缕析以见理,会归以立例,有角思理可寻,可应用以正德利用厚生者也。"⑦"科学是根据自然现象,以论理[逻辑]方法的研究,发现其关系法则的有统系的智识。"⑧他的一个比较详尽的科学定义是:

　　科学者,知识而有统系者之大名。就广义言之,凡知识之分

　　① 波塞尔:《科学:什么是科学》,李文潮译,上海:上海三联书店,2002 年第 1 版,第 12 页。
　　② 李醒民:《中国现代科学思潮》,北京:科学出版社,2004 年第 1 版,第 89-189 页。
　　③ 梁启超:科学精神与东西文化,《科学》,1922 年第 7 卷,第 9 期。
　　④ 梁启超:人生观与科学,张君劢、丁文江等:《科学与人生观》,济南:山东人民出版社,1997 年第 1 版,第 139 页。
　　⑤ 陈独秀:敬告青年,《独秀文存》,合肥:安徽人民出版社,1987 年第 1 版,第 8 页。
　　⑥ 秉志:科学精神之影响,中国科学文化运动协会编印:《科学与中国》,1936 年初版,第 13 页。
　　⑦ 任鸿隽:《科学》发刊词,《科学》,1915 年第 1 卷,第 1 期。
　　⑧ 任鸿隽:《科学救国之梦——任鸿隽文存》,樊洪业、张久村编,上海:上海科技教育出版社,2002 年第 1 版,第 323 页。

别部居,以类相从,并然独绎一事物者,皆得谓之科学,自狭义言之,则知识之关于某一现象,其推理重实验,其察物有条贯,而又能分别关联抽举其大例者谓之科学。①

任鸿隽在这里涉及的是科学的外延。他把科学划分为两大类,即狭义的科学和广义的科学,它们大体上分别与英文的 science 和德文的 Wissenchaft 对应。王星拱也采用两分法,即科学有两个意义。广义的科学是:凡由科学方法制造出来的,都是科学的。狭义的科学,是指数学、物理学、化学、生物学、地质学等等。② 王星拱关于广义的科学的判别准则,沿袭的是皮尔逊的观点。胡明复在讨论科学的范围时,同样借鉴了皮尔逊的思想。③ 他说:"顾科学之范围大矣,若质、若能、若生命。若性、若心理、若社会、若政治、若历史,举凡一切事变,孰非科学应及之范围? 虽谓之尽宇宙可也。"④胡明复在这里也是广义地看待科学的。

关于科学的定义,尽管人们众说纷纭,莫衷一是,但是在对科学内涵以及其他有关问题的认知上还是大体一致的⑤。这就是:科学是一

① 任鸿隽:《科学》发刊词,《科学》,1915 年第 1 卷,第 1 期。

② 王星拱:《科学与人生观》,张君劢、丁文江等:《科学与人生观》,济南:山东人民出版社,1997 年第 1 版,第 276-277 页。

③ 皮尔逊说:"科学的领域是无限的;它的可靠的内容是无尽的,每一群自然现象、社会生活的每一个阶段、过去或现在发展的每一个时期,都是科学的材料。整个科学的统一仅在于它的方法,不在于它的材料。分类无论什么种类的事实,查看它们的相互关系和描述它们的关联的人,就是正在应用科学方法,就是科学人。事实可能属于过去人类的历史,我们的大城市的统计,最遥远的恒星的氛围,蠕虫的消化器官,或肉眼看不见的杆菌的生存。形成科学的,不是事实本身,而是用来处理事实的方法。科学的材料是与整个物理宇宙同样广阔的,不仅是现在存在的宇宙,而且是它的过去史以及在其中的所有生命的过去史。"参见皮尔逊:《科学的规范》,李醒民译,北京:华夏出版社,1999 年第 1 版,第 15 页。

④ 胡明复:科学方法论,《科学》,1915 年第 2 卷,第 7 期。

⑤ 拉奇说,科学没有标准的、可接受的定义。这似乎是一个难以克服的困难。但是,在没有定义的情况下,我们却常常拥有关于科学的健全的普遍观念,能够辨认科学的例子和特征,即便不能说明它的所有细节。参见 D. Ratzsch, *Science & Its Limits*, *The Natural science in Christian Perspective* (Second Edition), Illinois and England: Inter Varsity Press, 2000, p. 11.

种知识体系、研究过程和社会建制。基于这种认同，加上其他一些考虑，我们不怕贻笑于方家，拟尽可能给科学下一个比较总括、比较简明的定义：

　　科学是人运用实证、理性和臻美诸方法，就自然以及社会乃至人本身进行研究所获取的知识的体系化之结果。这样的结果形成自然科学的所有学科，以及社会科学的部分学科和人文学科的个别领域。科学不仅仅在于已经认识的真理，更在于探索真理的活动，即上述研究的整个过程。同时，科学也是一种社会职业和社会建制。作为知识体系的科学既是静态的，也是动态的——思想可以产生思想，知识在进化中可以被废弃、修正和更新。作为研究过程和社会建制的科学是人的一种社会活动——以自然研究为主的智力探索过程之活动和以职业的形式出现的社会建制之活动。

科学的动机 *

　　1918 年 4 月,在柏林物理学会为普朗克六十寿辰举办的庆祝会上,爱因斯坦以科学探索的动机为议题,发表了一篇引人入胜的讲演。他说,爱好和从事科学的人各式各样,其动机也各不相同。有的人因为科学给他们以超乎常人的智力上的快感,科学是他们自己的特殊娱乐,他们在这种娱乐中寻求生动活泼的经验和雄心壮志的满足。有的人之所以把他们的精神产品奉献出来,为的是纯粹的功利目的。

　　爱因斯坦完全同意叔本华的意见:"把人们引向艺术和科学的最强烈的动机之一,是要逃避日常生活中令人厌恶的粗俗和使人绝望的沉闷,是要摆脱人们自己反复无常的欲望的桎梏。"他形象地比喻说,一个修养有素的人总是渴望逃避个人生活而进入客观知觉和思维的世界,这就好像城市里的人渴望逃避喧嚣拥挤的环境,而到高山上去享受幽静的生活,在那里可以透过清寂而纯洁的空气自由地眺望,陶醉于似乎是为永恒而设计的宁静景色。不过,爱因斯坦认为这是一种消极的动机。

　　爱因斯坦所说的积极的科学探索的动机是:人们总想以最适当的方式来画出一幅简化的和易于领悟的世界图像;于是他就用他的这种世界体系来代替经验的世界,并来征服它。这就是画家、音乐家、诗人、思辨哲学家和自然科学家所做的,他们都按自己的方式去做。因为这个世界可以由图画的色彩和线条组成,可以由音乐的音符组成,

---

　　* 　原载北京:《学习时报》,2006 年 8 月 28 日。

也可以由数学公式组成。

爱因斯坦强调，渴望看到先定的和谐的世界图像，才是科学家无穷毅力和耐心的源泉。普朗克就是因此而专心致志于物理学中的最普遍的问题，而不分心于比较愉快和容易达到的目标。爱因斯坦认为，把普朗克的这种态度归于非凡的意志力和修养是不对的。他在其他文章中还指出："认为用强制和责任感就能增进观察和探索的乐趣，是一种严重的错误。"他认为促使人们进行科学探索的精神状态，同信仰宗教的人或谈恋爱的人的精神状态是类似的，他们每天的努力并非来自深思熟虑的意向或计划，而是直接来自激情。

爱因斯坦后来曾多次谈到这种激情，他借用斯宾诺莎的用语，认为这种激情就是"对神的理智的爱"，即深挚地赞赏和敬仰自然界神秘的统一性和和谐性。他把这种激情称为"宇宙宗教感情"，并认为宇宙宗教感情是科学研究的最强有力、最高尚的动机。爱因斯坦所谓的宇宙宗教感情，并不是人们一般所理解的宗教感情。尽管爱因斯坦在童年时代深深地信仰宗教，但由于阅读通俗的科学书籍，他很快就相信《圣经》里的故事有许多不可能是真实的，于是在十二岁那年就突然中止了宗教信仰。自从他从那种被愿望、希望和原始感情所支配的生活中解放出来以后，他深信在我们之外有一个巨大的世界，它离开我们人类而独立存在，它在我们面前就像一个伟大而永恒的谜，然而至少部分地是我们的观察和思维所能及的，从思想上把握这个在个人以外的世界，总是作为一个最高目标而有意无意地浮现在他的心目中。

用爱因斯坦本人的话来说，其宇宙宗教感情"所采取的形式是对自然规律的和谐所感到的狂喜和惊奇"。他认为只有做出了巨大努力，尤其是表现出热忱献身——要是没有这种热忱，就不能在理论科学研究的开辟性工作中取得成就——的人，才能理解这样一种感情的力量，唯有这种力量，才能做出那种确实是远离直接现实生活的工作。

他举例说,为了清理出天体力学的原理,开普勒和牛顿付出了多年寂寞的劳动,他们对宇宙合理性的信念是何等真挚,他们要了解它的愿望又该是多么热切!

爱因斯坦本人又何尝不是如此呢? 1901 年,爱因斯坦尽管为失业而痛苦、为谋生而焦虑,但是他仍然坚持探索分子力同牛顿超距作用力之间的关系。1905 年春,他利用业余时间孜孜不倦地同时进行四项开创性的研究。后来,他又怀着热烈的向往,在黑暗中焦急地探索新引力理论。爱因斯坦从艰辛的科学探索工作中深深体会到:"从那些看来同直接可见的真理十分不同的各种复杂的现象中认识到它们的统一性,那是一种壮丽的感觉。"

爱因斯坦所说的积极的探索动机,实际上就是科学家对真理的热爱和对真知的追求,这已经成为现代人的价值之一。法国哲人科学家彭加勒开门见山:"追求真理应该是我们活动的目标,这才是值得活动的唯一目的。"由于和谐之美"才是唯一的客观实在,才是我们所能得到的唯一真理",因此对自然和科学的审美顺理成章成为科学家追求科学的动机。

在近代科学的开端,哥白尼在科学研究中就受到美的激励:"在人类智慧所哺育的名目繁多的文化和技艺的领域中,我认为必须用最强烈的感情和极度的热忱来促进对最美好的、最值得了解的事物的研究。……难道还有什么东西比起当然包括一切美好事物的苍穹更加美丽吗?"在他看来,"天文学毫无疑义地是一切学术的顶峰和最值得让一个自由人去从事的研究。"彭加勒对美更是情有独钟,他开门见山地申明:"科学家研究自然,并非因为它有用处;他研究它,是因为他喜欢它,他之所以喜欢它,是因为它是美的。如果自然不美,它就不值得了解;如果自然不值得了解,生命也就不值得活着。"他继而写道:"正因为简单是美的,正因为宏伟是美的,所以我们宁可寻求简单的事实,宏伟的事实；我们时而乐于追寻星球的宏伟路线；我们时而乐于用显微镜观察极其微小的东西，这也是一种宏伟；我们乐于在地质时代寻找过去的遗迹，它之所以吸引人，是因为它年代久远。"在彭加勒看来，科学美像自然美一样，也是科学家追求科学的缘由："只有当科学向我们揭示出这种和谐时，科学才是美的，从而才值得去培育。"他以数学为例对此做了说明：数学有三个目的，除了作为研究自然的工具和哲学的目的之外，它还有美学的目的。这就是，"数学行家能从中获得类似于绘画和音乐所给予的乐趣。他们赞美数和形的微妙的和谐；当新发现向他们打开意想不到的视野时，他们惊叹不已；他们感到美学的特征，尽管感官没有参与其中，他们难道不乐不可支吗？"因此，"为数学而培育数学是值得的，为不能应用于物理学以及其他学科而培育数学是值得的。"

对于大科学家来说，把科学审美作为科学探索的动机并非例外，而是一种十分普遍的现象。例如，皮尔逊坦言："正是审美判断的这种连续的愉悦，才是纯粹科学追求的主要乐趣之一。"希尔伯特则以诗一般的语言写道："我们无比热爱的科学，已经把我们团结在一起。在我们面前它像一个鲜花盛开的花园。在这个花园的熟悉的小道上，你可以悠闲地观赏，尽情地享受，不需费多大力气，与彼此心领神会的伙伴同游尤其如此。但我们更喜欢寻找幽隐的小道，发现许多意想不到的令人愉悦的美景；当其中一条小道向我们显示这一美景时，我们会共同欣赏它，我们的欢乐也达到尽善尽美的境地。"事实雄辩地表明，科学家在从事科学创造时经常感受到美感的快乐，而这种美感的快乐照例提高人们的创作毅力，促进对真理的探索。科学审美因素在创造创作热情的气氛中起着重要的作用。

当然，对功利的追求也可以是正当的科学动机，功利主义的导向在科学的历史中确实也发挥了积极的作用。但是，过度功利化的动机对科学和社会而言并不是福音：它不仅妨碍对社会有用的新技术的涌现，尤其是会对科学造成极大的伤害。默顿这样写道："如果实际应用性成为重要性的唯一尺度，那么科学只会成为工业的或神学的或政治的女仆，其自由性就丧失了。"他还说："功利性应该是一种科学可以接受的副产品而不是科学的主要目的。因为一旦有用性变成科学成就的唯一标准，具有内在科学重要性的大量问题就不再进行研究了。"弗罗洛夫从更广阔的视野看待科学功利化异化的后果和危害："如果我们仅仅遵循'实践上有效用的科学'的片面发展取向，那么人的文化的未来发展将受到威胁。夸大科学的这一作用，我们就会消灭生气勃勃的活力——而正是这种活力，促进作为一个整体的科学的进展，决定科学家的活动，甚至决定他们实践科学的倾向。于是，科学可能变成使科学家残缺不全的无灵魂的摩洛神①，而科学家在这些条件下可能使他们自己也变得没有灵魂。"

也许正是在这种意义上，法国哲人科学家迪昂早在 20 世纪初就有先见之明：他揭露了科学的功利化异化，并强调其对科学和人的危害。他表达了这样的观念："长期以来，科学不再是无私的探索，以致它使自己服务于功利主义。这是一种反对圣灵的罪孽。因为这种罪孽，上帝在某种意义上已经遗弃了人。其结果，科学转而反对人。"

因此，在功利主义过度膨胀和物欲主义泛滥之际，我们倒是应该提倡"为科学而科学"、"为知识而知识"的理智追求，用纯粹理性平衡或抑制一下工具理性。

---

　①　摩洛神（Moloch）是古代近东各地崇拜的神灵，信徒以儿童为牺牲向他献祭。

科学探索的动机或动力 *

科学的动机包括社会动机和个人动机,尤其是个人动机具有多样性和复杂性。个人动机又包括外在功利动机和内在心理动机,前者又可细分为有形功利动机和无形功利动机。有形功利动机既有"大我"功利动机,也有"小我"功利动机。内在心理动机可以分为消极心理动机和积极心理动机。积极心理动机又可再分为理性心理动机和情感心理动机。首要的情感心理动机是好奇心或惊奇感,还有对自然和科学的兴趣、爱好和热爱,对自然美和科学美的鉴赏和陶醉,难以名状的激情与精神上的乐趣和快慰,以及冒险和刺激。

一、各种见仁见智的观点

"动机"一词在汉语中的意思是"推动人从事某种行为的念头","动力"一词是"比喻推动工作、事业等前进、发展的力量"。二者的词义虽然有些许差别,但是交集还是颇大的。在英语中,motive 和 motivation 的主要含义是"动机"和"动力"。因此,在探讨科学探索或科学研究的动机或动力时,我们对这两个词一般不加区分,实际上也很难把"推动人从事科学的念头"与"推动人研究科学的力量"区别开来,因为动机中每每包含动力,反过来也是一样。

莫尔认为,"科学的动机"明显包括两个方面:社会支持科学的动机

---

* 　原载北京:《自然辩证法通讯》,2008 年第 30 卷,第 1 期。

和个人成为科学共同体一员的动机,即社会动机和个人动机。就前者而言,社会上的大多数人想从科学获取实际的利益,而只能模糊地欣赏科学研究的文化价值。这不足为怪:在人类遗传进化的过程中,我们只是为幸存的缘故对真正的知识感兴趣,不存在选择没有应用可能的知识的价值。但是,科学进路的本质则在于为知识而知识。关于个人动机,科学家的动机是复杂的,由各种因素组成。[①] 在这里,莫尔寥寥数语就把社会动机讲得十分清楚,况且这种动机也很简单,我们没有必要再画蛇添足了。关于个人动机,它涉及私人的隐秘而微妙的心理,它与社会与境纠缠在一起,尤其是个人动机的多样性和复杂性,因而是一个比较难对付的论题。

梅尔茨就表明,在过去和将来,诱使人们去研究自然的始终有几种兴趣。有些人受好奇心或对自然的纯粹的爱驱使,他们从事自然研究的目的是描述和描绘我们周围的客体,更好地观察和认识它们。他们出自对自然的最纯正的钟爱,以伟大的奉献精神和不计报酬的艰辛,探明自然事物的奥秘。继此之后,应用自然知识,使之对实际目的有用的愿望,反过来对科学起了很大的作用。[②] 德兰也强调,人们从事科学研究的理由至少有二:人生具有好奇之性,又有好胜之心,此皆研究自然之动机也;吾人发明事实,证立定律,非徒然而已,盖将应用之以谋人类之幸福。[③] 史蒂文森和拜尔利把驱动科学家行为的动机和影响区分为三个范畴。一是内在于科学研究过程的动机:科学的好奇心,做研究过程中的愉悦。二是指向科学共同体的动机:渴望科学声望,渴望在科学职业内的影响。三是对科学研究的外部影响:公众名

① H. Mohr, *Structure & Significance of Science*, New York: Springe-Verlay, 1977, pp. 21–25.

② 梅尔茨:《十九世纪欧洲思想史》(第一卷),周昌忠译,北京:商务印书馆,1999 年第 1 版,第 271–272 页。

③ 德兰:科学之应用,任鸿隽译,《科学》,1919 年第 4 卷,第 6 期。

声的吸引,渴望发现科学知识的有益应用,需要资金支持(得到金钱做科学),渴望从应用科学研究中获得利益(从科学制造金钱),影响公共政策的抱负(在幕后或通过公众运动)。总之,科学的动机也就是科学家想了解某些事物的理由:单纯的好奇心、理论兴趣和潜在的有用性。[①]

有些学者对科学探索的动机探索得细致入微。范伯格举出三种冲动(impulse):理解世界,不愿接受基于权威的结果,在前人的科学工作之上建筑[②]。克劳瑟(J. G. Crowther)罗列了科学家做研究的五种个人动机:"最为众所周知的、科学家本人最经常宣布的,一个是好奇心或为理解而理解。另一个十分强有力的和普遍的动机是对声望的欲求。第三个是得到生活保障的需要。第四个是使自己享受的欲望。第五个是服务人类的欲求。为发现这些动机的相对权重,人们仅做了十分少的一点研究。"[③]马斯洛从心理学的视野,描绘出一张科学动机的全景图。他说,像人类的所有成员一样,科学家也被多重需要促动。这些需要是人类共有的,是对食物的需要;对安全、保护以及关心的需要;对群居、感情以及爱的需要;对尊重、地位、身份以及由此而来的自尊的需要;对自我实现会发挥个人特有的和人类共有的多种潜能的需要。这些需要对于心理学家是最为熟悉的,原因很简单,它们受到挫折就会引起病态。研究较少,但是通过共同观察仍然可知的,是对于纯粹知识的认识性需要(好奇),以及对于理解的需要。最后,最不为人所知的是对于美、对称,也许还包括对于简洁、完满、秩序等的冲动,我们可以把它称为审美的需要,以及表达、表现的需要,还有

---

①　L. Stevenson and H. Byerly, *The Many Faces of Science*, *An Introduction to Scientists*, *Values and Society*, Oxford: Westview Press, 1995, pp. 48 – 49, 227.

②　G. Feinberg, *Solid Clues*, New York: Simon and Schuster, 1985, p. 236.

③　L. Stevenson and H. Byerly, *The Many Faces of Science*, *An Introduction to Scientists*, *Values and Society*, Oxford: Westview Press, 1995, p. 123.

与这些审美需要有联系的使某事趋向完满的需要。很明显,认识的需要是科学哲学家最关心的。在科学的自然历史阶段,推动科学向前发展的最大动力是人的持久的好奇心。在更理论化和抽象化的水平上,科学则产生于人的同样持久的理解、解释以及系统化的欲望。然而,对于科学特别不可缺少的是后一种理论的冲动,因为纯粹的好奇心在动物那里也很常见。当然,在科学发展的整个阶段,确实也包括其他动机,就是想借助科学对人类和社会有所帮助。可以清楚地看到,任何人类的需要都可以成为涉足科学、从事或深入研究科学的原始动机。科学研究,也可以作为一种谋生手段,一种取得威望的源泉,一种自我表达的方式,或任何神经病需要的满足。就大多数人而言,更常见的是同时发生作用的动机的各种程度不同的联合,而不是一个单一的原始的最重要的动机。① 克莱因以数学为例说明,驱使人们追求数学的动力是由实用的、科学的、美学的和哲学的因素共同起作用的,取这舍那、扬此抑彼都行不通。②

中国学人也对科学探索的动机也做过有趣的探讨。王星拱在谈到科学起源的心理根据或科学探索的动机时,揭橥了六种动机或动力。一是惊奇。人类有惊奇心理时,总想得个理性的解释,这是科学起源的部分潜力。二是求真。无论何人,总想明白万事万物的真理,人类的心理,总是信真实而不信假伪的。就是有心作伪的人的心中,仍然有个求真的趋向。三是美感。最初的人类,解释现象界的繁复,也想用一种综合的方法成一种有系统的理论,是因为他们有精神的美感的缘故。科学家何以尽心竭力研究科学呢?因为科学中间有和一(unity)的美。所以科学的起源和它的进步,美感也是一个主使的原

---

① 马斯洛:《动机与人格》,许金声译,北京:华夏出版社,1987年第1版,第1—3页。
② 克莱因:《西方文化中的数学》,张祖贵译,上海:复旦大学出版社,2004年第1版,第3—5页。

因。四是致用。在太古时期,致用对于科学的发生,或者有很大的潜力。在中古时期科学的降生,致用没有什么力量。不过,近来的科学进步,致用也是一个很重要的动力。五是好善。人有好善恶恶的本能。科学是辨别善恶的武器,要明明白白地研究出一个道理来。如果要能辨别善恶来做行为的标准,必定要发达科学。六是求简。科学是从繁复之中,用简约的方法,理出头绪来,刚刚合我们心坎儿上所要懂得的。这六种心理实际上是趋向同一的途径的。第一,因为奇和真实是递相发现的;第二,因为真实和美、和功用、和善,原是分不开的东西;第三,因为真实是由简约得来的。①

　　值得注意的是,20 世纪最伟大的哲人科学家爱因斯坦对科学探索的动机做了极其精湛的探讨。他的论述鞭辟入里、引人入胜。1918 年4 月,爱因斯坦在普朗克六十岁生日庆祝会上,以"探索的动机"为题发表讲演。他说,在科学的庙堂里有许多房舍,住在里面的人真是各式各样,引导他们到那里去的动机实在各不相同。有许多人所以爱好科学,是因为科学给他们以超乎常人的智力上的快感,科学是他们自己的特殊娱乐,他们在这种娱乐中寻求生动活泼的经验和雄心壮志的满足;另外还有许多人之所以把他们的脑力产品奉献在祭坛上,为的是纯粹的功利目的。如果上帝有位天使跑出来把所有属于这两类的人都赶出庙堂,那么聚集在那里的人就会大大减少。如果庙堂里只有被驱逐的那两类人,那么庙堂决不会存在,正如只有蔓草不成其为森林一样。因为对于他们来说,只要有机会,人类活动的任何领域他们都会去干;他们究竟成为工程师、官吏、商人还是科学家,完全取决于环境。与之不同,那些为天使宠爱的人大多数是相当怪癖、沉默寡言和孤独的人;尽管有这些共同特点,实际上他们彼此之间很不一样,不像

----

① 王星拱:科学的起源和效果,《新青年》,1919 年第 7 卷,第 1 号。

被赶走的那些人那样彼此相似。爱因斯坦完全同意叔本华的意见：
"把人们引向艺术和科学的最强烈的动机之一，是要逃避日常生活中
令人厌恶的粗俗和使人绝望的沉闷，是要摆脱人们自己反复无常的欲
望的桎梏。"他形象地比喻说，一个修养有素的人总是渴望逃避个人生
活而进入客观知觉和思维的世界；这种愿望就好比城市里的人渴望逃
避喧嚣拥挤的环境，而到高山上去享受幽静的生活，在那里，可以透过
清寂而纯洁的空气自由地眺望，陶醉于似乎是为永恒而设计的宁静景
色。不过，爱因斯坦认为这是一种消极的动机。他意谓的积极的科学
探索的动机是："人们总想以最适当的方式来画出一幅简化的和易于
领悟的世界图像；于是他就用他的这种宇宙秩序来代替经验的世界，
并来征服它。这就是画家、音乐家、诗人、思辨哲学家和自然科学家所
做的，他们都按自己的方式去做。各人都把宇宙秩序及其构成作为他
的感情生活的支点，以便由此找到在他个人的狭小范围里所不能找到
的宁静和安定。"爱因斯坦强调，渴望看到先定的和谐的宇宙秩序，才
是科学家无穷毅力和耐心的源泉。①

二、外在功利动机：有形的和无形的

　　尽管科学探索的动机相当复杂和多样，但是借鉴诸多学者的看
法，尤其是爱因斯坦的启示，我们可以将其分为两大类：外在功利动机
和内在心理动机。前者又可细分为有形功利动机和无形功利动机。
外在功利动机是为外部的实用的功利的动机和目的而投身科学和从
事科学研究的，这里主要有名、利二端。其中，抱着得到物质上的利益

---

　　①　爱因斯坦：《爱因斯坦文集》第一卷，许良英等编译，北京：商务印书馆，1976年第1
版，第100－103页。

的动机即是有形的功利动机,抱着获取精神上的扬名(美名或浮名)的动机即是无形的功利动机。

有形功利动机既有为人类谋福利的"大我"功利动机,也有个人谋求生计、牟利发财的"小我"功利动机,不过二者的共同点都是把科学作为一种手段,以达到某种实用(utility)或有用性(usefulness)的目的,获得实实在在的经济利益。关于为人类谋福利的"大我"功利动机,培根已经讲得十分清楚。至于"小我"功利动机,只要手段得当,又不损害社会和他人利益,也是合情合理的,不应该受到鄙夷和指责。不过,这种带有自私性的动机也可能在科学研究的过程中潜移默化。正如萨顿所说:在一种较高的意义上说,我们能够假定纯正的创造性活动总是无私的,即使在最初阶段不是如此,至少在它已完全激发起来的后一阶段是无私的。一个人可能会梦想做出一项发明使他本人和家庭过舒服一些的日子,发家致富看上去可能是他的主要激励。但是,由于他连续进行研究并且变得越来越全神贯注于他的方案和设计,他可能会忘记自己的利益所在,甚至会失去根深蒂固的自我保护本能。最后他可能处于一种精神上极度兴奋和完全忘我的状态,这也许是我们最靠近天堂的一种状态。①

无形功利动机是想借助科学这种"特殊娱乐"和"智力上的快感","寻求生动活泼的经验和雄心壮志的满足",在智力竞争中获得成功,从而博得同行的承认,最终赢得赏识和好名声。莫尔讲得比较周到而且很有分寸:"科学家一般不为权欲而谋求权势,虽然他们对权势并非无动于衷。科学家一般不单纯追求财富,虽然他们对于家道富裕并非毫不动心。他们首先追求的是人们的赏识。当然,为增进知识做出贡

---

① 萨顿:《科学史和新人文主义》,陈恒六等译,北京:华夏出版社,1989年第1版,第36－38页。

献,这是首要的动机。这不是虚构,不是对科学家的性格主观想象的结果。我认识的许多人,我相信他们当科学家的唯一动机只是对于自然界的奥秘深感兴趣。其中某些人像我们的科学先辈那样在极其不利的条件下工作,在院校或研究机关中艰苦奋斗,对收入、家庭、行政职位和虚名毫不在乎。然而,说到底,他们都十分计较是否得到人们的赏识。"哈格斯特罗姆也发表看法:博得同行科学家的赏识,是科学家的主要动力、一种永恒的动力,促使科学家艰苦地工作,不违反科学道德,保持创造精神。①

　　为了赢得社会和公众的赏识和名声,就必须首先博得科学共同体的承认,于是怀抱雄心壮志,充满好胜心,在激烈的竞争中获取优先权就构成了科学探究的动力。莫尔就此写道:科学家通常是十分有雄心的,他们想发表,想看到他们的名字和观念被印刷出来。他们想从同行那里获得尊敬和承认(偏爱从科层构成的科学共同体的较高阶层获得)。如果必要的话,他们会为科学发现的优先权激烈地斗争。妒忌(大都以有教养的形式)有时憎恨在科学共同体中并非不寻常,只不过多半表现得不那么露骨而已。这一切结合起来说明,来自同行的承认是科学家的最大动机,是顽强工作的持久驱动力。在不违背科学伦理的情况下,如果用任何手段可能的话,做出创造性的新发现才是第一位的。"象牙塔"的科学生涯的概念是不正确的。宁可说,正因为科学家需要承认,他们才采纳了科学共同体的伦理规范。对独创性的承认被普遍地认为是最高的、远比金钱或任何官方职位更重要的奖赏。②普赖斯也表示:"以占有第一位置为动机的竞争才是真正的动力。"③

---

①　莫尔:科学伦理学,黄文译,北京:《科学与哲学》,1980 年第 4 辑,第 84 – 102 页。

②　H. Mohr, *Structure & Significance of Science*, New York: Springe-Verlay, 1977, pp. 24 – 25.

③　普赖斯:《巴比伦以来的科学》,任元彪译,石家庄:河北科学技术出版社,2002 年第 1 版,第 161 页。

以上所说的无形功利动机是就其主要方面而言的。事实上,它也是相当复杂和多样的:除了它的外延可以延伸外,它与其他动机往往相互纠缠。魏格纳颇有感触地说:"当我期望人们选择科学生涯不要期望外界过多的报酬,在精神上追求一种学习、希望和创造性的生活时,或许我已经不合时宜了。事实上,我们许多年轻人本着这种精神选择了科学生涯,但是也有很多人期望外界的报酬、有影响的职位、很高的荣誉,以及一种所谓的成功的生活。我不知道哪种潮流将取得优势。也许将会出现两者的混合物,也许那些坚持己见的人最终将离开科学,在学术界内外担任行政职务。但是可以肯定,本世纪初那种认为一个科学家理所当然的品德和特性,不能再认为是理所当然的了。"①布罗德等人则径直点明:"科学研究从一开始就是人们为两个目标而奋斗的舞台:一是认识世界,二是争取别人对自己工作的承认。这种目的的两重性存在于科学事业的根基中。只有承认这两重目标,才能正确地了解科学家的动机、科学界的行为和科研本身的过程。"他们认为:在多数情况下,科学家的这两个目标是一致的,但有时它们又是互相抵触的。当实验结果不完全符合自己的想法时,当一种理论未能得到普遍接受时,一个科学家会面临各种不同的引诱,从用种种方法对数据加以修饰到明目张胆的舞弊。②

就无形功利动机而言,只要科学家按照科学规范和科学伦理行事,只要不是为达目的而不择手段,只要实至名归而不是沽名钓誉,就是正常的和正当的,因为这也是科学进步的重要因素,而且有益于社会和他人。莫尔甚至把对独创性的承认和为此而进行的正常智力竞赛,看作是"科学共同体培育的和文化进化的最有价值的珍品"③。于

---

①　魏格纳:科学家与社会,王荣译,上海:《世界科学》,1993 年第 4 期,第 10－12 页。

②　布罗德等著:《背叛真理的人们》,朱宁进等译,上海:上海科技教育出版社,2004 年第 1 版,第 181 页。

③　H. Mohr, *Structure & Significance of Science*, New York: Spring-Verlay, 1977, p. 25.

是,联系到有形的功利动机,我们可以说:外在功利动机是人们以科学为业的正当动机,是人性的正常体现,而且对推进科学发展也是很有作用和意义的。但是,持有这种动机的人大都只是把科学作为手段,而不会像爱慕他的恋人一样地热爱科学,不会具有爱因斯坦所谓的深挚的"宇宙宗教感情",自然不会把科学作为自己的生活形式,不会视科学如同自己生命的一部分而忘我地追求。假如只有这样的人从事科学,科学就不成其为真正的科学——科学就会成为追逐名利的角斗场,而不会成为爱智者流连的思想憩园和科学创造者自在的精神乐园。

因此,很有必要超越外在功利动机。我们不能把科学等同于技术和物质,视之为赚钱赢利的工具。我们也应该排除这样一种"权威性"的世俗观念,即认为对于学问的报偿在于扬名和赢得社会声誉。对于这种观念,一个人最终会抛弃它,至少是感到应该超越它[1]。科学家和想成为科学家的人,应该明白马斯洛对科学的理解:"最高层次的科学是对令人惊叹、使人敬畏的神秘事物的最终条理化、系统的求索和享受。科学家能够得到的最大报答就是这类高峰体验和对存在的认知。然而这些体验同样也可以称作宗教体验、诗意体验或哲理体验。科学可以是非宗教徒的宗教,非诗人的诗歌,不会绘画的人的艺术,严肃者的幽默,拘谨腼腆者的谈情说爱。"[2]同时,也应该记住任鸿隽的告诫:"建立学界之元素,在少数为学而学,乐以终身之哲人;而不在多数为利而学,以学为市之华士。彼身事问学,心萦好爵,以学术为梯荣致显之具。得之则弃若敝屣,绝然不复反顾者,其不足与学问之事明矣。"[3]

---

①　钱德拉塞卡:科学和科学的态度,王乃粒译,上海:《世界科学》,1990 年第 9 期,第 16－18 页。

②　马斯洛:《科学家与科学家的心理》,邵威等译,北京:北京大学出版社,1989 年第 1 版,第 170－171 页。

③　任鸿隽:建立学界论,《留美学生季报》,夏季第 2 号,1914 年 6 月。

三、内在心理动机,尤其是情感心理动机

现在,我们从外在功利动机转向内在心理动机。所谓内在心理动机,是出自内心深处的心理需要和精神满足,而不刻意追逐外在的名利;这种动机一般是隐性的,不像外在功利动机那样显现和张扬——"如人饮水,冷暖自知",只有当事人本人最清楚,其他人很难觉察和体会个中滋味,甚至很难按照世俗的思路去理解。参照爱因斯坦的论述,内在心理动机也可以一分为二:消极心理动机和积极心理动机。

消极心理动机也可称为否定的心理动机或反面的心理动机。这种动机顾名即可思义,况且爱因斯坦已经讲述得非常清楚,无须我们饶舌。对于那些冰清玉洁、不愿与龌龊邪佞的现实同流合污的人来说,科学是他们最佳的"世俗的修道院"、"理想的避难所"和"精神的栖居地",他们在这里得到心灵的宁静和思想的升华。怀特海以数学研究为例,言简意赅地道出了个中妙谛:"数学研究是人类精神之一种神圣的疯性,是对纷繁迫促的世事之一种逃避。"[①]克莱因(援引了罗素)则以诗意的语言,对此做出了恰如其分的说明:对数学问题的不可抑制与动人心弦的探索,使人精神专注,使人能够在这个无休止斗争的世界中,保持精神的安宁。这种追求是人类活动中最为平和的生活,又是没有争端的战斗,是"偶然发生灾难时的避难所",在为当代千变万化的各类事件弄得疲惫不堪的意义面前,数学领域就是美丽而恬静的终南山。罗素曾经用华丽的语言,描绘了这种恬静的佳境:"远远离开人的情感,甚至远远离开自然的可怜的事实,世世代代创造了一个

① A. N. Whitehead:《科学与现代世界》,傅佩荣译,台北:黎明文化事业公司,1981年第1版,第2章。

秩序井然的宇宙。纯正的思想在这个宇宙，就好像是住在自己的家园。在这个家园里，至少我们的一种更高尚的冲动，能够逃避现实世界的凄清的流浪。"①齐曼更一般地揭橥，对许多科学家来说，"投身于一个有序合理的专门领域是一种个人安慰，在那里他们能够远离纷乱的、情绪化的日常生活世界。"②魏格纳对此深有感触：我们的周围存在一个复杂的世界，它充满着难以预料的事件。当我们发现并知道一些事物具有某种秩序和不可改变的性质时，人的灵魂将获得一种安静。许多科学家倾向于退出我们社会中正在不断发生的争斗，喜欢过隐士般的生活。实际上，这是那些选择科学作为职业的科学家的特征。③

　　爱因斯坦赞赏的积极心理动机——渴望看到先定的和谐的宇宙秩序，力图勾画一幅简化的和易于领悟的世界图像，始终怀有强烈的宇宙宗教感情④——又可称为肯定心理动机或正面心理动机。在我们看来，这种积极心理动机又可再分为理性心理动机和情感心理动机。理性心理动机就是致知求真，与我们前面讨论的科学的目标完全一致。许多学者不约而同地表达了这一看法："科学发展的动力最终来自科学所追求的目标"⑤；"探索真理仍然不失为科学发展的最强大的动力"⑥；"真理是科学的中心动力"⑦；"科学家的动机惟一地是为知识而知识"⑧。在这里，莫尔和斯诺的论述值得我们仔细玩味："为知识而知

---

① 克莱因：《西方文化中的数学》，张祖贵译，上海：复旦大学出版社，2004年第1版，第468页。

② 齐曼：《真科学：它是什么，它指什么》，曾国屏等译，上海：上海科学教育出版社，2002年第1版，第66页。

③ 魏格纳：科学家与社会，王荣译，上海：《世界科学》，1993年第4期，第10－12页。

④ 李醒民：《爱因斯坦》，台北：三民书局，1998年第1版，第417－440页。

⑤ 波塞尔：《科学：什么是科学》，李文潮译，上海：上海三联书店，2002年第1版，第165页。

⑥ 波普尔：《科学知识进化论》，纪树立编译，北京：三联书店，1987年第1版，第43页。

⑦ J. Bronowski, *Science and Human Values*, Hutchinson of London, 1961, pp. 59－83.

⑧ L. Stevenson and H. Byerly, *The Many Faces of Science*, *An Introduction to Scientists*, *Values and Society*, Oxford: Westview Press, 1995, p. 41.

识是科学家的崇高理想:为增进认识而探求知识,而不光是为出人头地而探求知识,这是科学态度的最高本质。"①"真理是科学家努力寻求的。他们要寻求存在的东西。没有这种愿望就没有科学。这是整个活动的原动力。它迫使科学家每走一步路都必须不顾一切地着眼于真理。"②

作为致知求真的理性心理动机,实际上就是向往探索自然的奥秘与和谐,并用尽可能完美的理论来描绘它。爱因斯坦自述:"我从事科学研究完全是出于一种不可遏止地想要探索大自然的奥秘的欲望,别无其他动机。"③"渴望看到自然的先定的和谐","希望理解存在和实在","是无穷的毅力和耐心的源泉",这是"一种强烈得多的而且也是一种比较神秘的推动力"。④ 托兰斯进而指出:追求终极统一的秩序,是爱因斯坦发展大统一场论的驱动力。他在 1929 年宣称,场论的终极目的是,"不仅了解自然是如何(how)和它的过程如何进行,而且了解自然为什么(why)是它所是的东西,而不是另外的某种东西"。也就是说,科学不能满足于发现自然界如何行为的定律,而且必须识破这些定律的终极统一和发现它们的内在理由的方式。⑤

与理性心理动机相对照,情感心理动机在科学的追求中也许显得更强有力一些。"情感是知识的原动"⑥,此言得之。情感心理动机名

---

① 莫尔:科学伦理学,莫文译,北京:《科学与哲学》,1980 年第 4 辑。

② 斯诺:《两种文化》,纪树立译,北京:三联书店,1994 年第 1 版,第 210 页。

③ 杜卡斯、霍夫曼编:《爱因斯坦谈人生》,高志凯译,北京:世界知识出版社,1984 年第 1 版,第 23 页。

④ 爱因斯坦:《爱因斯坦文集》第一卷,许良英等编译,北京:商务印书馆,1976 年第 1 版,第 103、298 页。

⑤ T. F. Torrance, Fundamental Issues in Theology and Science; J. Fennema and I. Paul ed. , *Science and Religion*, *On World-Changing Perspective on Reality*, Dordrecht/Boston/London:1990, pp. 35 – 46.

⑥ 丁文江:玄学与科学——答张君劢,张君劢、丁文江等:《科学与人生观》,济南:山东人民出版社,1997 年第 1 版,第 206 页。

目繁多,而且常常相互交织在一起,难以理出头绪。不过,为了叙述方便起见,我们还是勉为其难,择其要者而论之。

首要的情感心理动机是好奇心或惊奇感。好奇或惊奇是人的天性和必然性质,是精神健康和活跃的重要标志。马斯洛列举六点理由说明,好奇心是全人类的特点①。同时,好奇心或惊奇感也是科学发端的源泉和人们投身科学的最富有感情色彩的心理动机——科学和科学家的力比多。亚里士多德早就有言在先:"古今以来人们开始哲理探索,都起因于对自然万物的惊异;他们先是惊异于种种迷惑的现象,逐渐积累一点一滴的解释,对一些较重大的问题,例如日月与星的运行以及宇宙之创生,做出说明。一个有所迷惑与惊异的人,每自愧愚蠢;他们探索哲理只是为想摆脱愚蠢。"②自培根时代以来,纯粹的好奇心被视为真正科学家主要的探索动机。

对于好奇心或惊奇感这种情感心理动机的功能、含义、起作用的条件和结局,著名的哲人科学家马赫和爱因斯坦的理解别出机杼。马赫认为,所有对探索的促动都诞生于新奇、非寻常和不完全理解的东西。寻常的东西一般不再会引起我们的注意,只有新奇的事件才能被发觉并激起注意。惊奇感是人类的普遍属性,好奇是超过生物学需要的过量的心理生活,它对科学的发展具有巨大的意义。所谓惊奇感,就是人的整个思维模式被一种现象打乱,并迫使它脱离习惯的和熟悉的渠道。消除惊奇是科学的一部分,科学是惊奇的东西的天敌。③ 爱因斯坦对好奇心和惊奇感的评价很高:"我们所能有的最美好的经验是奥秘的经验。它是坚守在真正艺术和真正科学发源地上的基本感

---

① 戈布尔:《第三思潮:马斯洛心理学》,吕明等译,上海:上海译文出版社,1987年第1版,第46页。

② 亚里士多德:《形而上学》,吴寿彭译,北京:商务印书馆,1959年第1版,第5页。

③ E. Mach, *Principles of the Theory of Heat*, *Historically and Critically Elucidated*, D. Reidel Publishing Company, 1986, pp. 338 – 349.

情。谁要是体验不到它，谁要是不再有好奇心也不再有惊讶的感觉，他就无异于行尸走肉，他的眼睛是迷糊不清的。"①他还说：丧失了惊奇的人，"只不过是死人而已"②。进而，他深邃地洞察到惊奇的本相："毫无疑问，我们的思维不用符号（词）绝大部分也都能进行，而且在很大程度上是无意识进行的。否则，为什么我们有时会完全自发地对某一经验感到'惊奇'呢？这种'惊奇'似乎只是当经验同我们充分固定的概念世界有冲突时才会发生。每当我们尖锐而强烈地经历到这种冲突时，它就会以一种决定性的方式作用于我们的思维世界。这个思维世界的发展，在某种意义上说就是对'惊奇'的不断摆脱。"③

现代科学史家和科学哲学家也充分肯定好奇心这种心理动机的价值。中国学者任鸿隽明确表示：关于知识的起源，好奇心比实际需要更重要④。萨顿强调：科学进步的主要动因是人类的好奇心，这是一种非常根深蒂固的好奇心，不是一般意义上的感兴趣，甚至不是很谨慎的。一旦好奇心被激发，就再也没有办法平息他们对知识的渴望。⑤哈布尔揭示：在所有伟大的科学人中，占统治地位的探索动机是无偏见的好奇心。这种被十足的好奇心驱动的研究力图理解世界——不是去改造它、控制它，而仅仅是理解它。⑥劳丹乃至认为，对科学研究活动的有力辩护既不是对真理的追求，也不是物质的实用价值，最终

①　爱因斯坦：《爱因斯坦文集》第三卷，许良英等编译，北京：商务印书馆，1979 年第 1 版，第 45 页。

②　A. Vallentin, *Einstein*, *A Biography*, London: Weidenfeld and Nicolson, 1954, p. 110.

③　爱因斯坦：《爱因斯坦文集》第一卷，许良英等编译，北京：商务印书馆，1976 年第 1 版，第 3 - 4 页。

④　任鸿隽：《科学救国之梦——任鸿隽文存》，樊洪业、张久村编，上海：上海科技教育出版社，上海科学技术出版社，2002 年第 1 版，第 329 页。

⑤　萨顿：《科学史和新人文主义》，陈恒六等译，北京：华夏出版社，1989 年第 1 版，第 35 页。

⑥　E. Hubble, *The Nature of Science and Other Lectures*, Los Angles, U. S. A., 1954, p. 8.

在于好奇心。"人类对认识周围世界和本身的好奇心之需要,丝毫不亚于对衣服和食物的需要。我们所知的一切文化人类学都表明,对宇宙运行机制的精细学说的追求是一种普遍的现象,即使在刚够维持生存水平的'原始'文化中亦是如此。这种现象的普遍性表明,对世界以及人在其中的位置的了解,深深植根于人类心灵之中。"①这些看法得到来自科学家的问卷调查(1988年)的支持:有43%的科学家出于对大自然的好奇心和对科学感兴趣而投身科学,其比例远高于其他原因。②

继马赫和爱因斯坦之后,不少人也对好奇心做了深入的探究。阿西莫夫指明,好奇是不可遏止的求知欲望,是生命形式的不可分割的特性,是人类精神的最崇高的、最纯粹的显示③。朝永振一郎把好奇心视为人类精神的自由活动的根本,推进科学进步的动力,以及科学的本质④。齐曼揭橥,好奇心为纯粹科学提供了新的维度,是特别个人主义的品质,是杰出科学家最突出的个人心理特质,意味着个人自主和思想自由⑤。

情感心理动机之二是对自然和科学的兴趣、爱好和热爱。科学家塞格说:他之所以成为科学家,"一言以蔽之,是由于强烈的爱好。科学是一种永无止境的挑战,总是不断地提出要求,遭受挫折,有时也会获得成功。它是一种生活方式,也是一种思想方法。"格里芬也自白:

---

①　劳丹:《进步及其问题》,刘新民译,北京:华夏出版社,1990年第1版,第222页。

②　《美国科学家》编辑部:使你成为科学家的原因是什么?王乃粒译,上海:《世界科学》,1989年第6、7、8期,第1－4、48－51、44－46页。

③　阿西莫夫:什么是科学?高文武摘译,北京:《科学与哲学》,1980年第4期,第1－16页。

④　户田盛和:关于朝永先生的科学观,王占朝译,北京:《科学与哲学》,1983年第6辑,第67－81页。

⑤　齐曼:《真科学:它是什么,它指什么》,曾国屏等译,上海:上海科学教育出版社,2002年第1版,第29、30页。

"我成为一个科学家,是因为我对动物怀有浓厚的兴趣,并想知道不同种类的动物有些什么样的特性。"①爱因斯坦则以自己的亲身经历说明,对自然和科学的爱好和热爱以及强烈的兴趣,是如何引导走上科学之路的。在 12 岁那年,由于阅读了通俗自然科学书籍,爱因斯坦抛弃了宗教而皈依科学。他这样深情地表白自己的心迹:"从思想上掌握这个在个人以外的世界,总是作为一个崇高目标而有意无意地浮现在我的心目中。……通向这个天堂的道路,并不向通向宗教天堂的道路那样舒坦和诱人;但是,它已证明是可以信赖的,而且我从来也没有为选择了这条道路而后悔过。"②

　　情感心理动机之三是对自然美和科学美的鉴赏和陶醉。这是一种很高雅、很深沉的动机:人们因为自然之美而激起研究自然的热情,并在审美鉴赏中发现自然和科学的和谐之美而陶醉其中,以至乐此不疲、乐不思蜀——批判学派的代表人物彭加勒和皮尔逊对此的论述别有洞天。彭加勒和盘托出:"科学家研究自然,并非因为它有用处;他研究它,是因为他喜欢它,他之所以喜欢它,是因为它是美的。如果自然不美,它就不值得了解;如果自然不值得了解,生命也就不值得活着。……科学家之所以投身于长期而艰巨的劳动,也许为理智美甚于为人类未来的福利。"他继而写道:科学美像自然美一样,也是科学家追求科学的缘由:"只有当科学向我们揭示出这种和谐时,科学才是美的,从而才值得去培育。""这种无私利的为真理本身的美而追求真理也是合情合理的,并且能使人变得更完善。"③皮尔逊直抒己见:"与前

---

　　① 《美国科学家》编辑部:使你成为科学家的原因是什么? 王乃粒译,上海:《世界科学》,1989 年第 6、7、8 期。

　　② 爱因斯坦:《爱因斯坦文集》第一卷,许良英等编译,北京:商务印书馆,1976 年第 1 版,第 2 页。

　　③ 彭加勒:《科学与方法》,李醒民译,沈阳:辽宁教育出版社,2000 年第 1 版,第 7 - 9、186 页。

科学时代的创造性想象所产生的任何宇宙起源学说中的美相比,在科学就遥远恒星的化学或原生动物门的生命史告诉我们的东西中,存在着更为真实的美。所谓'更为真实的美',我们必须理解为,审美判断在后者中比在前者中将找到更多的满足、更多的快乐。正是审美判断的这种连续的愉悦,才是纯粹科学追求的主要乐趣之一。"①爱因斯坦可以说是批判学派思想的忠实继承者和光大者,审美鉴赏自始至终是他从事科学研究的永不枯竭的力量和热情的源泉。他像彭加勒等人一样,不愧是科学的艺术家。②

克莱因通过对数学史的研究发现:"对美感愉悦的寻求,一直影响并刺激数学的发展。从一大堆自相夸耀的主题或模式中,数学家有意无意之中,总是选择那些具有美感的问题。"他在举出古希腊人、哥白尼、开普勒、牛顿等一系列科学家和数学家的例子后说:"的确,在真正的数学家的心目中,对美感的渴求比最泼辣的主妇们吵架的欲望还要强烈。"一个别出心裁的证明,写出来便是一首诗。③ 对自然美和科学美的鉴赏和陶醉作为科学的情感心理动机或动力,已经成为科学家和哲学家的共识。拉契科夫得出总括性的结论:"人们在从事科学创造时经常感受到美感的快乐。这种美感的快乐照例提高人们的创作毅力,促进对真理的探索。……审美因素在创造创作热情的气氛中起重要作用。"④

---

① 皮尔逊:《科学的规范》,李醒民译,北京:华夏出版社,1999 年第 1 版,第 36 页。

② 李醒民:哲学是全部科学研究之母——狭义相对论创立的认识论和方法论分析(上、下),长春:《社会科学战线》,1986 年第 2 期(总第 34 期),第 79－83 页;1986 年第 3 期(总第 35 期),第 127－132 页。李醒民:《爱因斯坦》,台北:三民书局,1998 年第 1 版,第 483－501 页。

③ 克莱因:《西方文化中的数学》,张祖贵译,上海:复旦大学出版社,2004 年第 1 版,第 467－468 页。

④ 拉契科夫:《科学学——问题·结构·基本原理》,韩秉成译,科学出版社,1984 年第 1 版,第 200－201 页。

情感心理动机之四是难以名状的激情与精神上的乐趣和快慰。这种动机往往渗透在其他动机之中,很难把它们截然分开。而且,像科学的激情这样的情感有时也确实无法言传。不过,爱因斯坦在谈到科学探索的动机时,用了一个惟妙惟肖的隐喻来刻画它:"促使人们去做这种工作的精神状态是同信仰宗教的人或谈恋爱的人的精神状态相类似的;他们每天的努力并非来自深思熟虑的意向或计划,而是直接来自激情。"①爱因斯坦多次谈到这种激情,他借用斯宾诺莎的用语,认为它就是"对神(自然)的理智的爱"。他把这种激情称为"宇宙宗教感情",其表现形式是对大自然和科学的热爱和迷恋,对自然规律的和谐的奥秘的体验和神秘感,好奇和惊奇感,赞赏、尊敬、景仰乃至崇拜之情,喜悦和狂喜②。在他看来,宇宙宗教感情是"科学研究的最强有力的、最高尚的动机":"只有那些做了巨大努力,尤其是表现出热忱献身——要是没有这种热忱,就不能在理论科学研究的开辟性工作中取得成就——的人,才能理解这样一种感情的力量,唯有这种力量,才能做出那种确实是远离直接现实生活的工作。为了清理出天体力学的原理,开普勒和牛顿付出了多年寂寞的劳动,他们对宇宙合理性——而它只不过是那个显示在世界上的理性的一点微弱反映——的信念是多么深挚,他们要了解它的愿望又该是多么热切!"③这里不免有一个疑问:一个人明明完全了解他自己的先天的和经常可能遇到的难以逾越的限制,为什么还要献身于学问或失败多而成功少的永无止境的拼搏生涯呢? 英国诗人 T. S. 艾略特对此的回答同样适用于科学人:

---

① 爱因斯坦:《爱因斯坦文集》第一卷,许良英等编译,北京:商务印书馆,1976 年第 1 版,第 103 页。

② 李醒民:爱因斯坦的"宇宙宗教",成都:《大自然探索》,1993 年第 12 卷,第 1 期,第 109 - 114 页;李醒民:《爱因斯坦》,台北:三民书局,1998 年第 1 版,第 415 - 450 页。

③ 爱因斯坦:《爱因斯坦文集》第一卷,许良英等编译,北京:商务印书馆,1976 年第 1 版,第 382 页。

"一个人应该具有一种蜡炬成灰的激情,去从事某种他难以胜任的事业。这看起来十分奇怪,不是吗?"①

任鸿隽说得对:科学家从事科学研究的目的,"并不在物质的享受,而在精神上的满足"。② 不用说,这种满足当然包括精神上的乐趣和快慰。贝尔纳明察:心理上的快慰在科学研究过程中起重要作用,这也是人们愿意从事科学工作的动机和动力。正由于预料到这种乐趣,人们才愿意当科学家。③ 罗杰·弗赖明示:与在艺术过程中一样,"在思索中对必然性的认识通常也伴随着欢快的情绪,而且,对这种欢快欲望的追求,也的确是推动科学前进的动力。"④

最后,冒险和刺激也算是一种情感心理动机。诚如克南所说:"科学是一种富有浪漫主义和理想主义的色彩的冒险。"⑤这种冒险包括研究方向、提出问题、解决办法、预计结果的不确定性,也在于科学只有冠军而无亚军的规范结构,以及失败绝对多于成功的无情的历史和现实。波普尔道出了冒险的部分原因:"每一个问题总是有无限多的在逻辑上可能的解决办法,这个事实对于科学哲学是决定性的事实。正是那些事情之一使科学成为令人毛骨悚然的冒险。因为它使一切纯粹的常规方法无效。它意味着,科学家必须使用想象和大胆的观念,尽管它们总是经受严格的批评和严格检验的调节。"⑥

---

① 钱德拉塞卡:科学和科学的态度,王乃粒译,上海:《世界科学》,1990年第9期,第16-18页。

② 任鸿隽:科学研究——如何才能使它实现,《现代评论》,1927年第5卷,第129期。

③ 贝尔纳:《科学的社会功能》,陈体芳译,北京:商务印书馆,1982年第1版,第150页。

④ 钱德拉塞卡:《莎士比亚、牛顿和贝多芬》,杨建邺译,长沙:湖南科学技术出版社,1995年第1版,第69-70页。

⑤ 《美国科学家》编辑部:使你成为科学家的原因是什么?,王乃粒译,上海:《世界科学》,1989年第6、7、8期。

⑥ 波普尔:《走向进化的知识论》,李本正等译,杭州:中国美术学院出版社,2001年第1版,第81页。

　　正因为科学是一种智力冒险,所以它能吸引一批乐于和敢于体验冒险刺激的人投身其中,去进行惊心动魄的智力搏斗,从而获得理智上的满足——这与登山运动员和探险爱好者的冒险和满足的情感十分相似。尽管科学冒险的成功者屈指可数,但是人们还是源源不断地加入冒险者的队伍,这恐怕在于他们更多的是享受冒险过程的刺激,而不在于、起码是不完全在于最终是否成功。当然,史蒂文森和拜尔利所说的也有一定的道理——这种冒险总是给人以憧憬和希冀:"科学研究能够吸引乐于探索未知的人。冒险在于不确定性。……科学的好奇心从来也不能完全被满足:总是存在新事物等待人们去发现,总是存在击中头彩的希望。"①

---

　　①　L. Stevenson and H. Byerly, *The Many Faces of Science*, *An Introduction to Scientists*, *Values and Society*, Oxford: Westview Press, 1995, p. 46.

思想领域中最高的音乐神韵*

——关于科学发现的几个问题

爱因斯坦在晚年的《自述》一文中,当他谈到具有像玻尔那样独特和机智的人发现光谱线和原子中电子壳层的主要定律以及它们对化学的意义时曾说:"这件事对我来说,就像是一个奇迹——而且即使在今天,在我看来依然是一个奇迹。这是思想领域中最高的音乐神韵。"本文之所以取这样的名字,其语义正源于此。

既然科学发现是科学思想领域中最高的音乐神韵,那么要理解和把握这种"神韵"的产生过程,肯定不是一件轻而易举的事情。即使科学家自己,恐怕也很难讲清他是怎样想出这个,或者又是怎样想出那个的,因为他非常缺乏原始资料(爱因斯坦在谈到科学史时甚至说过,要用文献来证明关于怎样做出发现的任何想法,最糟糕的人就是发明家自己)。而且,科学史家对于科学家创造性思维的发展过程当然不会比科学家自己有更透彻的了解。因此,关于科学发现的研究是一个难度较大的课题,尤其是从理论的角度进行探讨。因为这样做要涉及科学发现的认识论、方法论、逻辑学、心理学、美学、社会学等众多领域。因此,在这里我们不想对科学发现进行系统、深入的探讨,而只打算谈谈与科学发现有关的几个问题,以期引起读者进一步的思考。

---

* 原载《思想领域中最高的音乐神韵——科学发现个例分析》,长沙:湖南科学技术出版社,1988年第1版。

一、什么是科学发现？

要弄清什么是科学发现，首先必须了解什么是科学，什么是发现。关于"科学"，学术界还没有一个完整的、严格的、公认的定义（有人认为根本就不可能下这样的定义，并主张以不下为妙）。所幸的是，在涉及一些具体问题时，人们的看法往往还是比较一致的。至于"发现"以及与之密切相关的"发明"，可就众说纷纭、莫衷一是了。

关于"发现"和"发明"，《辞海》的解释是这样的：发现意指"本有的事物或规律，经过探索、研究，才开始知道"；发明意指"创造新的事物，首创新的制作方法"。在西文中，"发现"一词（英 discovery，德 Entdeckung，法 découverte）也包含着"使原来隐蔽着的东西显现出来"的语义；而"发明"一词（英 invention，德 Erfindung，法 invention）则意味着"想出、设计出或制作出某种新事物、新过程"。可见，中西文对"发现"和"发明"的意义的理解大体上是一致的。因此，人们一般往往把科学上新事实、新理论等的提出称为发现，而把技术上新器具、新流程等的提出称为发明，故有"科学发现"和"技术发明"之说。

在科学家和哲学家中间，对这个问题的看法却存在着重大的分歧。一种人坚持传统的看法，认为理论始终存在于可观察的对象之中，科学家"发现"它，就像哥伦布发现美洲一样。科学家并不是发明家；他用感官看见可观察的现象，而用"思想之眼"洞见到理论。另一些人则坚持认为，理论是科学家"发明"的，在科学家找到它之前，它并不"存在"，这可以同贝尔发明电话相类比。科学概念和假设是人类想象的产物。

现代科学的大革新家爱因斯坦就持有后一种观点。他认为："概念和原理都是人类理智的自由发明"，"一切概念，甚至是那些最接近经验的概念,从逻辑观点看来,都是一些自由选择的约定……"正是基于这种看法,他在批评马赫的认识论和科学观时指出:"……我看他的弱点正在于他或多或少地相信科学仅仅是对经验材料的一种整理;也就是说,在概念的形成中,他没有辨认出自由构造的元素。在某种意义上他认为理论是产生于发现,而不是产生于发明。"在爱因斯坦看来,科学家是发明还是发现理论的问题,涉及经验材料对他们的思维影响的程度。所谓发明,爱因斯坦意指精神跨越以感觉和材料为一方,以概念和公理的创造为另一方的二者之间的鸿沟;所谓发现,则意指按照现存的模式或智力图像整理经验材料。尽管爱因斯坦有时也交替使用"发明"和"发现"这两个词汇,不过他始终认为发明是通向创造性思维的道路。

美国科学史界的后起之秀阿瑟·米勒在他的专著中指出:"科学中的创造性活动强调发明高于发现,而知识的结构则强调发现高于发明,伴随着对资料的想象,这些资料被吸收到图式之中,资料仅稍微与图式有关……"米勒通过案例研究所得出的结论是有一定道理的。

这样看来,发明是一种再现认识行为的概念框架的设定,是思维自由的创造性的活动;而把发现理解为"使原来隐蔽着的东西显现出来",就容易使人认为发现不是创造性行为。但是,鉴于"科学发现"一词不仅在日常生活中广为流行,而且也在科学文献中频频使用,所以我们在本文还是循约定俗成之惯例。不过,我们在这里应对"发现"作广义的理解。

二、科学发现的起点

一般说来,科学发现可以分为两类:一类是从自然界发现新的事实,即通过新的观察工具与实验手段发现新的自然客体或自然现象;一类是在科学研究中提出新的概念、原理、假设、定律,建立新的理论体系。这两种发现是相互联系、相互促进、彼此不可分割的。新事实的发现往往是新理论发现的前导,但新事实也只有纳入一定的理论体系中才能成为真正的科学发现。新理论的发现不仅会导致另一些新事实的发现,而且也能使以前发现的事实得到更深刻的理解和解释。

那么,科学发现的起点究竟是什么呢?

传统的归纳主义科学观认为,科学始于观察,观察是科学发现的起点。如果说这种观点在前科学时期还有点道理的话,那么在经典科学发展时期,它就难以自圆其说了。特别是现代科学理论的诞生,更使这种观点漏洞百出。正是在这种形势下,英国哲学家波普尔系统地提出了科学始于问题,问题是科学发现的起点的命题。他认为,把观察视为科学发现的起点,只是看到了科学家工作的表面现象,而没有洞察到科学进步和知识增长的本质。他明确指出,富有成效的科学家一般是从问题开始的,问题始终是首要的,科学发现只能发端于问题。为此,他提出了以问题贯穿科学发展过程中的四段模式:问题1→试探性理论→消除错误→问题2→……

波普尔的观点是有道理的。基本问题的提出,其本身就是对于智力进步的重要贡献,大凡卓有成效的科学家都承认这一点。爱因斯坦说:"提出问题往往比解决一个问题更重要,因为解决问题也许仅是一个数学上的或实验上的技巧而已。而提出新的问题,新的可能性,从新的角度去看旧问题,却需要有创造性的想象力,而且标志着科学的真正进步。"海森伯等人也说过类似的话。试问,20世纪许多科学理论的提出,不正是从问题开始的吗?

纵观科学史,似乎一些科学发现出自幸运的观察,但只要稍加分析,不难看出这些发现都出自有准备的头脑,即带着问题进行观察的头脑。难怪达尔文说,要做优秀的观察者,必须是优秀的理论家。而且,科学研究中的机遇也确实只垂青那些懂得怎样追求它的人。

只有提出问题,才能促动人们的好奇心,激发科学探索的兴趣,观察如提不出什么有意义的问题,也不会导致科学探索和科学发现。而且,也不能简单地认为问题是由观察产生的,准确地讲,问题产生于对知识背景的分析。仅有观察决不会产生问题,只有当把观察与已有的知识比较时,才可能产生问题,更何况科学问题的产生并不总是必然地要和某种观察相联系。马克思在《关于费尔巴哈的提纲》中曾经强调指出,对事物、现实、感性,应当"从主观方面去理解",而不应当"只是从客体的或者直观的形式去理解"。正是通过主观提出问题,通过思维进行创造,才能导致真正的科学发现。因此,科学发现始于问题的命题,在某种程度体现了能动的反映论,而科学发现始于观察则带有狭隘经验论的味道。当然,我们在这里并不否认观察以及经验材料在科学发现中的作用,不过需要说明的是,这些素材对于科学观念的提出与其说是起"强加"作用,毋宁说是起"引导"作用。有人说,问题是科学发现的起点不符合辩证唯物主义的认识论。这实际上是把认识过程从感性上升到理性的观点与科学研究从问题开始而导致发现的程序混为一谈了。

科学发现始于问题,而问题则由怀疑产生。因此,怀疑是创造性思维的开端,怀疑是科学进步的征兆,怀疑精神是科学家最可贵的素质之一,有条理的怀疑主义是现代科学的精神气质之一。英国科学家皮尔逊说得好:"在我们这个本质上是科学研究的时代,怀疑与批判的优势不应被视为绝望与没落的征兆,它是进步的保障之一。"我国古代也有"学贵知疑;小疑则小进,大疑则大进。疑者,觉悟之机也"的说法。只要我们看一看哥白尼、牛顿、达尔文、爱因斯坦等科学家做出科学发现的实例,就不难明白这一点。当然,真正的怀疑并不是怀疑一切,怀疑虽是以否定某种知识和信念的形式出现,但又总是以趋向肯定另一种知识或信念相伴随。

三、科学发现的逻辑

科学发现的逻辑实质上指的是科学发现的规律,也可以说是科学发现本身的理论,也有人认为它等同于科学认识论和方法论。有一种观点说,科学发现"无理论",即在原则上、在分类的根据上,不可能有科学发现的理论。例如,赫舍尔早在 1847 年就说过:"科学发现必须依赖于某些有运气的思维,我们并不能追溯它的起源,某些智力的幸运投射是超越一切规则的,不存在必然导向发现的格言。"20 世纪波普尔虽然写了《科学发现的逻辑》,但他却矢口否认该书标题所指称的东西,认为科学发现并没有规律可循。

不过,不少人还是主张科学发现有一定的规律可循,这些规律当然不是绝对的。在西方科学哲学界,关于科学发现的理论大致有以下三种(据瓦托夫斯基的分类):

(1)经验主义的或归纳主义的理论。至少就科学定律的发现而言,存在着两类经验主义的理论:归纳主义理论和描述主义理论。归纳主义理论断言,科学定律与其说是发现的,还不如说是借助一系列的观察实例通过归纳概括得到的。但是,简单枚举归纳法的缺陷,即从单称陈述推论全称陈述在逻辑上的谬误,早已为弗兰西斯·培根知悉。因此,归纳法后来产生了新的变形:其一是先进行归纳概括,然后通过排除手续来检验它们,如穆勒的"求同差异结合法";其二是把归纳概括理解为对有待于检验的假设提供一种启发式的方法,因此归纳概括所依据的实例数目完全不起作用。

描述主义理论完全避开任何归纳的要求,把发现概念归结为系统描述。按照这种观点,科学定律只不过是各种变量之间的基本相互关系。正确地说,一种"定律"仅仅是先前观察事例的概括记录,说它具有全称陈述,只是借用逻辑术语而已。事实上,在说明随机过程或极易重复的现象时,这种"定律"并未被当作全称陈述,而是被理解为不断发展中的各种相互关系的记述。但是,对于有待观察的现象的选择,对于怎样安排事物以便得出有趣的或富有成果的相互关系的实验眼力,描述主义理论对此都未予阐明。

(2)理性主义的或假设-演绎的理论。这种科学发现的理论早已体现在古希腊的数学中,后来通过康德和皮尔士得以流行,这就是康德所谓的"先验演绎法"和皮尔士所说的"外展推理"(abductive inference)。值得注意的是,这里的"推理"一词并不是严格的逻辑意义上的推理,把它理解为依据某一推理规则的演绎程序,或者把它看作是一个规则系统与计算程序,都是不妥当的。因为一个解释性的假设"推理",严格地说不能按照某一规则得出。但是,要确定这种"推断的"假设是否能够实现其功能,即所解释的东西是否能够由它演绎出来,倒是有规则可循的。

(3)直觉主义理论。这种理论认为,科学上的发现,以及一般意义上的创造力,是一种完全非理性的过程,它包含着神秘的、不可分析的直觉和洞察力。属于直觉主义理论之中的灵感主义认为,科学发现正如柏拉图所说的诗的创造行为一样,根本不是行为的"行为",宁可说是一种情势,这时力量和理念通过个人但却与他的意志和判断无关地表现出来。在黑格尔看来,"理性的狡黠"不过是利用个体来实现历史的理念。因此,按照直觉主义的理论,与其说科学家是创造者,还不如说是科学情势的体现者。

以上主要是就三种理论的差异而言的,不用说,这些理论并非简单地互相排斥,它们也有共同点。就科学发现来说,这些理论似乎没有一个是充分的,最好是能找到一种途径,使它们互补起来,在经验主义和理性主义之间、在理性主义与非理性主义之间保持"必要的张力"。

爱因斯坦在创立相对论的科学实践中正是这样做的,他所运用的探索性的演绎法就是在对立的认识论和方法论的两极中保持了必要的张力。与传统的归纳法和演绎法相比,这种方法认为基本概念和基本假设构成科学理论的基础,它们不能从经验事实归纳出来,而是以经验事实为引导,通过思维的自由创造和理智的自由发明而得到;基本概念和基本假设是理论的逻辑前提,由此出发经过演绎导出可供实验检验的命题;评价理论体系的合法性和正确性的标准是"外部的确认"(理论不应当同经验事实相矛盾)和"内部的完美"(理论逻辑前提的"自然性"或"逻辑简单性");理论体系所具有的真理内容则取决于它和经验总和对应可能性的可靠性和完备性,正确的命题(即按照公认的逻辑规则从逻辑前提推导出来的命题)是从它所属的体系的真理内容中取得其真理性的。爱因斯坦认为,从个别的经验事实到基本概念和基本假设的道路是直觉的,而从基本概念和基本假设到导出命题的道路则是逻辑的。

一切理论的探索,归根结底都是认识方法的探索,大至具有方法论意义的认识方法,小至技巧性的具体做法,概莫能外。因此,科学家在进行科学探索的过程中,既要汲取前人各种认识方法的长处,又要善于创造新的认识方法。方法应该是多元的,而不应该是一元的!方法应该是发展的,而不应该是僵死的!

四、科学美与科学发现

毋庸置疑,美完全统治着艺术领域,但它也囊括着人类精神生活的其他领域,当然包括科学领域。正像艺术创造活动一样,科学创造活动也深深地打上了美学的烙印。可以毫不夸张地说,在精密科学的重大发现当中,科学美是启迪思想和明晰思想的最重要的源泉之一。

关于美,甚至在古代就有两种定义:一种定义认为美是部分同部分、部分同整体的固有的协调;另一种定义认为美根本不涉及部分,而是"一"的永恒光辉透过物质现象的朦胧的重现。科学家所谓的科学美(或它的更深层的数学美)兼容了这两种定义的内容,但他们似乎更偏爱第一种。例如,海森伯就说过这样的话:"部分是个别的音符,整体则是和谐的声音。数学关系因而能把原来是彼此独立的部分配合成一个整体,这样就产生了美。"

至于科学美的具体内涵,科学家的理解是五花八门、形形色色的:适度、雅致、和谐、对称、平衡、有序、统一、简单性、思维经济等。但是,科学美最本质、最核心的含义是什么呢? 在这个问题上,还是彭加勒有眼力,他曾一针见血地指出:"普遍和谐是众美之源","内部和谐是唯一的美"。

科学美在科学发现过程中具有巨大的功能,这可由以下三个方面(其中第二方面是主要的)加以理解:

(1)科学美是激励科学家进行科学探索的强大动力。彭加勒说:"我们所作的工作,与其说像庸人认为的那样,我们埋头于此是为了得到物质的结果,倒不如说我们为了感受这种审美的情感,并把这种情感传给能体验它的人。"爱因斯坦也说:"人们总想以最适当的方式来画出一幅简化的和易领悟的世界图像","渴望看到这种先定的和谐,是无穷的毅力和耐心的源泉"。科学家的切身体会,最好不过地说明了这一点。

(2)科学美是帮助发现的奇妙工具。在这方面,数学大师彭加勒的论述是颇有见地的。他说,数学发明就是在用已知的数学实在造成的组合中进行辨认和选择。每个人都会作这样的组合,而且组合的数目是无限的。它们之中几乎所有的都毫无兴趣、毫无用处,正由于这样,它们对美感毫无影响,意识将永远不了解它们。只有某些组合是和谐的,同时也是有用的和美的,它们才能激起数学家的特殊感觉,特殊感觉一旦被唤起,就能把我们的注意力引向它们。"正是这种特殊的审美感,起着微妙的筛选作用","这就充分地说明,缺少它的人永远不能成为真正的创造者"。

科学发现恐怕也是"选择"(selection)和"建构"(construction)(在皮亚杰意义上的)的统一。哲学家和科学家似乎早就自觉或不自觉地注意到这一点了,也许他们只是没有明确地提出来罢了,也许他们只是把建构视为静态的(而不是动态的)、先天的(而不是人类智力发展的长期积淀)"结构"。柏拉图在《斐德罗篇》表达了如下的思想:灵魂一见到美的东西就感到敬畏而战栗,因为它感到有某种东西在其中被唤起,那不是感官从外部给予它的,而是早已安放在深沉的无意识的境遇之中。开普勒后来也表达了同样的观点。量子物理学家泡利受到柏拉图和开普勒的启示后也认为:"实质上,理解过程以及人们在理解中所感到的喜悦,即在开始了解新知识时所感受到的快乐,看来都依赖于一种对应关系,也就是,预先存在的人类内在的表象与外部客体及其行为逐渐达到一致。"清除这种说法中的先验因素,我们也许可以说,美的鉴赏是心灵中固有的"图式"与客体和谐一致而引起的强烈共鸣。

(3)科学美是评价科学理论的重要标准。科学美的这一功能贯穿在科学家探索的全过程中,他们通过审美感选择理论而做出发现,他们也通过审美判断鉴赏理论而坚定信心。爱因斯坦的"内部标准"指的是逻辑前提的简单性,实际上简单性也是美。狄拉克甚至有点偏颇地认为,如果物理学方程在数学上不美,那就标志着一种不足,意味着理论有缺陷,需要改进,有时候,数学美要比与实验相符更重要。

科学家对科学美的信赖与追求并不是科学家的一厢情愿,因为非理性的东西中有一种理性存在,更确切地讲,感情中有一种理智存在,在感情之中主观的东西正是由于它的主观性而表现出是客观的。归根结底,美是真理的一种形式,美的鉴赏是对实在的一种鉴识,即对实在的一种特殊知觉能力。彭加勒坚持认为,唯有真理才是美的,为真理本身的美而追求真理也是合情合理的。爱因斯坦也讲过一段原则性的话:逻辑上简单的东西(即美的东西,因为简单性也是美)不一定就是物理上真实的东西。但是,物理上真实的东西一定是逻辑上简单的东西,也就是说,它在基础上具有统一性。海森堡、狄拉克也认为美与真必然是统一的。

五、哲学启迪与科学发现

从科学发现的个例分析中不难看出,哲学在一些科学发现中,特别是在一些具有划时代意义的理论发现中具有不容忽视的作用。

在这里,我们要坚决反对把哲学神圣化的做法:哲学是凌驾于科学之上的先知,可以在科学面前指手画脚、说三道四;我们也坚决反对把哲学庸俗化的做法:不切实际地强调哲学的实用性,以为哲学能使科学家"立竿见影"地做出科学发现。哲学的社会功能不应被夸大,也无须被缩小。哲学的作用无非有二:其一是满足人们的精神需要(对自然和人生的真谛的探求和认识);其二是启迪人们的思想,这种启迪往往是潜移默化的。前一种作用(对科学家来说是构造世界体系)是科学家进行科学探索的重要动机之一,也是他们感情生活的支点。后一种作用融汇在科学发现的过程之中。

一般来说,在常规科学时期,科学家往往是在现成的范式指导下进行定向研究,这时哲学所起的作用是不大的。但是。正如列宁所说,当自然科学"处于各个领域都发生那样深刻的革命变革的时期","自然科学无论如何离不了哲学结论"。这是因为,在科学的危机和革命时期,旧有的范式业已摇摇欲坠,新的范式尚未出现或尚未确立,科学家手中缺乏破旧立新的思想武器,于是他们不得不转向哲学分析,求助于哲学启迪完成革故鼎新的大业。在这个非常时期,没有对自然科学基础的分析和批判,不通过哲学思维提出问题、开阔思路、选择正确的路径,往往会延缓重大的科学发现,迟迟难以在理论上取得突破。

因此,大凡科学革新家,都具有较高的哲学素养,也善于在科学发现中进行哲学思维。而且,他们对哲学在科学发现中的启迪作用也有深刻的体会。爱因斯坦说得好:"当物理学的这些基础本身成为问题的时候……经验迫使我们去寻求更新、更可靠的基础,物理学家就不可以简单地放弃对理论基础作批判性的思考,而听任哲学家去做;因为他自己最晓得,也最确切地感觉到鞋子究竟是在哪里夹脚的。在寻求新的基础时,他必须在自己的思想上尽力弄清楚他所用的概念究竟有多少根据,有多大的必要性。"他还说过:"哲学推广一经建立并广泛地被人们接受以后,它们又常常促使科学思想的进一步发展,因为它们能指示科学从许多可能着手的路线中选择一条路线。"

六、科学发现的心理机制

不少人认为,科学发现有四个阶段:准备、酝酿(成熟)、领悟(启示)和完成。其中前后两个阶段是有意识的活动,中间两个阶段则是心理的无意识的活动。处于意识控制之下的是健全的理性和累积的知识,它们既能促进领悟,又能妨碍领悟(根深蒂固的观念、既成的刻板的思维方式不知不觉地使人步入歧途或蹈入尽人皆知的道路)。思维的有意识的成分一旦减退或者完全消失,领悟便油然而生。

彭加勒关于数学发现的切身体验生动地说明了这种情况。他在

《科学与方法》中描述了自己发现富克斯函数的经过。他曾用两周时间力图证明不可能存在类似于后来他称之为富克斯函数的函数,每天在办公桌前待一两个小时,尝试了大量的组合,结果一无所获。一天晚上,他违背习惯喝了黑咖啡,久久不能入睡。这时,各种思想纷至沓来,那些组合相互冲突,直到成对地结合起来,终于造成了稳定的组合。到第二天早晨,他已确立了一类富克斯函数的存在,只花了几个小时便写出结果。接着,彭加勒想用级数之商把这些函数表示出来,这种想法完全是有意识的和深思熟虑的。他用类比法毫不费力地取得了成功,形成了所谓的富克斯函数。

恰在这时,彭加勒离开卡昂到外地参加地质考察旅行,沿途的美景使他忘记了数学工作。到达库唐塞后,当他的脚刚一踩上去某处的公共马车,一种想法涌上他的心头,即通常定义富克斯函数的变换等价于非欧几何的变换,他原来一点也没有考虑这个问题,但感觉它是可靠的。回到卡昂,他抽空证实了这一结果。

然后,彭加勒把注意力转向一些算术问题的研究,表面上并没有取得许多成果。他为失败而扫兴,于是前往海滨消磨几天时间。一天早晨,正当他在悬崖旁边散步时,一种想法突然直接浮现在他的脑海,即不定三元二次型的算术变换等价于非欧几何的变换。返回卡昂,他深思了这个结果,导出了一些其他结果,并且系统地向这个问题进攻,但有一处难点总是攻它不下。

接着,彭加勒去瓦莱里昂山服军役,一天他正在大街上行走时,曾使他为难的问题突然有了答案。他无法立即深入探讨它,只是在服役后才继续研究这个问题。这时,他已拥有全部元素,只需对它们加以排列和整理。就这样,他一举写出了最后的论文,丝毫也未感到有什么困难。

在这里,彭加勒向我们生动地描绘了科学发现的心理过程,特别是无意识的工作中的突如其来的灵感引起的顿悟。他认为无意识的工作的条件是：一方面有意识的工作期间在它之前，另一方面有意识的工作期间又尾随其后，那么它才是可能的，也才会富有成效。在其前的有意识的工作驱动着无意识的机器，没有它们，无意识的机器就不会运转。至于在其后的有意识的工作，主要使灵感的结果成形，从中推导出直接的结论。

彭加勒引入"下意识的自我"来说明无意识的工作时的自我。这种自我能够识别，它机智、敏锐，它知道如何选择、如何凭直觉推测，它会在有意识的自我失败了的地方获得成功。彭加勒认为，下意识的自我具有敏锐的直觉洞察力，它能在无数的组合中一瞥即见有用的组合，这实际上也是科学家的特殊的审美感起作用。

在彭加勒之前的开普勒和在彭加勒之后的泡利也涉及科学发现的心理机制问题。开普勒在《世界的和谐》中说过，在给予感官的东西以及在感知之外的其他事物中，感知与认识到它们的崇高比例的能力必须归属于灵魂的较低部位。它与给感官提供形式的先验模式的能力非常相近，或者还要深邃一些，因而与灵魂的纯粹生命力相邻接。它不像哲学家那样进行推理性的思考，也不采用经过仔细考虑的方法。感觉中给出的数学关系也唤起了早在心中给出的概念的原型，于是它们就栩栩如生地在灵魂中闪耀出光辉，而以前它们只是在那儿隐隐约约地存在着。泡利根据心理学的研究成果指出：所有的理解都是长时间的事情，在意识内容可以由理性加以系统表述出来之前，长时间伴随着处于无意识状态的种种过程；它又把注意力转到了认识的前意识的废而不用的阶段。在这一阶段中，清晰的概念被具有强烈情感内容的表象所代替，这些表象不是思想，而是仿佛在心灵的眼睛前面图画般地看到的东西。在这些表象表现一种猜测的但却仍然未知的事态范围内，根据心理学家荣格提出的符号定义，它们也可以称为象征性的,这些原型作为在这个象征性的表象世界中的调整控制器和造字要素,实际上起着感觉和理念之间有效的桥梁作用,因而也是形成科学理论的必要先决条件。然而必须注意把这一直觉的知识转移到意识之中,使它与特殊的、在理性上可以系统表示出的理念联系起来。

关于科学发现的心理机制问题,是一个相当复杂的关题,但却是探索创造性思维的至关重要的问题。这当然有待于生理学、心理学、脑科学与思维科学的进一步的发展,才能最终揭示科学发现心理机制的奥秘。

七、科学革新家的精神气质

科学发现是在未知领域内进行探索和开拓,它本质上通常是革命性的行动,这就要求科学革新家具有非同寻常的精神气质。

科学革新家应该具备什么样的精神气质呢? 这虽然是一个"仁者见仁、智者见智"的问题,但是多数人的看法是大致吻合的。

贝弗里奇认为,研究人员在很多方面酷似开拓者。因此,研究人员探测知识疆界需要很多与开拓者同样的品格:事业心和进取心;随时准备以自己的才智迎击并战胜困难的精神状态;冒险精神;对现有知识和流行观念的不满足,以及急于试验自己判断力的迫切心情。他强调指出,对研究人员来说,最基本的两条品格是:对科学的热爱和难以满足的好奇心。而聪明的资质、内在的干劲、勤奋的工作态度和坚忍不拔的精神以及丰富的想象力,这也是科学研究取得成功的条件。

布朗尼科夫斯基认为,一个富有创造性的解决问题的能手必须设法做到以下七点:拿出一个有创造性的姿态来;打开你的想象力的大门;持之以恒;保持虚心,把判断悬搁起来(不急于遇事做出判断);确定问题的范围;发掘你的下意识。

鲁克认为具有创造性的个性的特点是:勇敢,甘愿冒险,富有幽默感,独立性强,有恒心,一丝不苟。

也许安德森和泰罗对在科学技术活动的人的能力和心理特点列举得最为详尽了,他们指出现代的正统标准可以归纳为下列若干条:

——突出的干劲、热情、勇气;

——沉着;

——诚实,正直;

——搜集整理的能力;

——毅力,专心致志的能力;

——协作的能力;

——主动性,直率;

——交际能力;

——独创性,勤奋(机智);

——直觉;

——弄清事实的渴望;

——弄清规律的渴望;

——做实验的能力;

——迅速吸收知识的能力;

——克服旧思想习惯的能力;

——韧性,适应新事物的能力;

——扬弃非本质的东西的能力;

——从整体上看问题的能力;

——分析能力;

——联合能力;

——综合能力;

——独立性,怀疑精神;

——创见;

——不修边幅;

——得到发展,获得再生的渴望;

——对发挥自己才能的渴望;

——发现问题的能力。

其实,这些能力和特点(或其中的大部分)何尝不是科学革新家应该具备的精神气质呢?

现代心理学家荣格曾经断言,和常人不同,具备创造个性的人,在行为中表现出各种相对立的特征。他提出,这种两极对立的特征强烈地表现在具有极高创造才能的人的身上。荣格在这里提出了一个值得注意的问题,应该引起我们的深思。爱因斯坦就是一个典型的例子:他认为科学家在理性论和极端经验论之间的摇摆是不可避免的;他是科学上的革新家,又是传统思想的继承者;他喜欢抽象的哲学思辨,又推崇物理学的直观;他具有高度的社会责任感,但又是一个孤独的人;他否定上帝和宗教教义,但又有强烈的"宇宙宗教感情"(即对自然界的统一性的信念);……

关于这种两极对立的创造性个性与科学发现之间的关系,美国科学史家霍耳顿表达了下述见解:物理学表面看来像铁板一块,但在平静的水面下,却是两股相对的潮流在激荡。平庸的科学家只置身于其中的一股潮流中,解决日常任务。卓越的科学家就不是这样,他像一个弄潮儿,同两种潮流互相撞击而激起的波涛搏击,从而做出惊人的壮举来。我们认为,在对立的两极保持必要的张力,这不仅是具有高度创造性的科学家应具备的精神气质,而且具有普遍的认识论和方法论意义——它是科学家个人进行科学探索的正确途径和有效方法,也是科学自身发展的必由之路;它既体现在科学思想的"个体发育"之内,又贯穿在科学思想的"系统发育"之中。

八、科学思想的个体发育、系统发育以及进行案例分析的指导原则

　　科学思想的发展具有个体性和历史性,因此科学发现的个体性和历史性问题也自然而然地成为科学史研究工作者感兴趣的问题。

　　恩格斯在谈到概念的发展时这样写道:"在思维的历史中,一个概念和概念关系(肯定和否定、原因和效果、本性和偶性)的发展和它在个别辩证论者头脑中的发展的关系,正如某一个有机体在古生物中的发展和它在胚胎学中(或者不如说在历史中和个别胚胎中)的发展的关系一样。这就是黑格尔对于概念的首先发现。"黑格尔和恩格斯都乐于把概念的发展比之为有机体的"个体发育"和"系统发育"。

　　这种比喻也适用于科学思想的发展。在科学发展史中,任何科学思想的进化都有其固有的逻辑。一种新思想的提出,既是对前人智力成果的继承,又是对前人成果的突破,并为科学的进一步发展准备了必要的条件。就此而言,科学思想的发展是整个科学共同体乃至整个社会努力的结果,这个过程便构成了科学思想的系统发育。当然,个别科学家在科学发现中也起着极为重要的甚至是关键性的作用,科学思想在科学家个体头脑中的孕育和发展过程便构成了科学思想的个体发育。科学的认识逻辑(系统发育)和个别科学家头脑中所经历的变化(个体发育),二者之间肯定存在着某些关联。对一个科学发现进行案例分析,就是要设法搞清科学思想的系统发育、个体发育及其二者之间的关系,这样才能真正了解一个科学发现的来龙去脉,也才算理解了科学史。

　　怎样才能做到这一点呢? 霍耳顿教授1985年4月来华学术访问时,对此进行了富有启发性的论述。他认为,科学史研究是通过归纳

特殊案例研究产生的,要对一个事件(例如某一科学发现)有充分的了解,必须从以下9个方面入手:

(1)首先必须掌握所选时期公众掌握科学知识的状况和对课题无知状况的资料目录,我们称其为在 t 的历史的、公众已有的科学状态。如果不先做好这件事,就几乎不可避免地要落入缺乏历史真实性的陷阱。

(2)我们需要掌握到那时为止的概念发展和公众掌握科学知识的状态的时间轨迹,且如有可能就超过所选时间 t。在这里,我们要确定科学家在其中工作的传统和他期望他的学生也在其中工作的传统。我们还要追踪这条线超过时间 t,接近在 t 时刻遇到事件 E 时流行的科学解释。这种概念发展的追踪是科学史家和有历史倾向的科学教育家的最经常的和最强有力的活动。

(3)像对公众科学知识状态所做的那样,我们必须研究个人的科学知识状态,其中包括时间 t 发生的状态 E。也就是说,我们现在必须更多地研究 t 时的科学活动 E 的更短暂的个人的方面,而较少研究社会组织方面。

(4)如同对公众科学所做的那样,我们必须接着建立所研究的个人的科学活动的时间轨迹。这里包括在时间 t 之前的准备时期和 t 之后的收获时期。假如考察了时间 t 以前的特殊的个人风格的发展过程,时间 t 的工作就可以得到更好的理解。这个新轨迹是关于做出事件 E 的人物的私人或个人科学发展的符号表示。

(5)还需要研究科学家的心理传记的(非科学的)发展。这是一个新的不确定的领域,具有良好的心理学基础的人才能做这方面的工作。因为科学家的发现与他个人的心理、气质、思想情趣等等有十分密切的关系,如好奇、联想、幻想、自信、始终不渝的性格、叛逆心理等等。因为某些科学观念的产生和科学上的发现,很难用一般的联系或规律来解释,它似乎偶然地来自科学家的某种直觉和顿悟。

(6)要研究当时的社会环境。例如,考察教育制度、科研体制、经费分配等对科学发展的影响。

(7)要探讨科学以外的文化发展以及影响科学家工作的意识形态或政治事件。

(8)在某些案例研究中,所研究的工作可以通过认识论的假定和逻辑结构的分析得到很好的阐明。一个科学家的哲学世界观确实如同他对本行业数学工具的理解一样重要。

(9)要对科学工作进行基旨分析(thematic analysis)。这里的基旨是指科学家采纳的往往未被公认的假定或者一些深刻的主题,而这些既不是数据资料也不是流行理论强迫要采纳的。例如,对爱因斯坦工作的研究表明,在他一生中指导其建造理论的基旨是:形式解释的首要性、宇宙学尺度的统一和统一性、简单性、因果性、完备性、连续性,当然还有守恒性和不变性。

霍耳顿教授提出的这9条指导原则是在科学史研究中进行案例分析的卓有成效的工具。其中前4条追踪了两条线索、两条轨迹:一条是关于公众科学的(相当于科学思想的系统发育),一条是关于私人科学的(相当于科学思想的个体发育)。在既定时间 t 的事件(如某一科学发现)被理解为在这两条轨迹的交点上发生的事情,当然要透彻地了解它,还必须由交点沿两条轨迹上溯或下寻,即弄清时间 t 前后公众科学和私人科学的状况。这一切,便构成了科学内史研究的主要内容,这也是科学史研究的重点。

第6条和第7条构成了科学外史研究的主要内容,这是科学史研究的一个新兴的、不容忽视的方面,有时也称其为科学社会史。不弄清科学发现的社会环境,就像一幅画缺少背景一样。无论是科学内史还是科学外史,都可以通过文献(文字的、口头的)研究进行,这属于有文献证明的历史。而第5条,是没有或很少有文献能够证明的,它属于直觉的历史,这种历史研究尽管充满危险,但却比较有趣,有启发性。至于第 8 条和第 9 条,则要求从哲学的高度进行分析研究,这样才能揭示科学家做出科学发现的思想根底,挖掘出某些带有本质性的东西。

这就好像绘画一样,外史描出背景,内史使图画形似,直觉的历史使其神似,而哲学分析则使其展示出某种意境和时代精神。这样的比喻不用说是蹩脚的,但却形象地说明了缺少上述任何一个方面的研究都不能算作是完整的、深刻的科学史研究,也不能成功地、真正地理解像科学发现这样的科学史中的重大事件。当然,作为研究者个人,因种种条件的限制,不可能面面俱到。但是,作为科学共同体公共事业的科学史研究应该通过研究者个人的贡献的叠加,逐渐向这个目标逼近。

科学发展和科学革命的内在动力 *

科学既是一种认识现象,也是一种社会现象。作为社会现象,它与其他社会现象存在着有机的联系和相互作用,它的发展必然受到其他各种社会因素的制约。作为认识现象,它像人类的其他认识活动一样,也有自身的内在规律,它的发展也有相当大的独立性。

从系统论的观点来看,科学是社会这个大系统中的一个子系统。科学这个子系统与社会大系统和社会中的其他子系统存在普遍的联系,不断地进行物质、能量、信息的交流。也就是说,科学在影响整个社会大系统和其他子系统的同时,也受到它们的强烈的影响,从而从外部获得发展的动力。另一方面,当我们把科学这个子系统抽取出来单独加以考察时,它又有其独立性和特殊性。它在每一个发展阶段都具有一定的结构,结构内部各个元素之间的内在作用使它具有"自己运动"的能力。科学这艘航船就是在外在动力和内在动力的驱使下乘风破浪,不断前进的。本文的目的仅限于考察科学发展的内在动力。

一、两对矛盾促成了科学的自己运动

黑格尔在《逻辑学》一书中阐释"自己运动"时指出:"矛盾是一切运动和生命力的根源。"把科学作为一个相对独立的实体来看待,它的内部

矛盾主要有两个:实验(含观察)与理论之间的矛盾,各理论体系之间的矛盾。正是这两对矛盾的对立统一,促成了科学的自己运动,导致科学的飞速发展和科学革命的爆发。

实验和理论的对立统一作为科学发展的内在动力是根本的,也是显而易见的。因为实验是理论产生的重要源泉,是鉴别科学理论正确与否的最终标准和最高标准。观察和实验不断揭示自然界中的一些未知现象,促使科学家去思考,去解释,去创立新观念和提出新理论。同时,观察和实验也不断地揭示与现有理论不相容的反常事实,当这些反常事实不能纳入现有的科学观念的框架时,这时科学革命的时机就成熟了。历史上的科学革命,都是直接或间接地以具有革命性的实验事实为先导的。

值得强调的是,各理论体系之间的对立统一也是科学发展的重要的内在动力,这一点以往总是被人们忽视或轻视。这里所谓的各理论体系之间的对立统一,既指一门学科内部各种理论体系之间的对立统一,也包括不同学科的理论体系之间的对立统一。这种对立统一,也往往能导致(或有助于)新概念或新理论的提出。例如牛顿力学是开普勒的"天上的"星球运动规律和伽利略的"地上的"物理运动规律的逻辑结果,达尔文进化论的提出也借助了地质学、古生物学、育种学和园艺学等研究成果的相互作用,麦克斯韦的电动力学是法拉第等人的电磁学实验定律的数学综合。这种现象在19世纪和20世纪之交的物理学革命中表现得尤为突出。从狭义相对论、光量子概念、广义相对论、物质波概念、波动力学、矩阵力学、相对论性方程等的提出,我们不难看到这一点。难怪有人把相对论和量子力学的革命称为"纸上的革命"和"笔尖下的革命"(也许有点言过其实)。

各理论体系之间的对立统一作为科学发展的动力,在19世纪末20世纪初的物理学革命中之所以表现得十分突出,大体有以下几个方面的原因。首先,客观世界是统一的,作为反映客观世界内在规律的理论也必然具有某种内在联系。这是从各理论体系表面上的对立入手,追求它们本质上统一的客观基础。其次,自伽利略、牛顿革命后,物理学经过两百多年的发展,已形成了经典力学、热力学、光学、电磁学的完整理论体系,而且这些理论都发展到它们的顶峰(当然是在经典的框架内),谋求它们的统一的条件业已成熟。最后一点是,到19世纪末,物理科学的发展迫使以归纳为主的方法让位给探索性的演绎法。作为演绎前提的基本概念和基本关系变得愈来愈抽象,愈来愈远离感觉经验。仅仅通过实验,用构造性的努力去发现真实定律是相当困难的,有时甚至是不可能的。着眼于各理论体系之间的对立统一,往往能收到独辟蹊径,捷足先登之效。

各理论体系之间的对立统一能作为一种举足轻重的内在动力,也与实验本身的"局限性"有关,其主要表现是:

(1)用实验来检验一个理论,首先必须确定这个理论的经验内涵,即确定该理论可用实验事实证实的命题,然后才能着手设计实验。但是,只要数学上暂时还存在着难以克服的困难,就无法确定这个理论的经验内涵。即使做到了这一点,由于技术、材料、设备、工艺、资金等条件的限制,有关实验在一定的历史时期内不可能实现或难以实现。在这种情况下,如果要等待实验事实与现有的科学理论发生尖锐矛盾时再立足于实验事实进行研究,那么势必要求科学家在此之前把理论思维停顿下来,这就会大大延缓科学发展的进程。

(2)有些实验由于设备复杂、精度要求很高,其他人往往难以重复,因此它的可靠性就迟迟得不到科学界的公认,受不到应有的重视。例如,迈克耳孙和莫雷在1887年尽管以更高的精度重做了1881年的以太漂移实验,但是不少人还是怀疑它不够完善。为此,开尔文勋爵敦促莫雷和米勒(D. C. Miller)另做一次实验,以便得到一个令人信服的结果,这个实验直到 1905 年才得以完成,拖了将近 20 年。

(3)科学家(包括实验者本人在内)对一个实验结果的认识有一个曲折的过程,特别是那些触及传统观念的实验,其深远意义往往只有在事后才能充分揭示出来。一个理论家对实验事实"反驳"的典型作法不是抛弃旧有的理论,而是保留旧理论,同时力图修改与"反驳"有关的辅助假定和观察假定,希望把"反驳"仅仅作为表面的东西而解释过去。人们对迈克耳孙—莫雷实验的态度就是一个十分典型的例子。在当时人们的心目中,洛伦兹的收缩假设已使难题得到解决。该实验既未否定以太或绝对参照系的存在,甚至也没有否定一般的静止以太说。所谓否定这两者的看法,只不过是狭义相对论深入人心后的事后认识而已。

(4)当一种潮流来到时,一些错误的所谓"实验发现"也纷纷问世(在放射性发现的热潮中,就出现过所谓发现 N 射线的闹剧)。有些关键性的实验,由于主观和客观原因,也可能出错(考夫曼 1905 年所做的关于高速电子的质量与速度相依关系的实验就有错误,直到 1916年,才有人指出了他的实验装置有毛病)。

(5)更为重要的是,对应于同一个经验材料的复合,可以有几种理论,它们彼此很不相同。但从那些由理论得出的能够加以检验的推论来看,这些理论可以是非常一致的,以致在两种理论中间难以找出彼此不同的推论来。例如在生物学领域,在达尔文关于物种由于生存竞争的选择而发展的理论中,以及在以后天获得性遗传这一假设为根据的物种发展理论中,就有这样的情况。以牛顿力学为一方,以广义相对论为一方,又是两种理论的推论非常一致的实例。这就增加了用实验检验理论的复杂性。而且,由于基本概念和基本公理距离直接可观察东西愈来愈远,以致用实验来验证理论的含义变得愈来愈困难和更费时日。例如,牛顿力学中的许多基本概念都与日常经验相一致,它们距离那些可否证它们的直接可观察的东西相当遥远。这样，立足于已有的实验事实，很难找到牛顿力学的局限性。但是，从物理学各理论体系之间的矛盾入手，从牛顿力学的逻辑前提分析，却可以发现它有许多不自然、不合理之处。

这样讲并不是否认或贬低实验在科学发展中的巨大作用。现有理论之间的对立统一固然可以成为提出新理论和新观念的突破口，但现有理论体系也是建立在大量的实验资料之上的。诚然，从实验事实到科学观念之间不存在逻辑的通道，只有通过理智的自由发明才能达到，但是这种发明归根结底也依赖于对实验事实的缜密考察，从来也没有一个真正有用的和深入的理论果真是由纯粹思辨发现的。例如，爱因斯坦创立狭义相对论固然主要是从力学和电动力学之间关于运动相对性的不协调着眼的，但也受到了光行差现象和斐索实验的启迪。广义相对论的提出虽则基于把相对性原理贯彻到底的信念，但是等效原理的提出显然受到厄缶实验的启示。

二、内在动力的作用机制及科学家的探索动机

内在动力是以科学家为中介而施加它的作用的。敏锐地洞察尚不明显的矛盾，及时地揭示矛盾并使之尖锐化，通过行之有效的方法解决矛盾，提出革命性的新观念和新理论，在这一系列活动中，每时每刻都体现着科学家的能动作用。在科学革命中，谁能成为科学革命的主将，很大程度上取决于他的自然观、方法论、知识背景乃至心理状态。

要洞察和揭示实验和理论之间的矛盾，就必须把理论同观察到的实验事实进行比较。在这里，必须指出的是：观察并非是中性的，事实也不是赤裸裸的。观察者是能动的主体，他的观察不可能把所发生的

现象一览无余,而是有目的、有选择的;观察是受理论指导的,不同知识背景的人观察同一现象,也会看到不同的东西;观察到的事实要用语言陈述才能与理论比较,才能进行交流,观察陈述本身就包含着理论。这就是现代科学哲学中所谓的"观察渗透理论"的命题。因此,审查一个科学理论,实际上并不是把理论同赤裸裸的实验事实进行比较,而是把某一理论同通过渗透了理论的观察所得到的包含着理论的观察陈述进行比较。爱因斯坦对这一点了如指掌,他在同海森伯的一次谈话中承认:观察是一个十分复杂的过程,实际上是理论决定我们能够观察到的东西。

　　了解到这一点,我们就不难理解,为什么托勒密和哥白尼面对同样的天象,依据大体相同的观察资料,却得出了截然相反的结论。至于实验的设计、进行,尤其是对实验结果的解释,具有不同思维方式和知识背景的人,其结论往往大相径庭。善于收敛式思维的传统科学家总是力图把反常的实验事实纳入已有的科学观念的框架之中,而那些发散式思维的革命科学家则以另一种全新的思路来看待问题。思想敏锐、头脑清醒的科学家往往能由此洞察到理论基础(科学观念)本身的缺陷。哥白尼对立足于托勒密体系的传统天文学理论极为不满(它画出的不是一个人,而是一个妖怪),马赫对经典力学基础的批判,都是有说服力的典型例证。尤其值得一提的是爱因斯坦。像引力质量和惯性质量相等这样一个事实(它等价于一切物体在地球引力场中都具有同一加速度),伽利略早就发现了。1890 年厄缶通过精密的扭秤实验,进一步确证了这一事实。但是,在牛顿力学中,这一事实并没有得到解释。几百年来,人们都把这一司空见惯的事实看作是理所当然的,从未把它当作一个重要的问题认真思考过。对于这个不成问题的问题,爱因斯坦却十分惊奇,把它当作一个值得研究的大问题,并且通过它看到了经典力学基础的问题之所在。这正是他高于一般物理学家的地方。

人们常说,社会需要和生产需要是促进科学发展的强大动力,这固然不错。但是,不容忽视和轻视的是,人们的精神需要也是科学发展的强大动力。这也是一个与科学发展的内在动力密切相关的问题,有必要在此加以论述。

好奇是人的本能,求知是人的天性,对于科学家来说,情况就更是如此了。五彩缤纷、气象万千的大自然,就像一个伟大而永恒的谜一样展现在科学家的面前。对于这个世界的凝视深思,就像一块巨大的磁石牢牢地吸引着科学家。从思想上把握这个在个人之外的世界,总是作为一个最高目标而有意或无意地浮现在科学家的心目中。例如,彭加勒早就指出,物理学家研究一种现象,绝不是要等到物质生活的急迫需要对它产生了必要性时才开始着手。假使18世纪的科学家因为电只是好奇的玩意儿,没有实际利益而忽视对它的研究,那么到20世纪就既无电报,亦无电化学、电技术。因此他说:"人们甚至不应该说行动是科学的目的,我们也许从未对天狼星施加任何影响,我们难道能够以此为借口而责怪对于天狼星的研究吗?相反地,依我之见,认识才是目的,而行动则是手段。"他甚至有点偏颇地认为,文明的目标不在于提高物质生活水平,唯有科学和艺术,才能使文明增光。物质福利之所以有价值,恰恰在于它能使我们得到自由,全神贯注地致力于理想事业。他明确宣布:"对于真理的探索应当是我们活动的目标,这才是活动的唯一价值。"对于那些卓有成效的科学思想家来说,好奇的心情和求知的欲望并不会随着年龄的增长而减弱。例如马赫,他对观察和理解事物的毫不掩饰地喜悦心情,也就是对斯宾诺莎所谓的"对神的理智的爱",如此强烈地迸发出来,以致到了高龄,还以孩子般的好奇的眼睛窥视着这个世界,使自己从理解其相互关系中求得乐趣,而没有什么别的要求。

　　海森伯就量子力学的哲学背景在同爱因斯坦的谈话中说过："正像你一样，我相信自然规律的简单性具有一种客观的特征，它并非只是思维经济的结果。如果自然界把我们引向极其简单而美丽的数学形式——我所说的形式是指假设、公理等等的贯彻一致的体系——引向前人所未见过的形式，我们就不得不认为这些形式是'真'的，它们显示出自然界的真正特征。"彭加勒则一言以蔽之曰："唯有真理才是美的。"他还把"和谐"、"统一"、"简单性"等含义赋予科学美。弗兰西斯·培根和海森伯则分别选定了下述两条美的标准：没有一个极美的东西不是在调和中有某种奇异；美是一个部分与另一个部分及与整体的固有的和谐。正因为真和美是一致的，正因为人的心灵在它的最深处所感到美的东西在外部自然界得到了实现，因此科学家追求真知，也表现在追求科学美上，即追求科学的和谐、统一和简单性。库恩根据大量的科学事实，论述了在科学革命中审美价值的重要性。他指出，在新的科学范式代替旧的范式时，"新理论被说成比旧理论'更美'、'更适合'或者'更简单'"。在新理论中，"美的考虑的重要性有时可以是决定性的"。我们在哥白尼提出日心说时，在爱因斯坦创立相对论中，都可以为此找到佐证。狄拉克甚至宣称："理论物理学家把对数学美的要求，看成一种信仰。"而爱因斯坦的科学方法，本质上是美学的。在构造一种理论时，他采用的方法与艺术家所用的方法具有某种共同性，他的目的在于求得简单性和美，而对他来说，美在本质上终究是简单性。

　　科学的美感是科学研究对象的感性美和科学家心灵所固有的理性美的强烈共鸣。柏拉图这样说过："灵魂在美的光芒下畏惧和发抖，因为它感到某些东西被唤来，那是意识没有从外部给予它的，但是已经永远放在那最无意识的区域里。"同样的思想也在休谟的格言中表现出来："事物的美存在于期待着它的心中。"因此，在审美判断中，科学家的主观能动作用有充分发挥的机会,科学家也从中享受到科学美的乐趣。这样一来,追求科学美也成为激励科学家的巨大精神力量。彭加勒甚至言过其实地说:"我们所作的工作,与其说像庸人认为的那样,我们埋头于此是为了得到物质的结果,倒不如说我们为了感受这种审美的情感,并把这种情感传给能体验这种情感的人。"彭加勒的一生,就是"为真理本身的美而忘我追求真理"的一生。

　　关于科学探索和科学创造的动机,也是一个众说纷纭的问题。有人认为,这种动机是好奇心(对科学家来说,就是一种探索重新安排大自然的愿望)、自我表现(设法最充分地表现自己的个性)、自我肯定(向自己或他人证实,你是能够将这项任务进行到底的)。而在爱因斯坦看来,渴望看到先定的和谐(也是科学美),才是无穷的毅力和耐心的源泉,是科学探索的最强有力、最高尚的动机。爱因斯坦把由此激发出来的这种激情称为"宇宙宗教感情"。这种感情不知道什么教条,也不知道按照人的形象而想象成的上帝。科学家的宇宙宗教感情所采取的形式,是对自然界和思维世界里显示出的崇高庄严及不可思议的秩序与和谐所感到的狂喜和惊奇。爱因斯坦认为,只有那些做了巨大努力,尤其是表现出热忱献身——要是没有这种热忱,就不能在理论科学的开创性工作中取得成就——的人,才会理解这样一种感情的力量,唯有这种力量,才能做出那种确实是远离直接现实生活的工作。例如,为了清理出天体力学的原理,开普勒和牛顿花费了多年寂寞的劳动,他们对宇宙合理性——而它只不过是那个显示在这世界上的理性的一点微弱反映——的信念该是多么真挚,他们要了解它的愿望又该是多么热切!因此,爱因斯坦强调指出:"只有献身于同样目的的人,才能深切体会到究竟是什么在鼓舞着这些人,并且给他们以力量,使他们不顾无尽的挫折而坚定不移地忠诚于他们的志向。给人以这种力量的,就是宇宙宗教感情。"

　　根据上面的论述,我们可以进而引申出以下几点原则性的结论。

　　(1)科学发展有其相对的独立性,它的发展的内在动力是实验和理论的对立统一、各种理论体系之间的对立统一,特别是后一种对立统一,在科学理论发展到较高水平时表现得尤为明显。

　　(2)作为科学主体的科学家是最积极、最活跃的因素。尤其在科学革命时期,新科学观念的提出有赖于科学家的"机智的反思"和"思维的理性",或用爱因斯坦的话来说,取决于科学家的"思维的自由创造"或"理智的自由发明"。

　　(3)在科学创造中,一个革命性的新观念和新理论的提出过程,往往包含着想象、幻想、灵感、激情、直觉、下意识的"技巧"、"感受"(智慧的飞跃)、"顿悟"(醒悟、直接洞察)和其他非形式化的、个人隐秘的、同科学主体亲近的创造成分,而这些又与科学家的感觉、情绪、风俗、传统、习惯、感受、兴趣、动机、气质和性格特点以及智能的性质密切相关。

科学理论的要素和结构 *

为了探讨科学理论的要素和结构,我们首先必须对科学理论做一般性的考察。特别关键的问题是:科学理论何所指? 具体地讲,究竟科学理论是描述(representation)还是说明(explanation)。

一、科学理论:描述还是说明?

迪昂对这个问题进行过周密的思考,他在谈到科学理论的典型代表物理学理论时说:"物理学理论是什么呢? 是其推论必须描述实验资料的数学命题群;理论的有效性是由它所描述的实验定律的数目和它描述它们的精确度来衡量的。"他断言:

> 物理学理论将是逻辑地联系起来的命题系统,而不是力学模型或代数模型的不连贯的系列。这个体系就其目的而言不是提供说明,而是提供包含在一个群内的实验定律的描述和自然分类。

迪昂之所以得出科学理论是描述而非说明的结论,是与他对"说明"的理解和界定密切相关的。在他看来,"说明(explain,explicate,explicare)就是剥去像面纱一样的覆盖在实在上的外观(appearances),以便看到赤裸裸的实在。"对物理现象的观察并未使我们与隐藏在可感觉

---

　　*　　原载北京:《中国政法大学学报》,2007 年第 1 期。

的外观之下的实在发生关系,而是使我们在特定的和具体的形式中领悟可感觉的外观本身。此外,实验定律也没有把物质的实在作为它们的对象,而确实是以抽象的和普遍的形式论及这些已获得的可感觉的外观。理论则在揭开或撕破这些可感觉的外观的面纱时,进而深入外观之内和潜入外观之下,寻找在物体中实际存在的东西。但是,我们屡屡发现,物理学理论不能达到完美的程度;它本身不能作为对可感觉的外观的某种说明出现,因为它不能宣布使存在于这些外观之下的实在达到感官。于是,它满足于证明,我们的所有知觉之所以产生,仿佛由于实在像它断言的那样起作用;这样的理论是假设性的说明。当物理学理论被视为说明时,那么在揭开每一个可感觉的外观以便把握物理实在之前,它的鹄的是达不到的。因为对于两个问题——存在与可感觉的外观截然不同的物质实在吗? 这种实在的本性是什么? ——的回答并非源于实验方法,实验方法只能获得可感觉的外观,不能发现外观彼岸的事物。这些问题的解答超越了物理学使用的方法;它是形而上学的目标。"因此,如果物理学理论的目的是说明实验定律,那么理论物理学就不是自主的科学;它从属于形而上学。"于是,当我们分析打算说明可感觉的外观的物理学家所创造的理论时,辨认这一理论是由两个实际上迥然不同的部分形成的:一部分仅仅是打算分类定律的描述部分;另一部分是打算把握潜藏在现象之下的实在的说明部分。现在,认为说明部分是描述部分存在的理由远非为真,描述部分才是说明部分由以成长的种子和滋养它发展的根;实际上,两部分之间的链环几乎总是脆弱的和人为的。描述部分借助恰当的和自主的理论物理学方法独立地发展;说明部分达到充分形成的有机体,并像寄生虫一样附着在描述部分上。在理论中有效的一切东西——理论据此似乎是自然分类并把预期实验的能力授予它自己——可以在描述部分找到;这一切是物理学家忘记追求说明时发现的。另一方面,在理论中为假且与事实矛盾的无论什么东西,尤其可以在说明部分找到;物理学家之所以把错误引入理论中,是由他想要把握实在导致的。因此,当实验物理学的进步与一个理论对立并且迫使它做出修正或改造时,纯粹描述的部分几乎整体进入新理论,从而使新理论继承了旧理论全部有价值的所有物,而说明部分却坍塌了,以便为另一种说明让路。在物理学理论中,持久的和多产的东西是通过逻辑工作从几个原理演绎出为数众多的定律,并成功地把这些定律自然地加以分类;短命的和不结果实的东西是着手说明这些原理的劳动,为的是把这些原理附属于与潜藏在可感觉的外观之下的实在有关的假定。①

在科学和科学哲学的历史上,反对科学理论即是科学说明这一主张的人还是比较多的。这种异议认为,没有任何科学(一定没有任何物理学)确实回答了事件何以发生、事物何以以某些方式相联系的问题。只有当我们能够表明发生的事件必定发生、事物间拥有的关系必定在它们之间具有时,才能对这些问题做出回答。实验科学方法不能发现现象——它们是每个经验研究的根本题材——中的绝对必然性或逻辑必然性;即便科学定律和科学理论是真的,它们也不过就是关于现象之共存关系或相继次序的逻辑上偶然的真理。因此,科学回答的问题是有关事件怎样(以什么方式或在什么条件下)发生和事物如何联系的问题。因而科学家获得的至多只是精确的、综合性的描述体系,不是说明体系。比如,E. W. 霍布森强调:

　　　　不能把说明物理现象正是自然科学的功能这一通常的思想接受为是真的,除非"说明"这个词是在极其有限的意义上得到使用的。由于有效因果关系的概念、逻辑必然性的概念无法应用于

---

① 迪昂:《物理学理论的目的和结构》,李醒民译,北京:华夏出版社,1999年版,第324、121、7－10、35－36、42页。

物理现象世界，因而自然科学的功能是在概念上描述自然中要待观察的事件序列；但是自然科学不能说明这种序列的存在，因而不能在"说明"这个词能被使用的最严格的意义上来说明物理世界中的现象。这样自然科学倾其所能不过是描述现象怎样发生，或者按什么规律发生，但它完全无能回答它为什么发生的问题。①

在坚持科学理论也是说明的人中，内格尔和亨佩尔是有代表性的。按照内格尔的观点，说明是对"为什么"问题的回答，但是为了表明"为什么"这个词并非没有歧义，而且随着与境的变化，不同种类的答案都是对它的恰当答复，就需要略为思索一下。要知道，在回答"为什么"问题上，各门科学提供的说明，在说明假定与其被说明相联系的方式上，可能都有所不同，因此可以把说明划分为不同的逻辑形式。② 其中包括演绎模型，或然性说明，功能说明或目的论说明，发生学说明。③

① 内格尔：《科学的结构》，徐向东译，上海：上海译文出版社，2002年版，第29-30页。
② 从萨蒙（W. C. Salmon）和法因（A. Fine）的说法中，我们也许可以深入理解内格尔的这些见解。按照范弗拉森的观点，科学说明是对为什么疑问（why-queation）的回答。但是，萨蒙争辩说："并非所有的为什么疑问都要求科学说明，并非所有的科学说明都要通过提出为什么疑问而做出。而且，仅仅使事件符合规则的图式（patterns）来说明还是不充分的，这样的经验类型的结构没有说明能力，缺乏因果关系是冒犯。然而，因果性并非没有问题，尤其是涉及量子力学现象时。"参见 N. Sanitt, *Science as a Questioning Process*, Bristol and Philadelphia: Institute of Physics Publishing, 1996, pp. 153-154. 法因认为，不能设想量子力学提供了理解。因为"它是黑箱理论中最黑的，是惊人的预言者，但却是不够格的说明者。"海森伯在某种程度上走不同的路线，我们必须用他的所谓"毕达哥拉斯的"战略，代替力图借助基础的结构因果地说明的古老的"德谟克利特的"战略。取代假设实体在大小上永远更小，我们寻找数学对称，而把所有的物理类比撇在一边。夸克模型最近的成功能够被认为是不利于海森伯的提议，由于夸克能被视为物理结构，尽管具有巨大的非直觉种类的性质。但是，随着研究的继续，难道海森伯不可能原来是正确的吗？参见 E. McMullin, The Shaping of Scientific Rationality: Construction and Constain; E. McMullin ed., *Construction and Constraint, The Shaping of Scientific Rationality*, Indiana: University of Notre Dame Press, 1988, pp. 1-47.
③ 内格尔：《科学的结构》，徐向东译，上海：上海译文出版社，2002年版，第17-31页。

在亨佩尔看来,科学所关心的是发展一种对世界的概念,这种概念对我们的教育具有一种清晰的、逻辑上的意义,从而能够经受客观的检验。由于这个原因,科学说明必须符合两个特定的要求,即说明的相关性要求和可检验性要求。说明的相关性要求意指,所引证的说明性的知识为我们相信被说明的现象真的出现或曾经出现,提供了有力的根据;说明的可检验性要求意指,构成科学说明的那些陈述必须能够接受经验检验。科学说明采取两种形式:演绎律则说明(deductive-nomological explanation)、或然性说明(probabilistic explanation)或归纳统计说明。演绎律则说明是用普遍定律覆盖下的演绎归结做出的说明。科学说明中需要用到的这些定律称为对于被说明现象的覆盖定律,而说明性论证则可以说是把被说明者归在这些定律的覆盖之下。但是,并不是所有科学说明都立足于严格的全称形式的定律之上。或然性说明所依据的定律具有或然性形式,所以只能以很高的概率甚或"实际上是必然性"预期被说明者。正是基于这些考虑,

> 理论的构写需要确定两类原理,它们可以称为内部原理和桥接原理。内部原理将阐明理论及定律所需要的这些基本实体与过程,这里所说的定律正是那些基本实体与过程所遵从的。桥接原理将指明理论所设想的过程如何联系于我们已知的经验现象,从而使理论可以说明、预言或逆断这些现象。

桥接原理可以说是把某种理论上假定的实体与中尺度物理系统的特性联系起来,其中前者是不能直接观察和测量的(诸如运动中的分子及其质量、动量、能量),后者则或多或少可以直接观察和测量(例如用温度计或压力计测定的气体的温度或压力)。但是,桥接原理并不总是要联系"理论非观察量"与"实验观察量"二者。一个理论如果

没有桥接原理就不会有说明能力,也不可能经受检验。[①]

广义地说,现代说明理论可以分为演绎主义的、与境主义(contextualism)的和实在论的三种。对演绎主义者来说,说明一个事件,必定是从一组初始(和边界)条件出发,加上普遍定律,从而演绎出关于该事件的一个陈述;同样,对定律、理论和科学的说明也是借助演绎的小前提进行的。亨佩尔的演绎律则说明或覆盖律模型就属于这类说明。与境主义者认为,说明本质上存在于社会交流中,这种交流发生在讲解者和听讲者之间,通过交流消除了听讲者对某事物的疑惑。一些与境主义者把注意力集中在说明事件的实用方面或社会方面,另一些则集中在说明理由唤起想象力的或启发性的内容上。在实在论者看来,说明是要对给予说明的现象或事件发生的未知模式所做的一种因果性的说明。[②] 不管各家观点如何,有一点是毋庸置疑的,那就是,科学说明的内容和形式并不是一成不变的,而是随着科学的发展而不断进化的[③]。

乍看起来,上述的描述论者和说明论者似乎是针锋相对的或势不两立的,实际上二者之间并无根本性或原则性的区别。因此,既不应

---

① 亨佩尔:《自然科学的哲学》,上海:上海科学技术出版社,1986 年版,第 53－78、81－83 页。

② 拜纳姆等合编:《科学史词典》,宋子良等译,武汉:湖北科学技术出版社,1988 年版,第 226－230 页。

③ 例如,从牛顿时代直到 19 世纪末,力学模型,包括通过空间在相互作用力的影响下运动的小物体,被认为是物理学中的说明的理想形式。在 19 世纪后期,麦克斯韦使用力学模型帮助他发现了描述电磁现象的方程。同时代的其他科学家,例如开尔文勋爵发现了更令人信服的模型来推导方程。令人啼笑皆非的是,麦克斯韦的后继者发现,他们能够通过保持该方程并抛弃力学模型做得更好。这些物理学家当中的一些人借助电磁场说明所有现象,以取代力学模型。这一努力从来也没有完全成功,在 20 世纪初这种说明以电磁世界图像而闻名。更激进的转变发生在 1920 年代,是伴随量子力学出现的。此时,物理现象独立于它们如何被观察而发生的假定受到怀疑。早期物理学研究的这一假定被下述描述代替了;被看作是发生的东西关键得依赖于人们用来观察它的手段。此外,随着量子力学的进展,精确预言未来的可能性的信念一般地消失了。参见 G. Feinberg, *Solid Clues*, New York:Simon and Schuster,1985,p. 244.

不分青红皂白地把描述论者或反说明论者推入"不可知论者和实证论者"之列，也不能像"反科学者"那样苛求科学理论去说明它根本无法说明的东西。① 以描述论或反说明论的代表人物迪昂为例，

迪昂所谓的"描述"并不是指对事实或现象的描绘，而是理论对实验定律群的表示。迪昂所谓的"说明"，是指对物理现象或物理外观做出符合物理实在（相当于康德的"物自体"）的诠释，这是一种本质主义的、寻求终极原因的狭义说明（因而属于形而上学的领域），即要求说出某事物为什么必然存在或发生；而不是当今科学哲学中在于回答诸多科学中的"为什么"的泛说明或一般性说明，即通过讲出过程或理由（说明项）使某事物（被说明项）变得明白易懂；也不是用普遍规律说明特殊规律、用特殊规律说明经验事实，以及在经验事实中找出某些规律性的联系的覆盖性说明。因此，严格地讲，迪昂从科学中力图排除的并不是说明本身，而是"形而上学的说明"。与亨佩尔关于科学说明的演绎律则说明和归纳统计说明以及说明的相关性要求和可检验性要求比较一下，就不难明白迪昂的所指。②

---

① 帕斯莫尔写道，不可知论者和实证论者在一个决定性之点是一致的：寻找原因和隐秘的运动不是科学的任务或任何其他学科的任务。科学家能够做得最多的东西是，以方便的形式概述在他的实验室拥有的经验。他还说，反科学者——或科学家本身在他们的超科学的沉思中——往往如此深深地不满意科学说明。这样的说明没有坦白地回答它们想回答的问题：任何事物究竟为什么存在？我的存在要达到什么意图？我接受我的道德原则的终极辩护是什么？对我来说那为什么发生？或者，至少它们没有以满足处在问题背后的含义回答它们。帕斯莫尔在答复中坚决主张，就反科学依赖于科学根本没有说明、科学没有发现"原因和隐秘的运动"的观点而言，它也依赖于极其狭隘的科学概念或不可能要求的说明概念；就它依赖于科学没有回答实际上极其重要的对说明要求的观点而言，它谴责科学没有做由于案例的真正本性不能去做的东西。参见 J. Passmore, *Science and Its Critics*, Duckworth；Rutgers University Press，1978，pp. 6，23 - 24.

② 李醒民：《迪昂》，台北：三民书局东大图书公司，1996 年版，第 129 - 141 页。

在这一点上,迪昂与马赫的观点基本上是一致的。马赫把描述分为两类:直接描述是仅仅使用纯粹概念工具的事实的言语交流,间接描述是在某种程度上使用了在其他地方已经给出的系统描述,甚或还没有精确地做出的描述,如光像波动或电振动。于是,所谓的理论或理论观念都落入间接描述的范畴。① 在这里,马赫所说的间接描述实际上属于非形而上学的科学说明。

当代一些科学家和科学哲学家也都是在一般性说明和覆盖性说明、而非形而上学说明的意义上承认科学理论是说明的。例如,物理学家温伯格(S. Weinberg)给科学说明下了这样一个定义:"物理学说明就是当物理学家说'原来如此啊'的那一时刻他们已经做了的事情。"由于他认为这个"先验定义""往往用处不大",他特别强调物理学家感兴趣的是对规则和原理的说明,而不是对个体事件的说明。当我们证明某个物理原理可以从一个更基本的物理原理推导出来时,我们就说明了这个物理原理。在他看来,科学并不能说明一切问题,比如偶然性事件、道德原则、最基本的科学原理等。② 由此可见,温伯格的观点是与迪昂和亨佩尔基本一致的。现在,我们在科学理论既是描述也是一般性说明的理解上,探讨科学理论的要素和结构。这样一来,便把作为构成要素的形而上学从科学理论中排除出去了。

二、科学理论的要素

论及科学理论的要素和结构,是难以把要素和结构截然分开的:

---

① E. Mach, *Popular Scientific Lectures*, Open Court Publishing Company, U. S. A. , 1986, pp. 236 – 258. E. Mach, *Principles of the Heat*, *Historically and Critically Elucidated*, Dordrecht and Boston: D. Reidel Publishing Company, 1986, pp. 363 – 370.

② 温伯格:科学能够说明一切吗? 文亚译,《科学文化评论》,2006 年第 3 卷,第 5 期,第 52 – 62 页。

讨论科学理论的结构必然要涉及它的构成要素,否则结构成为无源之水、无本之木;讨论科学理论的要素也不得不涉及各个要素的地位以及它们之间的关系,这实际上就是在讲结构。不过,为了论述方便,我们还是拟在思想上把二者相对地分开讨论。

逻辑经验论者对科学理论的要素做过系统的研究。他们认为,科学理论由三部分组成:形式系统、对应规则和概念模型。这一思想最早是由坎贝尔①提出,卡尔纳普接受了它,内格尔加以系统的阐发。形式系统是所谓的"假设"、"抽象演算",它由逻辑句法以及一组初始概念和公理两部分组成。利用逻辑句法提供的形式规则和变形规则,可以从公理导出理论的全部定理(科学定律)。对应规则即坎贝尔的所谓"词典",它把理论语言同观察语言对应起来,前者的意义可由后者导出。为此,他们为理论概念和命题制定了详尽的对应规则,这样一来,漂浮或翱翔在经验事实平面之上的纯粹演算的形式系统便获得了经验意义。概念模型就是对形式系统作语义解释,它施加于形式系统的初始概念和公理或公设之上,由此使抽象的演算变成具体的科学理论。由于模型,科学理论不仅是"定理的源泉",而且还成为"见识的源泉"。此外,理论还通过模型而扩展到新的领域,并借助它指示可以在什么地方引入对应规则。② 内格尔在阐明科学理论的三要素时说:

> 为了分析起见,区分理论的三个成分将是有益的:(1)一种抽象的演算,它是该系统的逻辑骨骼,且隐含地定义了这个系统的

---

① 坎贝尔说:"一个理论是一个相互联系的命题,这些命题分为两类。一类是关于为该理论所特有的那些观念的陈述;另一类是关于这些观念与具有不同性质的某些其他观念间关系的陈述。第一类合起来叫作理论的'假设',第二类则是理论的'词典'。"参见卡尔纳普等著:《科学哲学和科学方法论》,江天骥主编,北京:华夏出版社,1990年版,第26页。

② 周昌忠:逻辑实证主义的科学观,北京:《自然辩证法通讯》,1983年第5卷,第5期,第16-23页。

基本概念;(2)一套规则,通过把抽象演算与具体的观察实验材料联系起来,这套规则实际上便为该抽象演算指定了一个经验内容;(3)对抽象演算的解释或模型,它按照那些或多或少比较熟悉的概念材料或可以形象化的材料使这个骨骼变得有血有肉。我们将按照刚才提到的顺序来发展理论的这些特征。但在具体的科学实践中,很难对它们予以明确的表述,它们也不对应于理论说明建设中的各个实际阶段。因此,不要认为这里采纳的阐述顺序反映了个别科学家在心灵中产生理论的时间顺序。①

对于这些要素及其关系,亨佩尔做了一个十分微妙的比喻:科学理论可以比做一张错综复杂的空中之网,网结代表了它的术语,而连接网结的网绳,一部分相当于定义,一部分相当于包括在理论中的基本的以及派生的假设。整个系统好像是漂浮在观察平面上。可以把这些解释规则看作一些细线,它们不是网的一部分,但是把网上的某些点和观察平面的特定位置连接起来,借助这种解释性的连接,网结就能作为一种科学理论起作用:从某些观察材料开始,我们可以通过解释性的网绳上升到理论之网的某些点,而通过定义和假设达到其他一些点,其他的解释性网绳使得可以从这些点下降到观察平面。②

不少学者采取简单的两分法,把科学理论分为两个组成要素:事实和理论。他们认为,研究活动的结果由陈述和陈述网络组成,这些陈述的分类和它们的关系的特征是中心的争论点。最普通的分类是使观察陈述(或经验陈述)和理论陈述对立的分类。这种区分阐明了科学的二元维度:实验和资料收集,猜想和概括。由于居间陈述的增

---

① 内格尔:《科学的结构》,徐向东译,上海:上海译文出版社,2002年版,第107页。
② 程星:科学理论的结构:它的概念、内容及意义,北京:《自然辩证法通讯》,1988年第10卷,第2期,第10—15页。

生,理论陈述和观察陈述之间的区分绝不是清楚的。第一种立场——可以命名为还原论的立场——减小两个类型陈述之间的距离。它包括两个极端形式:其一是,理论陈述是从观察陈述导出的(实证论和逻辑经验论),这样一种学说或提供可靠性的标准(所谓的归纳主义理论),或确立有意义的陈述和无意义的陈述之间的划界标准;其二是,观察陈述是由理论考虑形成的,没有这些考虑,它们没有意义,这就是所谓的观察负荷理论。第二种立场拒绝在理论陈述和观察陈述之间确立高等级的联系。虽然确实存在关联,但是人们假定,不同的陈述范畴是相对独立的。在这些条件下,有可能检验从理论陈述推导的经验预言,或决定一个理论是否比另一个理论能更好地说明一组观察。在这个模式中,知识生产本质上被还原为陈述的生产,在这些陈述之间能够确立起翻译关系。翻译被局限于语言学的意义——翻译不是从陈述的全域退出。这说明了向哲学和本体论问题的自然漂移。① 中国学人任鸿隽也表明,科学智识或科学理论的要素至少有两个:

> 一是事实,一是观念,事实是由外物的观察得来的,观念是由内心的思想得来的。观察是属于官觉(sense)的,思想是属于推理(reason)的。但是观念必须根据于事实,事实必须系属于观念,这两个要素,须如车有两轮,鸟有两翼,同时并用,方能得到真正的智识。若偏于一方面,不是失之零碎,便是失之空虚,智识既不完全,今后亦因之阻滞了。

他进而引用了惠威尔的一段论述,一明其意:"这两个要素(感觉与

---

① M. Callon,Four Models for the Dynamics of Science. A. I. Tauber ed. , *Science and the Quest for Reality* ,London:Macmillan Press Ltd. ,1997,pp. 249 - 292.

理性)都不能组成实在普遍的知识。感觉印象若不与合理凌空的原则相联合,结果不过实际认识单个的物体;反之,理性机能的运用若不使它常与外物相印证,结果也不过引到空虚的抽象和枯槁的才能罢了。真正切理的知识,须有两个要素相结合——正当的推理与用以推理的事实。"[1]

对科学理论的要素列举得更为详尽的,恐怕非伊利英和卡林金莫属。他们把自然科学理论的要素用公式表示如下:$\Omega = (Fac, Lw, Cnst, Int, Abstr Mdl, Frml, L)$。其中,$Fac$ 是符合实在的事实的非空集合;Lw 是定律的集合;$Cnst$ 是常数的集合,在许多理论中它是空的;Int 是自然的、经验的和语义的诠释的集合,该诠释保证了自然科学的理论的 $Abstr Mdl$ 和形式化与实在的类型论的同一;$Abstr Mdl$ 是在理论中所接受的抽象模型语义假定和辅助建构物的集合;$Frml$ 是作为自然科学的思维、语言和命题定量化的工具起作用的形式化的集合;L 是在理论中所接受的逻辑假定和推导法则。[2]

三、科学理论的结构

关于科学理论的结构,我们不拟牵扯过多的问题[3],仅仅讨论科学

---

①　任鸿隽:《科学救国之梦——任鸿隽文存》,樊洪业、张久村编,上海:上海科技教育出版社,2002 年版,第 334 - 335 页。

②　V. Ilyin and A. Kalinkin, *The Nature of Science, An Epistemological Analysis*, Moscow:Progress Publishers,1988,p. 107.

③　例如,科梅萨罗夫揭示:科学一般地显示出客体结构和意义结构,二者肯定并非没有联系,但决不是等价的。此外,我们在这些结构内鉴别出若干科学的独有特点,其中包括所提出的客体的集合、决定给定的理论命题或经验命题是否充分形成所使用的标准、真理概念是否被特定的理论采纳。参见 P. A. Komesaroff, *Objectivity, Science and Society, Interpreting Nature and Society in the Age the Crisis of Science*, London:Routledge & Kegan Paul,1986,p. 374.

理论的要素组成的结构本身。刚刚提及的伊利英和卡林金认为,在自然科学和实在的确定部分之间存在着直接的(刻板的)关联;这个特征使自然科学区别于数学,并使它明确地在本体论上被阐明。作为实在的简化的复制,理论研究在固定域中的对象之间实质性的关系,决定了分开的要素和它们的完整结构的定性性质。理论的概念基础 B_c 和它的经验基础 B_e 之间的依赖用公式 $B_c \rightarrow \leftarrow B_e$ 表达,在这里,基础之间的联系机制和 B_c 在认识论上阐明了自然科学的本质。

B_c 由 Lw、$Cnst$、Int、$Abstr\ Mdl$、$Frml$、L 形成,它作为范畴的、语义的和组织的图式即理论框架起作用。B_c 的创造、精制和建构是自由的而非任意的,因为在 B_c 的理论框架中存在对主体的某种根本性的限制,即实在客体起作用的客观逻辑。当然,客体并未把任何固定的定义强加于 B_c,但是同时它排除任意的建构。B_c 和 B_e 作为一个整体、作为一个系统的相互协调的结构联系在一起;作为实在的方便中介的模式化的 B_c 的许多组分都具有中间的、从属的特征,并未被自然地投射到经验事实上;它们在实在中没有类比物,例如 Ψ 函数。由事实形成的 B_e 作为理论内容的外部源泉以及它们的证实的工具起作用。在动力学的层面上,理论是作为资料的相继积累和系统化、它们的理论化、从如此得到的系统中推导经验上可发现的结果、理论的最后辩护和在实践中的补充而实现的。B_c 和 B_e 的关联并不是直接的。这意味着,严格地讲,B_c 的内容并不符合实在世界的关系,而是符合理想世界的关系——这是第二位的概念的实在之世界,它代表原始的或客观的实在之分析的对象。虽然客观实在和科学实在并不重合(相反的断言导致朴素实在论),但是它们通过必要的纽带(拒绝这些纽带就走进柏拉图的死胡同)联系起来,这些纽带归功于 B_e 的特殊作用。第一,B_c 的所有组分都具有经验的系谱,这有时可能难以重构,但却总是真实的。第二,B_e 详细说明 B_c 向着 B_c 和 B_e 之间更好的平衡进步的向量。第三,B_e

是我们所有关于实在的知识的开始和终结。第四，由于 B_e 在关系上是独立于 B_c 的，B_e 作为提供资料和批判的例子起作用，从而妨碍理论和实在完备的和最终的同一和概念模型的证实。任何理论都是事实的理论化；理论被修正和被抛弃，而事实依然如故地保持下去。在理论相互更替中的事实的稳定性，是它们可通约性和确立理论转换的进步性程度的本体论的基础。

$\rightleftarrows$ 是由对应（符合）规则或还原规则以及理论的结构和投射到 B_e 上的世界图像之间的联系的规则系统或算法（通过模型、诠释）构成的，从而要记住，B_e 本身并不是纯粹的实在，而是借助实验、测量和人的经验详细阐明的、在概念上和操作上起中介作用的实在。对应规则打算用来证实（verification）理论项目的经验内容，从而通过操作定义系统保证从模型、诠释和形式化向事实过渡，容许把从 B_c 导出的推论与诠释的实验结果比较，进而容许理论的实验证明（substantiation）——确认（confirmation）或反驳（rejection）。对应规则系统实现了自然科学中的有意义的、交流的和说明的过程，从而决定了 B_e 的理论负荷或"不透明性"，以及一方面模型和诠释、另一方面模型和事实之间的相互关联。

在 B_e 和 B_c 之间不存在直接的逻辑桥梁，这相当于不可能直接从 B_e 推导出 B_c，或者不可能把 B_c 还原为 B_e。由于拒斥 B_c 和 B_e 之间的直接的演绎还原关系，我们强调 B_c 的创造性本质，这在综合的多产的活动过程中出现，该活动与 B_e 的直接概括毫无共同之处。任何从基元的经验逻辑地推导自然科学的基本概念和基本定律的尝试注定要失败。同时，B_c 和 B_e 的自主性并不是绝对的，因为它们是由间接的演绎还原链环关联起来的。从 B_c 到 B_e 的命题隐含 B_c 的经验起源，而不是它的演绎推导。B_c 的经验谱系不必用原始归纳的精神来诠释，在高级理论化阶段的自然科学理论的 B_c 的动力学表明了这一点。承认 B_c 不能投

射到 B_c 之上或 B_c 不能直接还原为 B_e，这便有可能避免朴素实在论的教条。承认 B_c 间接地还原为 B_e，使得我们能够认为 B_e 是 B_c 的真理性的标准，从而避免了约定论的相对主义。这里有必要强调，如果理论不是经验的概括，那么它们便不能预言任何东西，它们也不能被确认。但是，这不是完整的观点。如果理论仅仅是经验的概括，那么它们就应该从来也不会与后者矛盾，实际情况并非如此。当然，B_c 没有一对一地依赖于 B_e，这就是所谓的"等价形式化现象"。于是，理论的内容可以用同样好的不同方式来表达，例如量子力学能够借助海森伯的矩阵或薛定谔的几率波来描述，经典力学的内容能够被表达为牛顿、拉格朗日、雅科毕、哈密顿等的形式化理论。①

伊利英和卡林金的上述见解是对前人思想遗产的综合性和系统性的概括，比较准确地反映了现代科学的结构全貌，尽管我们不同意他们的某些叙述。② 但是，这样的结构显得有些复杂，有必要加以简化：

　　纵览科学理论的结构，一般而言，不外乎经验归纳结构和假设演绎结构两种。说穿了，这两种结构的理论是借助两种不同的科学方法——经验归纳法和假设演绎法——建立起来的。它们往往集中地出现在科学的不同发展阶段或同一门科学的不同成长时期。

---

　　①　V. Ilyin and A. Kalinkin, *The Nature of Science*, *An Epistemological Analysis*, London: Routledge & Kegan Paul, 1986, pp. 108－113.

　　②　这两位作者说："理论被修正和被抛弃，而事实依然如故地保持下去"，这显示出"在理论相互更替中的事实的稳定性。"实际上，显示出"稳定性"的是事实之间的关系，而不是事实本身。旧事实在理论的更替中已经按照新范式加以诠释，被纳入新的概念框架理解——事实本身已经得以更新。例如，牛顿力学中的同时性事件在狭义相对论中不一定是同时的；牛顿力学中的受力运动在广义相对论中是自由运动。再者，"约定论"并不就是"相对主义"，起码彭加勒的约定论并非相对主义。至于"理论的内容可以用同样好的不同方式来表达"，这种情况倒是存在的，可是用不同的方式表达同样的理论内容时，其理论的"质"往往有高下之分，那些在逻辑上具有简单性的理论是更佳的理论，因为它能更深入地把握实在。

其实,伊利英和卡林金也表达了大致相同的观点,他们的两种理论——从类型论的立场来看,自然科学由经验论的—现象论的(描述的)理论和理论化的—本质论的(说明的)理论构成——是与我们的两种结构对应的。经验论的—现象论的自然科学理论是定性的现象论的知识体系的集合。在它们之中占统治地位的是经验描述,这些描述用语言术语记载通过测量、观察、事实的分析和选择、形象化的登记、原始的分类和系统化、各种类型的实验等等在客体研究的经验水平上得到的资料,以及作为实验资料的归纳概括得到的经验定律、相关和规则性。说明理论是逻辑地组织起来的知识体系的集合。在这里占优势的是通过概念上的重构、诠释、理想化、心理(概念)实验、抽象模型化等在客体研究的理论水平上得到的资料之理论说明,理论化的本质论的自然科学知识之大量的组分(命题)是从根本的命题—公设和公理中演绎出来的精密的定量的详细结果。[①] 周昌忠教授还从自然界、认识主体、科学知识三者结构的同一性看待这个问题[②],其视角是颇为独特的。

在前科学和科学的幼年时期,或者在一门科学的初创阶段,其理论形态往往呈经验归纳结构。这种结构的科学理论主要由事实和定律两种要素构成。它满足于经验事实的收集、整理、分类和抽象。仅有的科学定律基本上直接从经验事实归纳概括而来,其涵盖性和普适性不是很大。各个定律或各类定律往往是孤立的,它们之间没有有机

---

① V. Ilyin and A. Kalinkin, *The Nature of Science*, *An Epistemological Analysis*, London: Routledge & Kegan Paul, 1986, pp. 103 - 104.

② 他说:从客观世界和认识主体的关系来说,自然界作为系统是由现象和本质构成的,科学认识主体正是从这个结构去把握对象,由此来建立科学知识系统。因此,作为对自然界的现象—本质结构的反映,认识主体具有感性—理性的结构,而科学知识系统则具有经验知识—理论知识的结构。参见周昌忠:试论科学知识系统的逻辑结构,北京:《自然辩证法通讯》,1987年第9卷,第1期,第1-7页。

的联系,比如开普勒行星运动三定律、伽利略的自由落体定律、惠更斯的单摆定律、液体表面张力定律、潮汐定律等都是各自为政、各司其职的,彼此之间没有结合物。经验归纳结构的理论是用经验归纳法建构起来的。皮尔逊正确地描绘了经验归纳法这种科学方法的特征:(1)仔细而精确地分类事实,观察它们的相关和顺序;(2)借助创造性的想象发现科学定律;(3)自我批判和对所有正常构造的心智来说是同等有效的最后检验。①

　　一般而言,假设演绎结构是科学发展到成熟时期的产物,即科学理论开始步入公理化、形式化、系统化的形态。假设演绎结构的理论虽然在数学中相当早慧(例如欧几里得几何学),但是在经验科学中却是近代科学革命之后才陆续出现的,而且大都出现在比较成熟的力学和物理学中。关于这种结构的理论,马根瑙做了这样的勾勒:在顶端一极,我们遇到所谓的原始经验(protocol experiences),即感觉材料、观察,它们无凝聚力,本身没有秩序,需要用在原始领域没有直接给出的辅助概念(supplementory concepts)来"说明"或理论化。说明包含着概念化的程序,处于原始经验之下的一级结构。在底部,每一门科学都显示出十分普遍的命题,它们被称为公理或公设。无论给定科学在给定时刻的公理是什么,它们都通过演绎的形式分析导出高一级的即较少普遍的命题,通常称它们为定律或定理。由定律或定理还可以推出比较特殊的推论。这些推论借助对应规则(rules of correspon-dence)与经验资料联系,以决定其去留。② 爱因斯坦给予假设演绎的理论结构以十分简明的描绘:其构成有三要素,即公理体系、导出命

---

　　① 皮尔逊:《科学的规范》,李醒民译,北京:华夏出版社,1999年版,第37页。

　　② H. Margenau, Ethics and Science; *The Search for Absolute Values*; *Harmony Among the Science*, Volume II, Proceedings of the Fifth International on the Unity of the Sciences, New York: The International Culture Foundation Press, 1977.

题、直接经验（感觉）的各种体现；由公理体系通过逻辑演绎或数学推导可以导出一系列经验命题和经验定律，并交付实验检验；从直接经验到公理体系没有逻辑的通道，只能依靠直觉的领悟。①

爱因斯坦的上述描绘已经包含了建构假设演绎结构的理论的假设演绎法，他将其发展为"探索性的演绎法"。这种方法的最大特色是，作为理论基础的逻辑前提即基本概念和基本假设既不是不证自明的，也不是从经验事实中归纳出来的，而是在经验事实的引导下，通过"思维的自由创造"或"理智的自由发明"得到的。② 实际上，爱因斯坦是直接受到彭加勒约定论思想——科学中的基本假设是在经验启示下自由的约定——的影响而总结出探索性的演绎法的。③ 他言简意赅地阐述了这种方法的精髓：

　　物理学构成一种处在不断进化过程中的思想的逻辑体系。它的基础可以说是不能用归纳法从经验中提取出来的。而只能靠自由发明来得到。这种体系的根据（真理内容）在于导出的命题可由感觉经验来证实，而感觉经验对这基础的关系，只能直觉地去领悟。进化是循着不断增加逻辑基础简单性的方向前进的。为了要进一步接近这个目标，我们必须听从这样的事实：逻辑基础愈来愈远离经验事实，而且我们从根本基础通向那些同感觉经验相联系的导出命题的思想路线，也不断地变得愈来愈艰难、愈来愈漫长了。④

———————

　　① 爱因斯坦：《爱因斯坦文集》第一卷，许良英等编译，北京：商务印书馆，1976 年版，第 541－542 页。

　　② 李醒民：论爱因斯坦的探索性的演绎法，《自然科学发现经验的探索》，福州：福建人民出版社，1988 年版，第 215－233 页。

　　③ 李醒民：《彭加勒》，台北：三民书局东大图书公司，1993 年版，第 256－260 页。

　　④ 爱因斯坦：《爱因斯坦文集》第一卷，许良英等编译，北京：商务印书馆，1976 年版，第 372 页。

如果说爱因斯坦已经勾勒出形成假设演绎结构理论的蓝图的话，那么迪昂则以物理学理论为例，详细地陈述了建构它的四个相继操作的特征，其中前两个操作是构筑理论的公理即基本概念和基本假设的操作。(1)我们选择自认为简单的性质描述我们所要描述的物理性质，其他性质可视为这些简单性质的组合。我们通过合适的测量方法使它们与数学符号、数和量的某个群对应。这些数学符号与它们描述的性质没有固有本性的联系，它们与后者仅具有记号与所标示的事物的关系。通过测量方法，我们能够使物理性质的每一个状态对应于表示符号的值，反之亦然。(2)我们选择少量的原理或假设，作为将要建立的理论的基础或演绎的逻辑前提。它们仅仅是根据方便的需要和逻辑上的一致，把不同种类的符号和数量联系起来的命题，它们并不以任何方式宣称陈述了物体真实性质之间的真实关系。(3)根据数学分析法则把原理或假设结合在一起。理论家计算所依据的数量并非是物理实在，他们所使用的原理也并未陈述这些实在之间的真实关系。对他们的要求是：他们的符号系统是可靠的，他们的计算是准确的。(4)这样从假设推出的各种推论，可以翻译为同样多的与物体的物理性质有关的判断。对于定义和测量这些物理性质来说是合适的方法，就像容许人们进行这种翻译的词汇表和图例一样。把这些判断与理论打算描述的实验定律加以比较。如果它们与这些定律在相应于所使用的测量程序的近似程度上一致，那么理论便达到了它的目标，就说它是好理论；如果不一致，它就是坏理论，就必须修正或拒斥它。简而言之，建构物理学理论的四个基本操作是：物理量的定义和测量；选择假设；理论的数学展开；理论与实验的比较。①

----

① 迪昂：《物理学理论的目的和结构》，李醒民译，北京：华夏出版社，1999年版，第22－23页。

假设演绎结构的理论取代经验归纳结构的理论,可以说是科学发展的必然结果。爱因斯坦对此有深刻的洞察:"科学一旦从它的原始阶段脱胎出来以后,仅仅靠着排列的过程已不能使理论获得进展。由经验材料作为引导。研究者宁愿提出一种思想体系,它一般地是在逻辑上从少数几个所谓公理的基本假定建立起来的。"他以相对论作为范例,说明了理论科学在现代发展的基本特征:

　　初始假设变得愈来愈抽象,离经验愈来愈远。另一方面,它更接近一切科学的伟大目标,即要从尽可能少的假设或者公理出发,通过逻辑的演绎,概括尽可能多的事实。同时,从公理引向经验事实或者可证实的结论的思路也就愈来愈长,愈来愈微妙。理论科学家在他探索理论时,就不得不愈来愈听从纯粹数学的、形式的考虑,因为实验家的物理经验不能把他提高到最抽象的领域中去。适用于科学幼年时代的以归纳为主的方法,正在让位给探索性的演绎法。①

　　爱因斯坦关于科学理论结构转变的大势在当代得到了回应。伊利英和卡林金指出,在经典科学中,有意义和概念的明晰性在数学结构的充分理解之先,阐明理论的普适模式是对可以得到的经验材料的抽象和直接概括。对理论活动来说,中心的存在问题也用相同的朴素实在论的钥匙解决。直接的明显性被认为是存在的决定性条件:只有在直接的可理解的感知中给出的东西才存在。在现代科学中,阐明理论客体的工具是数学,在理论和实在之间起中介作用的辅助模式的份

_____

① 爱因斯坦:《爱因斯坦文集》第一卷,许良英等编译,北京:商务印书馆,1976年版,第115、262页。

额增加了,概念的明晰不再在数学结构的感知之先,科学发现它更难以把握数学结构的内容,因为客体是在数学化的路线上被引入的。这是科学的概念基础的有效精制的需要和知识的组织形式尽可能完善的欲求所必需的。数学化的过程直接开辟了用高度抽象的结构操作的可能性,这照例在直觉和直接观察中没有原型。由此开始,数学假设、假设演绎法、理论构造的原理方法在自然科学中广泛应用,相对论是出色的例子。数学化的最根本的认识论结果是科学抽象达到较高水平,在客体的感知中失去直觉的明晰性。①

通过对科学理论的要素和结构的一般性考察,我们不难看出,借助归纳法建立的经验归纳结构的理论是科学理论的初级阶段,比较简单明了,无须耗费笔墨讨论。但是,真正的科学理论毕竟不是经验定律的杂烩,也不是零散事实的编目,而是一个具有严整结构和有机联系的系统。也就是说,成熟的或高级的科学理论是由科学公理(基本概念和基本假设)、导出命题和科学定律、科学事实(感觉经验和观察资料的科学陈述)三大块组成的严密的逻辑体系。

---

① V. Ilyin and A. Kalinkin, *The Nature of Science*, *An Epistemological Analysis*, London:Routledge & Kegan Paul,1986,pp. 80 - 81.

哲人科学家眼中的科学理论的认知结构*

在撰写"哲人科学家眼中的科学理论的认知结构"(Cognitive Construction of Scientific Theory from Scientist-Philosopher's Point of View)之前,有必要对题目做一点解释。所谓"哲人科学家",笔者意指作为科学家的哲学家或科学思想家:他们首先是伟大的科学家,也是伟大的哲学家或思想家。在本文,主要以批判学派的代表人物马赫、彭加勒、迪昂、奥斯特瓦尔德和皮尔逊以及爱因斯坦的思想为例证,展开相关的论述。

所谓"科学理论的结构",意指科学理论各个组成部分的搭配、排列、组织、构造,也就是科学理论内部各种要素之间的关系或关联。关于科学理论的要素,不少学者采取简单的两分法——事实和理论。逻辑经验论者认为,科学理论由三部分组成,即形式系统、对应规则和概念模型。对科学理论的要素列举得更为详尽的,恐怕非伊利英和卡林金莫属。他们把自然科学理论的要素用公式表示如下:$\Omega = (Fac, Lw, Cnst, Int, Abstr\ Mdl, Frml, L)$。其中,$Fac$ 是符合实在的事实的非空集合;Lw 是定律的集合;$Cnst$ 是常数的集合,在许多理论中它是空的;Int 是自然的、经验的和语义的解释的集合,该解释保证了自然科学的理论的 $Abstr\ Mdl$ 和形式化与实在的类型论的同一;$Abstr\ Mal$ 是在理论中所接受的抽象模型语义假定和辅助建构物的集合;$Frml$ 是作为自然科学的思维、语言和命题定量化的工具起作用的形式化的

---

* 原载北京:《自然辩证法通讯》,2012 年第 2 期。

集合；L 是在理论中所接受的逻辑假定和推导法则。① 我认为，科学理论的要素主要是科学公理（基本概念和基本假设）、科学定律（导出命题）、科学事实，或简称为公理、定律、事实。至于科学理论的结构，"一般而言，不外乎经验归纳结构和假设演绎结构两种。说穿了，这两种结构的理论是借助两种不同的科学方法——经验归纳法和假设演绎法——建立起来的。它们往往集中地出现在科学的不同发展阶段或同一门科学的不同成长时期。"②

　　请注意，我们的论题中提及的是"科学理论的认知结构"，而不是"科学理论的结构"，也就是说，在"结构"（construction）之前加有"认知"（cognitive）一词。按照笔者手头的英语词典③解释，cognition（认知）的含义是"知道［认识］的行为或过程，包括意识和判断；也指这种行为的结果［产物］"；而作为 cognition 的形容词 cognitive（认知的）的含义是"of cognition，与认知有关的或包括认知的；基于经验事实的知识［认识］或能够还原为经验事实的知识［认识］"。由此可见，"科学理论的认知结构"与"科学理论的结构"似乎在语义或语意上多有重合之处；不过，前者也许重在强调科学理论形成的认识［认知］过程之结构，是一个动态的过程，其中私人性、地方性、历史性、随机性的成分多一些；后者恐怕主要指称通过这种认知［认识］过程所获得的结果即科学理论之结构，主要指的是静态的结果，其中公共性、普遍性、恒定性、逻辑性的成分占优势。其实，事后经过理性重组或逻辑化，可以认为科学理论的认知结构与科学理论的结构二者是同构的。当然，在本文的

────────

① V. Ilyin and A. Kalinkin, *The Nature of Science, An Epistemological Analysis*, Moscow：Progress Publishers, 1988, p. 107.

② 李醒民：《科学论：科学的三维世界》，北京：中国人民大学出版社，2010 年第 1 版，第 226 页。

③ *Merriam-Webster's Collegiate Dictionary* (Tenth Edition), Massachusetts：Merriam-Webster, Incorporated, 1999.

论述中,我们会时时处处留心形成科学理论的认知过程的。

　　按照我们刚才的分类,科学理论的认知结构主要有两种:科学理论的经验归纳认知结构和假设演绎认知结构。在前科学时期,所谓的"科学理论"除了思辨、玄想、猜测、杜撰建构之外,可以说都是经过经验归纳认知构造的,比如亚里士多德的动植物分类体系,阿基米德浮力定律,比里当的冲击力理论等等。在这个漫长的历史时期,尽管也有欧几里得几何学的假设演绎认知结构,但是它不属于经验科学(许多科学分类法并不把数学包括在自然科学之内)。即使在真正的科学即 17 世纪的近代科学中,比较成熟的力学、物理学和天文学的理论,一开始也是通过归纳概括(这样说并不是否定在任何认知过程中创造性的想象的作用)出来的,比如开普勒的行星运动三定律、伽利略的自由落体和抛射体定律、帕斯卡定律、波意耳气体定律等等。直至牛顿万有引力定律的提出和《自然哲学的数学原理》(1687)的出版,力学才算进入假设演绎认知的时代;而十全十美的力学体系,则是 18 世纪的分析力学家和天体力学家借助假设演绎法使牛顿力学数学化的结果。热学、电磁学和光学的发展也是如此:起初通过经验归纳认识,直到热力学三定律和麦克斯韦—赫兹电磁方程的出现,它们的理论才算达到假设演绎的认知结构。

　　我们先讨论一下科学理论的经验归纳认知结构。因为它比较单纯和简单,我们不拟多费笔墨。在皮尔逊看来,这种科学认知结构包括三个步骤:(1)仔细而精确地分类事实,观察它们的相关和顺序;(2)借助创造性的想象发现科学定律;(3)自我批判和对所有正常构造的心智来说是同等有效的最后检验。[①]

　　要达到这样的科学理论,科学事实或经验资料——狭义地或严格

---

①　皮尔逊:《科学的规范》,李醒民译,北京:华夏出版社,1999 年第 1 版,第 37 页。

地讲是实验资料——的收集、积累要比较可靠、比较准确,尤其是要比较丰富,然后才能在此基础上借助逻辑规则、数学分析和统计,归纳出经验定律。这种归纳过程不完全是一种机械的、刻板的、僵化的程序,创造性的想象力也在其中发挥不可或缺的作用,因为任何现成的事实或资料都是有限的、个别的、杂多的,而科学定律则是普适的、一般的、程式的,只有想象力才能跨越二者之间的鸿沟。难怪普朗克断言:"在推进到黑暗区域的研究者的心智中,点燃新知识第一个火花的,不是逻辑,而是创造性的想象。"①难怪爱因斯坦掷地作金石声:"想象力比知识更重要,因为知识是有限的,而想象力概括着世界上的一切,推动着进步,并且是知识进化的源泉。严格地说,想象力是科学研究中的实在因素。"②当然,最后的自我批判和实验检验是科学认知的绝对不可缺少的环节,这是为科学定律颁发合格证和通行证的,是科学守门人和科学共同体义不容辞的职责。事实上,在科学认知过程中,发现者本人的自我批判和同行的相互批评是随时进行的。大多数设想在科学家本人的头脑中或在研究小组的非正式交流中就被剔除了③;少数公开的发表的结果,也不见得都能通过科学共同体的严肃的理性批判和严格的实证检验。

上述的经验归纳认知结构,是沿着从事实到定律再到实验验证的方向行进的。还有另一种与之方向相同而在具体处理上略微不同的认知模式,即在为数不多的科学事实(资料并不丰富)的指引或启示

---

① R. Tallis, *Newton's Sleep*, *The Two Cultures and the Two Kingdoms*, New York: St. Martin's Press, 1955, pp. 16 – 17.

② 爱因斯坦:《爱因斯坦文集》第一卷,许良英等编译,北京:商务印书馆,1976 年第 1 版,第 284 页。

③ 诚如法拉第所言:"世上不知有多少思想和理论在科学研究者的心智中通过,但却被他自己的严厉批判和敌对审查在缄默和秘密状态中压碎了;在最成功的情况下,没有十分之一的建议、希望、意愿、最初的结论被实现。"参见皮尔逊:《科学的规范》,李醒民译,北京:华夏出版社,1999 年第 1 版,第 32 页。

下,借助充分的想象力大胆而径直地提出需要检验的假设,然后设计实验加以证实或证伪(否证)。若假设被证实,它就获得定律的头衔。需要注意的是,这里的假设不是作为科学公理的基本假设,而是低层次的假设,也就是彭加勒所说的第三类假设,即"真正的概括"——而第一类和第二类假设是"极其自然的假设"和"中性假设"。在彭加勒看来,"一切概括都是假设","它们是实验必须确认或否证的假设";其中,"一些是可证实的,它们一旦被实验确认就变成富有成效的真理。"①不用说,这里作为真理的科学定律是相对真理而非绝对真理。正如迪昂一语道破的:"每一个物理学定律都是暂定的和相对的,因为它是近似的。"②

　　现在,我们转而讨论科学理论的假设演绎认知结构。我们看到,在经验归纳认知结构中,科学理论的要素只有科学事实和科学定律——这里的科学定律不是通过演绎法推导出的,而基本上是通过归纳法概括出来的;尤其是,其中并不包含科学公理(有时也统称其为科学理论的基础)这一要素。这种认知结构适合于科学的幼年时期或一门科学的初创阶段。但是,零散事实的编目和经验定律的杂烩,毕竟不是科学的最终目标。当科学发展得比较成熟时,便出现理论化、形式化、数学化、系统化的要求,此时假设演绎认知模式便可以大显身手。假设演绎认知结构的特色和关键就在于提出科学公理。至于从公理推导定律或命题,只要严格按照逻辑推理程序和数学运算法则进行就可以了;而最后的实验检验,与在经验归纳认知结构中并无本质上的差异——只是在经验归纳认知结构中,经实验检验的定律被最终

　　① 彭加勒:《科学与假设》(汉译世界学术名著丛书·珍藏本),李醒民译,北京:商务印书馆,2009 第 1 版,第 133－135、2 页。
　　② 迪昂:《物理学理论的目的与结构》,李醒民译,北京:商务印书馆,2011 年第 1 版,第 211 页。

证实为定律;而在假设演绎认知结构中,实验检验存在不确定性,即存在所谓的"不充分决定论题"(under-determination thesis)或"迪昂论题"(Duhem-thesis)[①]。

迪昂把科学理论的假设演绎认知结构归结为四个基本操作:物理量的定义和测量,选择假设,理论的数学展开,理论与实验的比较。关于头两个操作,他是如下表述的。(1)我们选择自认为简单的性质描述我们所要描述的物理性质,其他性质可视为这些简单性质的组合。我们通过合适的测量方法使它们与数学符号、数和量的某个群对应。这些数学符号与它们描述的性质没有固有本性的联系,它们与后者仅具有记号与所标示的事物的关系。通过测量方法,我们能够使物理性质的每一个状态对应于表示符号的值,反之亦然。(2)我们选择少量的原理或假设,作为将要建立的理论的基础或演绎的逻辑前提。它们仅仅是根据方便的需要和逻辑上的一致,把不同种类的符号和数量联系起来的命题,它们并不以任何方式宣称陈述了物体真实性质之间的真实关系。[②] 这两个操作实际上是认识和建构科学公理的操作,前者在于形成基本概念,后者在于选择基本假设,这两个方面正是我们要集中讨论的。至于理论的数学展开和理论与实验的比较,属于常规训练和研究惯例的程序性问题,没有必要在此饶舌。

科学概念是有层次的。奥斯特瓦尔德把概念分为复杂概念和简单概念:复杂概念由经验形成,故也称作复杂的经验概念,其抽象程度和普遍性较少;而简单概念是完全没有不同部分的概念,抽象程度和普遍性较高,能找到广泛的应用。[③] 复杂的经验概念也许"能够从正常

① 李醒民:《迪昂》,台北:三民书局东大图书公司,1996 年第 1 版,第七章"认识论透视下的理论整体论"。
② 迪昂:《物理学理论的目的与结构》,李醒民译,北京:商务印书馆,2011 年第 1 版,第 24–25 页。
③ 奥斯特瓦尔德:《自然哲学概论》,李醒民译,北京:华夏出版社,2000 年第 1 版,第 16–19 页。

人的知觉中推演出来"(皮尔逊)[1]，但是科学公理中的概念肯定是简单概念，而且是其中抽象程度最高、普遍性最大、最为基本的概念。一般而言，它们不是可以轻松得到的，因为它们往往缺乏直观性和明晰性。比如，时间和空间、同时性、量子、夸克、熵、基因、信息等等就是有关科学的基本概念。用爱因斯坦的话来讲，这些概念的认知途径是"自由选择出来的"，是"思维的自由创造"，只是"选择应当造成感性经验材料之间的正确关系"罢了。不过，它们相对于感觉经验具有"逻辑独立性"。"这种关系不像肉汤同肉的关系，而倒有点像衣帽间牌子上的号码同大衣的关系。"[2]迪昂显然已经意识到基本概念是远离感觉经验的（记号与所标示的事物的关系），只是他强调概念的定义的可操作性似乎要求得过分了一些，因为现代科学中的一些概念，是难以通过操作定义的，这在微观世界和宇观世界的研究中表现得尤其明显。看来有点悖乎常理的是，正是基本概念的远离经验的非直观和非明晰，才使它们能够更深入地把握实在。

　　关于科学公理中的基本假设及其认知途径，是我们讨论的重点。在刚才引用的迪昂的言论中，已经对基本假设有所说明：它们是"根据方便的需要和逻辑上的一致，把不同种类的符号和数量联系起来的命题，它们并不以任何方式宣称陈述了物体真实性质之间的真实关系。"这里的基本假设，相当于彭加勒所说的第二类假设——"中性假设"。中性假设"只是外观看来是假设，它们能够还原为隐蔽的定义或约定"。这类假设"尤其在数学和相关的科学中遇到"，"这些学科正是由

---

　　①　皮尔逊：《科学的规范》，李醒民译，北京：华夏出版社，1999 年第 1 版，第 53 页。与之相反，爱因斯坦甚至认为，一切概念，甚至最接近经验的概念，从逻辑的观点来看，完全像因果性概念一样，都是一些自由选择的约定。他特别强调，概念是不能"从感觉经验中归纳地得到"的，认为概念是通过抽象从经验中产生的想法是"致命的"。爱因斯坦：《爱因斯坦文集》第一卷，许良英等编译，北京：商务印书馆，1976 年第 1 版，第 6、409 页。

　　②　爱因斯坦：《爱因斯坦文集》第一卷，许良英等编译，北京：商务印书馆，1976 年第 1 版，第 22、409、235、345 页。

此获得严格性"。"只要这些中性假设的特征不被误解,它们就永无危险。……从而没有排除它们的场合。"①爱因斯坦把基本假设视为基本概念之间的关系之命题,因此他又常常把基本假设称为基本关系、基本原理,并把基本概念和基本假设统称为科学理论的公理基础,该基础"具有纯粹虚构的特征"②。

现在,我们围绕基本假设,拟讨论三个问题。第一个问题是:基本假设是如何得到的呢? 在哲人科学家的眼中,基本假设既不像欧几里得几何学公设来自不证自明的常识,也不是从经验事实归纳出来的定律——当然定律可以经过约定提升为原理,从而作为基本假设,不过此时它便逃脱了实验的进一步检验,变成无所谓真假的中性的基本假设。基本假设是心智自由活动的约定,是精神的自由创造或自由发明,是在科学认知和科学发展进程中自然而然地进化而来的。

彭加勒把基本假设视为约定,而"这些约定是我们心智自由活动的产物,我们的心智在这个领域内自认是无障碍的。在这里,我们的心智能够确认,因为它能颁布法令;然而,我们要理解,尽管把这些法令强加于我们的科学——没有它们便不能有科学,但并没有把它们强加于自然界。可是,它们是任意的吗? 不,否则它们将毫无结果了。实验虽然把选择的自由遗赠给我们,但又通过帮助我们辨明最方便的路径而指导我们。因此,我们的法令如同一位专制而聪明的君主的法令,他要咨询国家的顾问委员会才颁布法令"③。迪昂明确表示,他完全赞同帕斯卡"原理是直觉到的,命题是推导出的"④名言,他把直觉或

---

① 彭加勒:《科学与假设》(汉译世界学术名著丛书·珍藏本),李醒民译,北京:商务印书馆,2009 第 1 版,第 2、135 页。

② 爱因斯坦:《爱因斯坦文集》第一卷,许良英等编译,北京:商务印书馆,1976 年第 1 版,第 314 页。

③ 彭加勒:《科学与假设》,李醒民译,沈阳:辽宁教育出版社,2001 年第 1 版,第 ii 页。

④ 帕斯卡:《思想录》,何兆武译,北京:商务印书馆,1985 年第 1 版,第 131 页。

他所谓的卓识(good sense)看作洞察和选择基本假设的锐利工具。他通过大量的科学史研究表明:"假设不是突然创造的产物,而是逐渐进化的结果。"他甚至对假设的产生秉持一种自然主义的态度:"物理学家并未选择他将使理论立足于其上的假设,它们是在没有他的情况下在他身上萌发的。"他在阐明自己的见解时,做了一个惟妙惟肖的比喻:"逻辑留给乐于选择假设的物理学家以几乎绝对的自由;但是,这种缺乏任何指导或法则并不能难倒他,因为事实上,物理学家并未选择他将使理论立足于其上的假设;他不选择它,就像花不选择将使它受精的花粉一样;花使自身满足于敞开它的花冠,让微风或昆虫带来结果实的花粉;物理学家以同样的方式局限于通过注意和思考把他的思想向下述观念开放:该观念必定在没有他的情况下在他身上播下种子。"①

爱因斯坦深受批判学派思想的影响,他关于基本假设产生的观点可以说集先贤之大成,并有自己独特的创造。他把彭加勒的约定论具体化为"基础约定论",并依据他创造相对论的科学实践做出进一步的阐释和发展。② 在爱因斯坦看来,作为科学理论公理基础的基本假设,是"思维的自由创造"或"理智的自由发明"。在这里,经验事实仅仅起启示作用,而不是决定作用。以此为出发点,他最终形成他构筑科学理论——准确地讲是"原理理论"——的所谓"探索性的演绎法"。③ 他是这样描绘这种卓有成效的科学方法的:"初始假设变得愈来愈抽象,离经验愈来愈远。另一方面,它更接近一切科学的伟大目标,即要从尽可能少的假设或者公理出发,通过逻辑的演绎,概括尽可能多的事

　　① 迪昂:《物理学理论的目的与结构》,李醒民译,北京:商务印书馆,2011年第1版,第270、311、316页。
　　② 李醒民:《爱因斯坦》,台北:三民书局东大图书公司,1998年第1版,第三章"基础约定论思想"。
　　③ 李醒民:论爱因斯坦的探索性的演绎法,《自然科学发现经验的探索》,福州:福建人民出版社,1988年第1版,第215-233页。

实。同时,从公理引向经验事实或者可证实的结论的思路也就愈来愈长,愈来愈微妙。理论科学家在他探索理论时,就不得不愈来愈听从纯粹数学的、形式的考虑,因为实验家的物理经验不能把他提高到最抽象的领域中去。适用于科学幼年时代的以归纳为主的方法,正在让位给探索性的演绎法。"[1]为了能够得到基本假设,他采取一种怎么都行的自由主义态度:直觉、猜测、大胆思辨、创造性的想象、自由创造和发明、自由选择、异想天开乃至幻想。其实,马赫早就认为"科学研究需要相当旺盛的幻想"。他说:"一旦人们获得了用词、记号、公式和定义固定的熟悉的概念,这些概念就构成记忆和幻想的对象。人们也能在概念中运用幻想,借助联想之线搜索该领域,直到人们找到满足问题的条件之组合的选择。如果人们察觉到使一切东西意思明白并给予答案以线索的概念之集合的话,那么这尤其发生在解决理论问题之中。"[2]

　　第二个问题是:对基本假设有什么要求?对基本假设的要求当然要满足一般的逻辑要求:每一个体假设的无矛盾性和独立性(一个基本假设不能是另一个基本假设的推论),假设集内部的自洽性(各个基本假设之间协调一致)。除此之外,还有进一步的、更高的要求,即基本假设在数量上要尽可能地少。马赫的内涵丰富、外延广博的思维经济原理[3]自然包含这层意思,只是他没有清楚意识并明确强调罢了。他虽然要求减少假设的数目,反对随意做任意的假设——"真正基本的事实被数目同样多的假设取代,这的确不是收获"[4]——但是这并不

　　① 爱因斯坦:《爱因斯坦文集》第一卷,许良英等编译,北京:商务印书馆,1976 年第 1 版,第 115、262 页。

　　② 马赫:《认识与谬误——探究心理学论纲》,李醒民译,北京:商务印书馆,2010 年第 1 版,第 169、171 页。

　　③ 李醒民:略论马赫的"思维经济"原理,北京:《自然辩证法研究》,1988 年第 4 卷,第 3 期,第 56 - 63 页。

　　④ E. Mach, *The Science of Mechanics: Critical and Historical Account of Its Development*, Chacigo: Open Court Publishing Company, 1960, p. 599.

是专门针对基本假设而言的。迪昂在 1892 年的文章中，拟定了用来选择具有同等逻辑有效性的假设的三个标准，其中第二个标准是假设的数目：在两个或多个具有相同范围的理论中，使用最少假设的理论应该受到偏爱①。事实上，迪昂已经清醒地认识到基本假设的逻辑经济问题："用定律代替众多事实是经济的，用少数假设群代替庞大的定律集合时再次是经济的。"②彭加勒对此眼光明锐，窥其堂奥："我们要注意，重要的是不要过分地增加假设，只能一个接一个地做假设"；我们必须"要求不同假设的数目减到最小限度"③。他不赞同洛伦兹在构造电子论时"堆积假设"（用了十一个特设假设），并直言无隐："堆积假设是无用的"，"增加它们的数量是毫无意义的"。④

爱因斯坦百尺竿头更进一步，他以"逻辑简单性原则"作为一个方法论原则要求基本假设，并在创立相对论的过程中身体力行，忠实地贯彻了这一原则（狭义和广义相对论各自只有两个基本假设）。他把基本假设"尽可能简单，并且在数目上尽可能少"，视为"一切理论的崇高目标"。他说："科学的目的，一方面是尽可能完备地理解全部感觉经验之间的关系，另一方面是通过最少个数的原始概念和原始关系的使用来达到这个目的。（在世界图像中尽可能地寻求逻辑的统一，即逻辑元素最少）"他对逻辑简单性的意义做出清晰的说明："我们所谓

---

① A. Lowinger, *The Methodology of Pierre Duhem*, New York: Columbia University Press, 1941, pp. 150 - 151. 迪昂的第一个标准是理论的范围：描述较多数目现象的理论比描述较少数目的现象的理论受到偏爱；第三个标准是假设的性质：给定具有同等范围和使用相同数目的假设的理论，比较简单和自然的理论比其他理论受到偏爱。

② 迪昂：《物理学理论的目的与结构》，李醒民译，北京：商务印书馆，2011 年第 1 版，第 67 页。

③ 彭加勒：《科学与假设》（汉译世界学术名著丛书·珍藏本），李醒民译，北京：商务印书馆，2009 第 1 版，第 134、179 页。

④ 彭加勒：《科学的价值》，李醒民译，北京：商务印书馆，2010 年第 1 版，第 120、129、156 页。

的简单性,并不是指学生在精通这种体系时产生的困难最小,而是指这种体系所包含的彼此独立的假设或公理最少;因为这些逻辑上彼此独立的公理的内容,正是那种尚未理解的东西的残余。"不过他也意识到,要"确切地把逻辑简单性表达出来却有很大困难。这里的问题不单是一种列举逻辑上独立的前提问题(如果这种列举竟是毫不含糊地可能的话),而是一种在不可通约的质之间的做相互权衡的问题"①。

　　第三个问题是:在一个理论体系中,当由一组基本假设推出的推论(命题或实验定律)遭到实验事实的否证或反驳时,我们如何决定基本假设的去留呢? 不论按照彭加勒的中性假设的思想还是迪昂的理论整体论的观点,这种否证或反驳对准的是基本假设的集合,而并没有指向某一个假设。面对这种状况,科学家的选择还有很大的自由度:他可以对原有的假设做出新的解释;也可以修正或抛弃某一假设;还可以增加某个假设,把反驳对付过去,甚至把不利证据转化为有利证据;甚或可以不理睬实验结果,坚信自己的理论是正确的,而实验本身有毛病。彭加勒把决策的权利交给直觉判断,他甚至认为:"当原理不再对我们有用,即不再使我们正确地预见新现象之时","实验即使不直接与该原理的新外延相矛盾,但也可以宣布它不适用"②。他后来重申:"如果原理不再多产,实验即便不与它矛盾,仍将直接宣告它不适用。"③迪昂则倡言"卓识应该是被抛弃的假设的审判员"。他说:"由于逻辑并未以严格的精确性决定不恰当的假设应该给更多产的假设让路的时间,由于辨认这个时刻归属于卓识,物理学家可以通过有意识地尝试使卓识在自身之内更清醒、更警惕,从而促进这一判断,加速

---

① 爱因斯坦:《爱因斯坦文集》第一卷,许良英等编译,北京:商务印书馆,1976 年第 1 版,第 314、344、299、10 页。笔者对最后一句译文有所修正。

② 彭加勒:《科学与假设》(汉译世界学术名著丛书·珍藏本),李醒民译,北京:商务印书馆,2009 第 1 版,第 144–145 页。

③ 彭加勒:《科学的价值》,李醒民译,北京:商务印书馆,2010 年第 1 版,第 133 页。

科学的进步。"①在这一点,爱因斯坦与彭加勒和迪昂的思想是一致的,也相信直觉的健全的判断力。1906 年,考夫曼声称,他关于电子质量同速度关系的实验结果与爱因斯坦的狭义相对论的推论不相容,而爱因斯坦闻知后不是怀疑自己的理论及其基本假设,而是质疑考夫曼的实验本身有问题。事实最后证明,爱因斯坦是正确的。

　　综上所述,我们可以得出如下结论。科学理论的结构或科学理论的认知结构,是由科学公理(基本概念和基本假设或科学原理)、科学定律、科学事实三个层次构成的。它们形成科学理论的严整逻辑结构。其中科学公理是科学理论的逻辑基础;科学定律(科学命题)是由该基础导出的命题(从逻辑上讲),或是从经验资料归纳或概括出来的(从发生学上讲);科学事实既是提出基本概念和基本假设的向导,也是直接检验科学定律和间接确认科学假设的试金石。在这里,我们附带说明:为了建构科学理论,人们还必须有意识或无意识地做出或承诺某些为数不多的、形而上学色彩极强的根本假定,这就是科学预设(作为科学信念起作用)和科学传统(作为研究纲领起作用)。于是,就广义的科学理论体系而言,科学事实、科学定律二者是其低端层次,科学公理尤其是科学预设和科学传统,是它的高端层次。②

---

　　①　迪昂:《物理学理论的目的与结构》,李醒民译,北京:商务印书馆,2011 年第 1 版,第 267 页。

　　②　李醒民:《科学的文化意蕴——科学文化讲座》,北京:高等教育出版社,2007 年第 1 版,第 130 页。李醒民:《科学论:科学的三维世界》,北京:中国人民大学出版社,2010 年第 1 版,第 284-317 页。

科学不可避免的主观性 *

主观性①是与客观性相关的术语。从本体论上讲，主观性是一种存在方式，即事物借助于主体正在被感知或经验而存在的存在方式。从认识论上讲，一种知识主张，如果决定它的真值需要对该知识主张具有第一人称观点的人给予优先权，那么它就是主观的。可是，如果这种优先权代表的是与客观事实无关的个人的意见、偏见和专断的偏爱，那么对优先权的要求就是无理的。在这种意义上，如果一个理论或判断是主观的，它就阻碍真理和确实性的达成，就应该与其他形式的偏好、专断和偏见一起被抛弃。另一方面，主观性的优先权不需要限于个人的经验，它也许能够受到作为历史和文化的存在的个人或特定的教育和训练的结果所负载的视角而得到辩护。然而，确定如何对待个人的和社会文化的眼界，社会预设，道德的、宗教的和审美的态度是困难的。过分强调它们将导致相对主义或极端的主观主义，而消除它们又是不可能的，因为它们是我们探究的基本条件。承认主观性占有一席之地容许存在另类的和合情合理的观点，这也许是通过利用主观的主张作为起点达到的，而这些主张当时又能被整合到客观知识的

---

　　* 原载上海《社会科学》，2009 年第 1 期。

　　① 有一本英语词典如下解释"主观性"（subjective，15 世纪在英语中使用）：与主体有关或构成主体的；具有实体、品质、属性或关系的基本存在所是的或与之有关的；知觉到的而非独立于精神的实在的特征或属于实在的；受私人的心理特点或状态制约的经验或知识所是的或与之有关的；特定的个人独具的，受私人观点、经验或背景更改或影响的；由大脑或感觉器官内部而不是由外部刺激直接促动的条件引起的；由一个人自己的状态和过程的感知产生的或确定的。参见 *Merriam-Webster's Collegiate Dictionary*（Tenth Edition），Massachusetts：Merriam-Webster，Incorporated，1999，p. 1172.

结构中。贯彻这样一个计划成为许多哲学家的中心关注。① 实际上，如果我们从相互作用过程及其组分的视角来考察客观性的话，那么主观性就寓于客观性之中。诚如珀尔曼所言：主观的、人的成分存在于相互作用过程的较广阔的实在中，确实形成所看的和所想的东西。比较完备的客观性会承认，主观的东西在这种相互作用中是它自身的一部分，并会由此运转，以借助相互作用修正定义、概念、理论、定律和模型。于是，作为概念的客观性也会充分地运作，它会对科学概念模型、观念和实践的革命性变化提供附加的洞察。选择在认识过程中存在于各种水平：感觉的、神经的、心理的、智力的和社会文化的水平。例如，存在基本假定、逻辑形式、概念模型、选择的参考框架或专门化的智力水平，也存在期望、价值和需要的情感的、心理的水平。社会文化水准包括语言、经验、职业的范式和实践。就其真正的本性而言，选择只能提供部分图景（pictures）。可是我们却过分经常地把这些部分的图景作为充分的、甚至最终的自然镜像（images），而不是不完备的、基于我们构造的和环境的印象。错误在于，由于我们有限的知识、构造、工具和经验，我们无法在我们的实在的部分图景和实在本身之间做出区分。② 这一切关于科学

---

　　①　布宁、余纪元编著：《西方哲学英汉对照辞典》，北京：人民出版社，2001年第1版，第961页。笔者对译文有所改动。

　　②　珀尔曼也借助相互作用分析认识过程，从中同样可以窥见认识中的主观性因素，以及主观性寓于客观性之中。他把自己的理解概括如下：(1)知识是在我们的心智中被构造的，我们借助心智个人地或社会地达到资料。(2)在生物生存中，大脑已经选择和建构了被过滤的感觉资料。大脑倒转了在视网膜上的颠倒的外部世界的视觉图像。(3)我们对外部世界的意识反映了我们内部的选择装备。也就是说，我们把内部的图像看作是由资料、选择的感官、大脑、各种个人的和社会的经验形成的。(4)包囊（encapsulation）存在于我们的语言功能中，存在于我们的个人的和社会的经验的限度内。(5)包囊也存在于我们是相互作用的认识过程中的一个活跃部分之中。我们能够是该过程的一部分，而且还能够是分离的或充分客观的吗？(6)如果人的意识从自然之中奇迹般地出现，那么我们在科学文化和其他文化中尝试要求世界有秩序时，秩序在什么程度上从随意性或机遇中出现呢？(7)人是主体和客体。主体研究在客体的世界中的作为客体的他自己。参见 J. S. Perlman, *Science Without Limits*, *Toward a Theory of Interaction Between Nature and Knowledge*, New York：Prometheus Books,1995,pp. 195－197,198－199.

主观性和客观性的明睿见解很有启发性,促使我们得出如下看法:

> 科学或科学理论不可能是纯粹客观的。科学具有不可避免的主观性,这种主观性或主观因素甚至在科学中是不可消除的或不可消灭的,在某种意义上也许是科学固有的属性。不过,由于科学客观性在科学中处于主导地位、占据绝对优势,所以科学才以客观性的面目出现,主观性往往被有意或无意地略而不视、视而不见。可是,科学的主观性是"客观地"存在的,或者说它是一种"客观存在"。它既体现在科学的探究活动和社会建制中,也渗透在科学理论的结构中。只有明确地认识到这一点并予以恰当对待,我们才能深入地认识科学的本性,减少主观性的消极影响,逐渐达到对实在比较正确、比较全面的认识,形成正确的科学理论或客观真理。与此同时,要认清和利用主观性在科学中的积极作用,充分发挥科学家的主观能动性,激发他们的想象力和创造性,推动科学向广度和深度进军。而且,还可以把科学的主观性转化为某种契机和黏合剂,促进科学文化和人文文化的融合和汇流。

不管我们对主观性的地位①如何理解,在科学中无疑存在主观性,

---

①   考斯说,自康德和克尔恺郭尔以来,主观性的地位是一个重大的哲学问题,但是它是布伦塔诺的意向性(intentionality)概念的序曲,胡塞尔扩展了它,这使得有可能理解主体的世界制作(world-making)的能力。该论题受到许多误解:主体制作的世界,或它的意向性能力为它制作的世界,不是假设性的实在的世界、物理宇宙,而是生活世界(life-world)、随个人而诞生和当他去世时死亡的世界。对许多人,而且对许多另外仔细思考的哲学家来说,这一点被生活世界明显稳定的特征的活力掩盖。生活世界的客观性似乎被其他人的一致赞同确认,以致我们认为我们自己共同地栖居在我们知觉的世界。然而,其他人仅仅在人们自己生活的世界中相遇。他们和那个世界的所有明显稳定的特征,被所采取的战略指定为客观的,该战略以保证种族幸存的方式运用把实在世界(作为环境)传达给它自己(作为生物)的意向性。科学本身能够被认为是那个战略的一部分。主体的奠基者曾经说过:"对我来说,万物皆主体,无是客体。"参见 P. Caus, *Yorick's World*, *Science and the Knowing Subject*, Unoversity of California Press, 1993, pp. 286, 289.

则是不争的事实,也是几乎所有科学家和哲学家都坦白承认的。爱因斯坦言简意赅地肯定,在科学追求和科学创造过程中有主观性的介入:"科学作为一种现存的东西,是人们所知道的最客观的、同人无关的东西。但是,科学作为一种尚在制定中的,作为一种被追求的目的,却同人类其他事业一样,是主观的,受心理状态制约的。"①萨尼特一语断定:"我们不能逃脱科学的主观本性。不管你认为科学过程是独立的知识本体的观察资料,还是就自然的某种客观实在进行的群体活动,主观要素从未完全减弱。在事实的诠释中,必定存在语义的要素——理论必须说明世界——我们以这种方式理解世界。但是,不存在径直的笛卡儿式的科学家和世界的二元性。"② I. G. 巴伯则力图纠正在大众中流行的误解:在公众刻板的观念中,科学研究被认为是客观的,因为它是由认知对象来决定,而不是由认知主体来决定的。然而,从实际的科学工作的角度来看,这种客观性的观点必须加以改变,以便让作为实验上的媒介、创造性的思想者、具有自我个性的科学家发挥其作用。研究对象的存在不可能在"不依赖观察者"的情况下而为人所知,因为在测量过程中,研究对象受到了观察者的影响。对理论的估量并不通过运用"形式规则",而是通过科学家的个人判断继续的。我们主张,不应抛弃"客观性"这个概念,而应重新阐释它,并将主观的作用也包括进去。我们把客观性重新解释为主体间的可检验性和对一般性的认可。③ 其实,把科学客观性诠释为主体间性,本身就肯定了作为主体属性的主观性在科学中的合法存在。莫兰言之有理:

──────────

　　① 爱因斯坦:《爱因斯坦文集》第一卷,许良英等编译,北京:商务印书馆,1976 年第 1 版,第 298 页。

　　② N. Sanitt, *Science as a Questioning Process*, Bristol and Philadelphia: Institute of Physics Publishing, 1996, p. 6.

　　③ I. G. 巴伯:《科学与宗教》,阮炜等译,成都:四川人民出版社,1993 年第 1 版,第 226 - 227 页。

在主体间关系和客观性之间存在着特别的联系。这再一次表明，人们以为可以消除人类的主体，而实际上这是不可能的。[1]

主观性渗入科学的原因很多。一般而言，在诸多世纪，我们受国籍、社会等级、阶级、传统、宗教、语言、教育、文学、艺术、习惯、习俗、所有各类宣传、经济压力、我们吃的食物、我们在其中生活的气候、我们的家庭、我们的朋友、我们的经验以及你能够想到的每一影响的制约，从而使我们对问题的反应受到制约。当然，对科学问题的反应也或多或少会受到这些因素的制约。尤其是，科学中的主观性是借助于想象、直觉、指导原则、主旨(motifs)、模型、隐喻、假设形成以及其他约束我们的社会的和职业的包囊(encapsulation)进入科学理论的。[2] 珀尔曼罗列的这些因素尽管都切中要害，但是未免失之笼统、粗略。在此，我们拟分门别类，条分缕析地探讨一下，科学何以会具有主观性。

科学的人类维度的主观属性。这种主观性是由人类这一物种的属性决定的。科学作为人的科学，不用说会打上无法消除的人种的主观性的印记。假如其他遥远的星球存在智慧物种的话，那么他们对这个世界的感知以及建立其上的"科学"肯定不同于我们人类的科学(也许是可以相互翻译或诠释的)。人类天生就不是全知全能的，并不拥有既一览无余、又明察秋毫的"上帝之眼"或"天眼"(eyes of God)。人类的感官和大脑限定了自己所知和所能知的东西的广度和深度，也限定了自己的认知的形式、范式乃至观点。在漫长的进化中，人类已经适应了宇观世界，而对宇观世界和微观世界的认知肯定是有相当大的

①　莫兰：《复杂思想：自觉的科学》，陈一壮译，北京：北京大学出版社，2001年第1版，第26页。

②　J. S. Perlman, *Science Without Limits*, *Toward a Theory of Interaction Between Nature and Knowledge*, New York: Prometheus Books, 1995, pp. 201, 174.

局限性的。朝菌不知晦朔日,蟪蛄不知春秋,就是最好不过的隐喻。尽管借助科学以及其他手段,"智慧的"朝菌和蟪蛄也许可以间接地认知朔日和春秋的存在,但是"他们"对此的知识肯定是带有很大的片面性和主观性的。

休谟早就指出:"显然,一切科学或多或少地与人的本性有关;它们中的任何一个无论从它跑开多么远,还会到一段或另一段返回。甚至数学、自然哲学和自然宗教,在某种程度上也依赖于人的科学;由于它们处在人的组织之下,并借助它们的功能和官能来判断。"①萨顿也言之凿凿:

> 不管我们的知识怎样抽象化,不管我们怎样致力于消灭主观因素,但是归根到底科学仍然具有强烈的人性。我们想到的和去做的每一件事,都是与人有关的。科学无非是在人类之镜中的自然映像。我们可以无限地改善这面镜子,我们虽然可以消灭镜子或者我们自己相继发生错误的原因,但是无论怎样,却永远抹不掉科学的人类属性。②

马斯洛深有同感:"科学是人类的创造,而不是自主的非人类的或者具有自身固有规律的纯粹的'事物'。科学产生于人类的动机,它的目标是人类的目标。科学是由人类创造、更新和发展的。它的规律、

---

① A. Chalmers, *Science and it's Fabrication*, Minneapolis: University of Minnesota Press, 1990, pp. 12 – 13.

② 萨顿:《科学的生命》,刘珺珺译,北京:商务印书馆,1987 年第 1 版,第 151 页。萨顿在这段话的前边说:古时有一次樊迟问什么是仁,他的老师孔夫子回答:"爱人";又问什么是知,老师回答:"知人"。现在我们关于知识或者科学(科学只不过是条理化的知识)的定义是更为宽广了,但是在加宽过程中可能把最基本的东西丢掉了。最基本的难道与两千五百多年前的孔夫子时代不一样吗?

结构以及表达,不仅取决于它所发现的实在的性质,而且还取决于完成这些发现的人类本性的性质。"①莱文斯进而强调:所有认识模式都预设了其他种族像我们自己一样为真。每一个观点都定义在感觉输入的风暴中什么是相关的,就相关的内容询问什么和如何找到答案。观点也受到种族属性的制约。②

　　科学的人性维度的主观属性。在这个主观属性的维度中,我们所谓的"人性",不是指作为一个物种或人种的本性,而是指个人或科学家的人的本性的方面,特别是他们的正常的感情和偏好等。马奥尼揭橥,科学家在履行他的职业角色时是主观的——他往往是明显不过的易动感情的。波兰尼、波普尔、博林(E. G. Boring)、爱因斯坦都强调,情感在科学探究中确实发挥作用。诺贝尔奖获得者沃森在《双螺旋》一书中,描述了科学研究中的许多私人的和主观的方面,说明科学家是有感情的动物。默顿在对该书的评论中指出,这种情况不会使熟悉科学史的人感到惊讶,情感弥漫在研究的产物和交流中。科学家也许比几乎任何从业者更热情地卷入他的使命中去。对于察觉是提高或挑战我们流行的知识现状的事件,他将充满感情地做出反应。对于察觉是反映他个人的能力和对该任务贡献的事件(例如他的实验的成功和失败,对他的工作的承认或重视等),他也是如此。这两个广阔的情感范畴——处理范式的范畴和在性质上比较私人的范畴——体现了科学的主观方面。他公允地表示,科学家应该更多地意识到他的事业的主观性,以及情感在他的研究过程中可能的作用。我们也许应该鼓励科学家力求在他的情感中保持平衡。与其否定或隐瞒情感的存在,毋宁有意识地监视情感在实施他的研究时的贡献(以及冲突)。探究可能需要刺

----

① 马斯洛:《动机与人格》,许金声译,北京:华夏出版社,1987年第1版,第1页。
② R. Levins, Ten Propositions in Science and Antiscience; A. Ross ed., *Science Wars*, Durham: Duke University Press, 1996, pp. 180 – 191.

激,但是不需要放纵。① 拉奇批评实证论追求科学客观性的极端观点,主张扫除僵化的客观性,承认人性在科学中的合法地位。②

科学的社会维度的主观属性。在社会维度中,价值和文化因素(包括语言)起着特别重要的作用。这表现在它们对科学家的科学动机、问题选择、背景预设、概念框架建构、理论评价诸方面的影响上。莫兰一针见血地指出:"主体当然是通过过滤来自外部世界的信息的方式而存在,它有一个脑浸润在一定的文化和社会中。因此,在我们最客观的观察中,也总有主体的成分侵入。"③马斯洛也英雄所见略同:"科学过去不是,现在不是,并且也不可能是绝对客观的,科学不可能完全独立于人类的价值。而且,科学是否应该努力做到绝对客观(而不是人类可能达到的客观),甚至也很值得讨论。"④卡普拉揭橥得更为具体:

> 我们的价值体系中现在发生的变化将影响许多门科学。这一事实可能使那些相信客观性的、与价值无关的科学的人们感到惊讶。然而,这正是新物理学的一个重要含义。海森伯对量子论

---

① M. J. Mahoney, *Scientist as Subject*: *The Psychological Imperative*, Massachusetts: Ballinger Publishing Company, 1976, pp. 109 - 111, 124.

② 这位作者在朝向主观性一极时,也许稍微有点走过头了。他说,实证论的概念只是不情愿地准许人进入科学过程,而根本不准许人性进入科学,如果能够阻止它的话。但是,实证论厌恶人类主义(misanthropism),正在日益变得脱离具有浪漫主义(或者至少某些种类的人文主义)复兴的步伐,后者概括了 1960 年代的特征。自库恩的《科学革命的结构》以来,一些人发展了这样的科学哲学:科学通过把经验性和僵硬的合理性置于科学的边缘,从而扫除了坚硬的客观性,并把人确立在科学的真正中心。参见 D. Ratzsch, *Science & Its Limits*, *The Natural science in Christian Perspective*(Second Edition), Illinois and England: Inter Varsity Press, 2000, p. 40.

③ 莫兰:《复杂思想:自觉的科学》,陈一壮译,北京:北京大学出版社,2001 年第 1 版,第 103 页。

④ 马斯洛:《动机与人格》,许金声译,北京:华夏出版社,1987 年第 1 版,第 21 页。

的贡献显然意味着，科学的客观性这一古典概念不再能保持，从
而现代物理学也正在向与价值无关的科学这种神话提出疑问。
科学家在自然界中观察到的图像，是与他们头脑中的图像、他们
的概念、思想和价值观密切联系着的。[1]

雷斯蒂沃毫无保留地承认，偏见是不可避免的。在最好的意义上
的探究，即开放的、发展的、进步的或进化的探究，也是以存在某种类
型的偏见为特征的，而不是缺少偏见。如果我们承认知识体系能够被
解释为世界观（worldviews），那么这一点也许能更好地得到评价。在
科学中或者在哲学和社会科学中揭示的世界观点，包含对于实在、意
识和社会行为之类的理论的元探究。如果知识体系能够作为世界观
来解释，它就不能摆脱偏见，由于依据定义，它包括意识形态和政治的
维度，从而是负荷价值的体系。从这种观点来看，不受价值约束和价
值中性的探究是不可能的。[2]

在探讨社会因素对科学的巨大作用上，后现代的各个流派提出了
诸多看法。科学论或科学的社会和文化研究学派的社会建构猜想认
为，社会实践把心理的和生物的状态和过程、社会的关系和活动以及
物质的事物和过程结合在一起。思想（认知、知识）是社会实践的产
物，受其支持并使其具体化。描述也是这样。它们是社会的构成的文
化资源的集合，它们的意义由它们在社会实践中的作用和它们在准则
网络中的位置给定。描述出自社会实践，它们在自身之内携带着它们
在其中产生、扩散或分布和实现的背景的社会形式。描述再现了社会

---

　①　卡普拉：《物理学之"道"——现代物理学与东方神秘主义》，朱润生译，北京：北京出版社，1999年第1版，"再版前言"第3页。

　②　S. Restivo, *Science, Society, and Values*, *Toward a Sociology of Objectivity*, Bethlehem: Lehigh University Press, 1994, p. 189.

实践和社会利益。一般地,在描述中体现的社会利益越广泛、越多地
扩散,它就越多地作为"客观的"而合格。换句话说,客观性是变量,它
是社会利益普遍性的功能。审美和真理的动机未被否定,但是它们被
视为植根于个人的和社会的兴趣或利益,这些兴趣或利益按张力排
列,从一个人在世上的成就到对文化环境施加控制;不存在纯粹的动
机、认知、描述或思维模式。① 后现代诠释学的研究表明,纯粹的客观
性立场是不存在的。因为人总是历史地存在的,历史性是人类存在的
基本事实。因此,理解也总是历史地进行的。所谓理解的历史性也就
是指,在理解之前就已经存在社会历史因素。人不是从虚无开始理解
的,他的文化背景、社会背景、传统观念、风俗习惯,他所处时代的物质
条件和精神风貌、知识水平,他所在的民族心理结构等都影响他的理
解。海德格尔称之为"前理解"或"理解的前结构",伽达默尔则称其为
"成见"。② 激进的库恩主义扩大社会学上相关的领域,把超越科学共
同体的更大的社会包括在内,并且大规模地扩张了社会文化因素的范
围。按照他们的观点,科学嵌入更广泛的社会与境中,甚至它的最确
定的因素——理论选择、资料诠释、理论概念形成等——也连锁到更
广泛的社会文化结构之中,并部分地由它们决定。有时还更彻底,连
"部分地"这一限制语也被丢弃了,产生了科学完全是社会现象的立
场,甚至产生了科学被认为是事实的东西只不过是社会的构造。正如
一些人看到的,社会力量对科学理论的构造、评价和决定是唯一强制
因素。于是他们宣称,客观性本身是"社会现象"。尤其是,建制化的
信念是客观性所是的东西。在十分径直的意义上,完全社会文化地创

　　① S. Restivo,*Science,Society,and Values,Toward a Sociology of Objectivity*,Beth-
lehem:Lehigh University Press,1994,pp. 208 - 209.
　　② 王治河:《扑朔迷离的游戏——后现代哲学思潮研究》,北京:社会科学文献出版社,
1998 年第 2 版,第 184 页。

造的科学是没有客观性和中立性的科学,但是却拥有各种社会的先入之见、哲学观点和在它的真正的基本结构中的议事事项。事实上,这些也许是它的基本骨架。①

后现代主义的探究加深了我们对科学的社会维度的作用以及由此引入的主观性的认识,但是它把科学完全视为社会文化现象而无视其内在逻辑,把科学视为纯粹主观的事业而无视其客观性的标识,把科学理论视为随心所欲的虚构和捏造而无视其与客观实在和经验事实的符合,则不足为训。必须明白,科学具有双重本性,绝对地否定科学客观性或主观性都是片面的。诚如莱文斯所说,科学一方面实际上向我们阐明了我们与世界其他部分的相互作用,从而产生理解和指导我们的行为。另一方面,作为人的活动的产物,科学也反映了它的生产条件以及它的生产者和所有者的观点。科学的日常工作事项,对某些人的吸收和训练以及把其他人从科学家中排除出去,研究战略,研究的物理仪器,阐述问题和结果的诠释的框架,成功解决问题的标准和科学结果的应用条件,在相当大的程度上是科学和相关的技术与形成和拥有它们的社会的历史产物。在科学中,知识和无知的格局并不是由自然强制规定的,而是由兴趣和信念构造的。②

科学的方法维度的主观属性。在科学的三大部类方法即实证方法、理性方法和臻美方法的运用中,其中前两种虽然主观的成分较少,但是也不是一点也没有,尤其是在假设的选择、资料的诠释、语言的翻

_____

① D. Ratzsch, *Science & Its Limits*, *The Natural science in Christian Perspective* (Second Edition), Illinois: Inter Varsity Press, 2000, p. 53. 库恩也许不像他的后继者那么激进。这位作者写道:库恩认为,虽然人的因素在科学中起有意义的、不可避免的和事实上构成的作用,但是外部实在("环境")也起重要作用,科学建立的图像不仅仅是人的任意塑造物。

② R. Levins, Ten Propositions in Science and Anti-science; A. Ross ed. , *Science Wars*, London: Duke University Press, 1996, pp. 180 – 191.

译、理论的取舍中,就需要想象力和某种程度的主观的决断。尤其是臻美方法,主观性的因素在其中扮演了明显的角色。陶伯揭示,科学的态度超越了它对自然的客观的姿态,也扩展到包含被认为是难以捉摸的维度——感情的和主观的维度。科学的审美面的考虑容许聚焦于这些模糊的经验维度的方式。如此超越客观知识体系向科学认识论发起挑战,值得注意的是,这种另外的科学实践和意义构成科学如何是审美的要素。应该力图把科学的非私人的、实证的活动与下述维度联系起来:这个维度虽然被科学家广泛共有且得到承认,但是它在正式的科学中"仅仅"作为个人的、私人的经验的事情被削掉。然而,恰恰因为审美维度高度地是个人的和充满鉴赏,它可以呈露出来自明显难对付的文化发散的广阔的后部。① 费里(L. Ferry)把当代审美特征——当然包括科学审美在内——概括为个体的表达:"这种表达没有以任何方式把它自己看成世界的镜子,而是看做世界的创造,世界没有把它自己作为先验的共同的宇宙强加于我们。"②

　　科学的认识维度的主观属性。这个维度在科学的主观性中是比较重要、比较复杂的维度,值得在此适当展开一下。珀尔曼对认识过程进行了综合性的研究,他看到:

　　　　认识过程包括:实际独立的事件;它们达到我们的信号;我们的观察;外部自然和人的结合的形成,例如虹或其他感觉;我们的诠释、投射、预言和应用。力图在知识体系的组分之间做出区分存在许多困难。我们是系统的惟一有意识的部分,力图用十分有限的感觉、情感和经验以及大量的个人的和社会的包囊形成整

---

① A. I. Tauber, Epilogue. A. I. Tauber ed. , *Science and the Quest for Reality*, London:Macmillan Press Ltd. ,1997,pp. 395 - 410.

② 同上。

体。我们也看到,没有参照系便没有观察,而没有诠释便没有参照系。由于参照系是观察和诠释之间的桥梁,关于观察终于何处和诠释始于何处,并没有坚硬的和牢固的准则。……我们可以说,主观的东西进入客观的东西之中,客观的东西包含主观的东西。我们形成我们为生存和探求知识在人与环境的相互作用中看到的东西。如果观察与他所观察的东西形成一个系统,那么他把包囊的选择性和限制与他观察的东西联结起来。也就是说,当他观察时,他创造和介入。观察是动力学的和相互作用的,而不是被动的。于是,在科学客观性的表面下,存在下述诸多方面的复杂性:感官的和心理的选择,分开的大脑半球的作用,观察者与自然相互作用的其他限度,人的比较的无知,语言的、社会的制约和其他包囊的作用。因此,客观性是在我们与自然相互作用的复杂性的不同水平上被较为充分地理解的。

珀尔曼还进一步概括了在科学知识的创造中包囊化的八个方面:(1)知识关于人的感官和敏感性而言是相对的。我们对世界的感知好比瞎子摸象。即使在今天,来自宇宙的多少未知的信号(知识资料)轰击我们,因为我们没有生理的、概念的或其他的设备追踪它们。正是我们知道的东西——以及我们不知道的东西——形成了我们的观察和说明。(2)知识关于工具而言是相对的。光作为波还是粒子传播?当光通过棱镜或衍射光栅时是波,通过光电池时是粒子。(3)知识关于选择的操作是相对的。从上面的光的本性的例子中我们看到了这一点。另一方面,操作是由经验选择的。也就是说,操作导致新知识,新知识反过来又导致新操作,像射电望远镜发展中的观察和实验,天然放射性的发现导致人工放射性的研究。(4)知识关于心理工具是相对的。观念也是强有力的工具。定义、假设、理论和概念模型就其时代而言是相对的,仅仅是趋近实在。(5)概念关于给定的领域是相对的。热和温度借助分子运动说明,电子是亚原子,热和温度概念不适用于电子。(6)外推(extrapolation)问题存在于把先前的概念应用于新领域中,这在有时候是靠不住的。(7)每一个思想和行为都包含基本的假定,并被这些包囊所包裹。欧几里得几何学是牛顿物理学的富有成效的包囊。爱因斯坦的相对论通过基于非欧几何学和它的假定打破了那个包囊。(8)语言磨快了思想并提供了意义的细微差别。人的语言像他的制造工具的能力一样,也以极大的生存力量和文化优势存在。尤其是,词在任何认识阶段都是鉴别事物和观念的标签。[1]

珀尔曼的分析和论述几乎涉及在科学认识过程中主观性涉入的各个方面,富有启发意义。在这里,我们不拟面面俱到,而是选择几个主要的视角,考察一下主观性如何成为科学认识的一个不可分割的组成部分的,也就是主观性渗入科学的渠道,或者科学认识之所以具有主观性的原因。

首先,不可能把认识主体和被认识的客体严格分开。严格地讲,如果要获得"纯粹客观的"认识,那么认识的主体必须置身于被认识的客体之外,以上帝之眼冷峻地旁观这个对象——这正是笛卡儿二元论的认识论的核心所在。遗憾的是,这样做实际上是不可能的,因为认识是在主体与客体的相互作用的过程中完成的。这种相互作用决定了,无法在认识中把主体和客体截然分开——科学认识也是如此。在这个问题上,追随笛卡儿的实证论的进路也是行不通的。陶伯就此发表评论说:由于视角的、与境的和主观的观察者的存在,实证论的客观

①   J. S. Perlman, *Science Without Limits*, *Toward a Theory of Interaction Between Nature and Knowledge*, New York: Prometheus Books, 1995, pp. 178 - 179, 204 - 207.

性方案变得成问题了,这样的观察者不能在知者和已知的东西之间做出理想化的分离。正如歌德所言:"我的思维没有与客体分离;客体的要素、对客体的感知,流入我的思维中,并充分地被它渗透;我的感知本身是思维,我的思维是感知。"在 20 世纪的哲学中,歌德关于主体和客体之间认知影响的认识,作为科学认识论的问题被阐述和发展,可是它的答案即审美经验可能有助于整合自我和世界,本质上却被遗忘了。现象论的哲学家直接面对歌德提出的挑战,在意识和意义被理解为完全在字面上依赖我们如何看事物的意义上,他们乞求于"凝视"(gaze)作为主体与世界的关系的优越交通工具。正如莫里西(R. I. Morrissey)评论的,现象论者认为:"在我们周围的客体'像它们所是'那样比'像它们意味着'那样较少起作用,客体仅仅意味着,看隐含着有意义地看。"①

主体和客体难以割舍,在 19 和 20 世纪之交物理学革命中涌现出来的量子力学中表现得尤为突出②。不确定性原理的发现者海森伯在诠释该原理的认识论意义时说:"我们不能忽略自然科学是由人建立起来的这个事实。自然科学不单是描述和解释自然;它也是自然和我们自身之间相互作用的一部分;它描述那个为我们的探索问题的方法所揭示的自然。这或许是笛卡儿未能想到的一种可能性,但这使得严格把世界和自我区分开来成为不可能的了。"③哥本哈根学派的掌舵人玻尔的阐述更为细致:

---

①　A. I. Tauber, Epilogue. A. I. Tauber ed. , *Science and the Quest for Reality*, London:Macmillan Press Ltd. ,1997,pp. 395 – 410.

②　伊利英和卡林金的言论可以佐证:由经典科学向非经典(现代)科学的过渡称之为"革命"。这个革命的本质可用一句话描述:它是由单一的因素产生的,即认知主体。他的活动作为必要的和不可分割的组分进入知识的本体。参见 V. IIyin and A. Kalinkin, *The Nature of Science*, *An Epistemological Analysis*, Moscow:Progress Publishers,1988,p. 78.

③　海森伯:《物理学和哲学》,范岱年译,北京:商务印书馆,1981 年第 1 版,第 62 – 63 页。

　　在微观世界,我们面临自然哲学中的一种全新的认识论问题;在自然哲学中,经验的一切描述一向是建立在普通语言惯例所固有的假设上;这种假设就是,明确区分客体的行动和观察手段是可能的。这种假设不但为一切日常经验充分证实,而且甚至构成经典物理学的整个基础;而经典物理学则正是通过相对论得到了如此美妙的完备性。然而,当我们开始处理个体原子过程之类的现象时,由于它的本性如此,这些现象就在本质上取决于有关客体和确定实验装置所必需的那些测量仪器之间的相互作用;因此,我们这时就必须较深入地分析一个问题:关于这些客体,到底能获得哪一类的知识? …… 当涉及的现象在原则上不属于经典物理学的范围时,任何实验结果都是和某种特定情况有内在联系的,在这种特定情况的描述中,必不可少地会涉及和客体相互作用着的测量仪器。

　　玻尔进而强调:"不能明确区分原子客体的行为及其和测量仪器之间的相互作用","客观内容和观察主体具有不可分割性"。"物理学中的新形势,曾经如此有力地提醒我们想到一条古老的真理:在伟大的存在戏剧中,我们既是观众又是演员"。[1]

　　需要注意的是,认识的主体和客体不可分离以及量子力学的哥本哈根诠释只是说明,主观性不可避免地介入科学的认识之中,但是这种介入并不构成对科学客观性的致命威胁。波动力学的创始人薛定谔否认,"观察者与被观察者界限的崩溃"甚至是更重要的思想革命,而认为"它并无深刻意义,只是被过高估计的暂时性状况"。说每种观

---

　　① 玻尔:《尼耳斯·玻尔哲学文选》,戈革译,北京:商务印书馆,1999 年第 1 版,第 128 - 129、146、134、95 页。

察既取决于主体也取决于客体,它们不可避免地相互交织,这样的观点根本不是新的,它几乎像科学本身一样早就存在。古代的普罗塔哥拉和德谟克利特都以自己的方式坚持认为,我们的感觉、知觉和观察都强烈地持有个人的主观色彩,不能传达自在之物的本性。从那时起,无论何时有科学存在,这个问题就被提出来。我们追随笛卡儿、莱布尼兹和康德对它的看法,可能已有几个世纪了。不过,薛定谔从与这个问题有关的某些东西中悟出新的道理:

> 在近几个世纪中,当讨论这个问题时,人们头脑中最可能产生两种情况,一是客体在主体中引起的直接物理印象,二是感受这一印象的主体状态。与此相对照,用现在使用的各种概念来分析,两者之间直接的、物理的、因果性的影响被认为是相互的。据说,也存在在一种从主体方加于客体方的不可避免和不可控制的影响。这是一个新的观点。而且我要说,无论如何,它是更加恰当的。因为物理作用总是相互之间的作用,它总是相互的。我仍有怀疑的只是:将物理上相互影响的两个系统之一定义为"主体"是否恰当。因为观察者的心智不是一个物理系统,它不能与任何物理系统相互作用。因而,只对于观察者的心智保留"主体"这个术语,可能会更好些。①

---

① 薛定谔:《自然与古希腊》,颜峰译,上海:上海科学技术出版社,2002 年第 1 版,第 20、134-135 页。辛普森对量子力学出现后的认识论状况做出评论,现附记于此。他说:20 世纪的科学使我们看到,由量子力学和非决定论原理造成的革命,使某些稀奇古怪的和滑稽可笑的事情发生了。物理学家发觉,至少他们的定律中的一些不是不可变的,他们的语言是统计的而不是精确的;一些观察事实上不能进行;因此,不能绝对确认假设的检验。许多人更进一步得出结论,因果性是无意义的,甚至自然界中的秩序——我们希腊遗产中的最后的科学遗物——消失了。面对这种状况,布里奇曼悲哀地发现,科学正在离开他们之手,科学知识进而是不可能的,宇宙和存在本身整个地听任无意义。金斯对无序性和非因果性感到几乎神秘的欢快,它把摆脱定律比之为从监牢的解放。当然,也有人像薛定谔那样,坚守最成熟和最科学的理性:物理学家在某处失败了,可是必定存在某种克服困难的方式。参见 G. G. Simpson, Biology and the Nature of Science, *Science*, 139 (1963), pp. 81-88.

　　其次,感知并不是完全是由客体强加的,而是包含主体选择和建构的主动过程。人的感官不是被动的接收器,它对来自外界的信息是有所过滤和筛选的。这是一个在从物理现象到心理现象的广阔领域内的错综复杂的选择和建构的过程,主体的能动性在其中是十分明显的。在讨论不存在赤裸裸的或中性的科学事实时,我们已经涉及这一点。撇开物理的、化学的、生理的过程不谈,仅从心理过程就可略见一斑。拉奇通过对认识的心理过程特别是范式在其中所起的作用做了中肯的阐述,以说明认识是主动的而非被动的。他说:人的期望、精神状态、概念框架和在某些案例中的特殊信念,对人的感知、对人看到的东西具有某种影响。如果这一点为真,那么感知是主动的过程,而不是我们之外的事物把客观信息通过我们的感官的中性中介赋予我们心智的被动过程。库恩接受了这类观点,认为在形成感知的因素中有我们接受的范式。这有两个重要的科学后果。第一,范式通过影响感知,有时将妨碍人们承认反常。这就是,科学家甚至看不见以另外的方式造成他们范式困难的反常。显然,如果范式不仅修改感知,而且有时也妨碍人们看到他们的理论的反例的话,那么科学的经验的、客观的本性就被削弱了。第二,按照库恩的观点,不同范式的坚持者有时不会看到完全相同的事物。他们的不同的范式对他们的感知做出不同的贡献,并在某种不同的程度上整理这些感知。范式也卷入我们与特定的术语相连的意义中,科学语言于是不再是中性的了,交流中性的丧失至少部分地丧失了公共的科学的客观性。更激进的结果是,由于方法和评价本身是范式的一部分,因此当范式在革命中被改动时,方法和评价也随之变化,这样便失去了终极的"仲裁者"。尤其是,我们感知的世界,从而我们接近的唯一世界,是由"自然界和范式联合决定的"。这意味着,我们摆脱了范式,就不能达到世界;当范式改变时,我们的"世界"也在改变。库恩因而说,在科学革命之后,科学家在不同的世界工作。所有这些关于意义、感知、交流、资料非中性和"世界"的结果，都围绕库恩的范式集成一束。库恩把人和人的主观性（以科学共同体的价值的形式）牢牢地置于科学的中心，强调科学决定性地是人的追求，并非更严厉、更僵硬地是客观的。①

再次，我们不知道或原则上无法知道事物本身（物自体），科学具有某种主观虚构的成分。人类学的限制以及其他方面的限制②，人只能接收实在的部分信息，了解它的某些侧面。即使对于这些有可能直接或间接地接收和了解的资料，我们在特定的历史时期和环境中也不可能完全收集到。相对于可以观测到的几乎无穷的资料而言，第谷的天文观察数据、波意耳的气体测量数据等等，连沧海一粟也谈不上，而开普勒和波意耳等人却是在依据这些十分有限的数据，用想象力填补经验之不足，提出行星运动三定律和理想气体定律的。更不必说，距离经验十分遥远的科学概念和假设的提出，需要精神的自由构造和理智的自由发明了。其实，康德早就洞察到："事物是作为我们的感官的对象给予我们的，它们处在我们之外，我们不知道它们'本身'是什么；我们只知道它们的现象。"③确实，

认识不是主体对所谓客观实在的直接洞察，而是在与实在的相互作用中，透过实在的表象力图把握实在及其性质，这个过程与主体的所拥有的物理、生理、心理、文化、语言等状况密切相关，是对掺杂有主观性的客观性的追求。固然，我们可以透过现象

① D. Ratzsch，*Science & Its Limits*，*The Natural science in Christian Perspective*（Second Edition），Illinois：Inter Varsity Press，2000，pp. 45－51.

② 李醒民：《科学的文化意蕴》，北京：高等教育出版社，2007 年第 1 版，第 297－328 页。

③ 布朗：《科学的智慧——它与文化和宗教的关联》，李醒民译，沈阳：辽宁教育出版社，1998 年第 1 版，第 146 页。

"看"——实际是理性思考和大胆猜测——本质,但是从现象到本质之间并没有不失真的、畅通无阻的逻辑通道,我们的"看"至多只能是部分的和不完备的,何况对实在表现出来的现象或外观,我们也只能部分地和不完备地观察和把握,可是我们还不得不在这些不充分的资料上面建构科学理论。于是,科学认识包含主观性就自在情理之中了。

也许正是立足于这种察觉,福尔迈肯定,主体的确把主观性引入科学认识和理论建构之中。他说:我们的认识装置对实在世界进行构造,或者更确切地说,对实在世界进行假设性的重构。这种重构,在知觉中本质上是无意识地实现的,在科学中则完全是有意识地进行的。在经验与科学知识的形成过程中,参与了逻辑推理。"主体对科学认识的这种贡献,可以是透视性的、选择性的和构造性的。如果主体的位置、运动状态或意识状态渗透到认识当中的话,则为透视性的,例如平行的铁路轨道在远处似乎可以聚合。如果主体只准许客观存在的可能性的'选品'参加到认识中的话,则为选择性的,例如可见光只构成电磁光谱的一部分。如果主体积极地共同决定认识,或者从根本上首先使认识成为可能的话,则为构造性的,例如可见光谱只能在量上加以区分的波长在知觉上成为质的不同的颜色。"①

马丁也明白,对于科学家而言,相信科学知识的实在性,对于献身科学是十分重要的。但是,他也注意到,在与之平行的道路上,经常在另一个学科即文化人类学的实践者中发现的世界观则认为,说到底,实在是根据看问题的方式不同而被认识到的样子。由这一世界观支

---

① 福尔迈:《进化认识论》,舒远招译,武汉:武汉大学出版社,1994年第1版,第63-64页。

持并使之成为必要的行动习惯,包括同情、分享见解、生动高效地写作、驰骋想象、富有诗意地解释以及在语境中理解事物。[①] I. G. 巴伯通过对现代物理学的考察发现,创造性的观察者对实验数据的影响是不可避免的。人类心智的创造性作用,在发明概念以确立诸观察结果之间的联系方面,已得到承认。一些著述者认为,理论根本不是实在的复制品,而仅仅是一些用来解释实验资料的"精神建构"或"有用的虚构"。另一些人则提到科学家的选择性:他总是挑选出那些他感兴趣的特殊类型的关系;相关事实的选择取决于研究的背景。据说一种理论就像一张地图,它对于特定的目标是有价值的,但绝不是完全的和彻底的。[②] 不仅科学理论具有或多或少主观虚构的特征,就是科学事实也不是纯粹客观的[③],当然这不是以牺牲和排除客观性为前提的。

最后,作为客观性根基的主体间比较并非完全可能。这显然是由经验本身的某种程度的不确定性和封闭性引起的。彭加勒就指明感觉的质是不可比较的,可比较的只是感觉的关系。马赫也说明,要把不同个体的经验加以全面比较是存在困难的:

> 经验是通过思想对事实的不断适应而增长的。思想的相互适应产生我们认为是科学的有序的、简化的和一致的理想体系。我的思想只是直接地达到我,正像我的邻人的思想只是直接地达

---

① 马丁:科学大战中的异中求同法,罗斯主编:《科学大战》,夏侯炳等译,南昌:江西教育出版社,2002 年第 1 版,第 67 - 88 页。

② I. G. 巴伯:《科学与宗教》,阮炜等译,成都:四川人民出版社,1993 年第 1 版,第 3 页。

③ 波兰尼指出:"在科学中不存在任何单纯的事实。一个科学事实是以对它有利的证据为基础的,一直得到科学舆论承认的事实,是因为按照关于事物性质的现代科学概念的观点,它似乎是足够的显得很有道理的。"古尔德(S. Gould)认为:"在科学中,'事实'只意味着这样一种程度上的承认,拒绝暂时赞同它就是不正常的。"参见 W. W. Lowrance, *Modern Science and Human Values*, Oxford: Oxford University Press, 1986, p. 43.

到他,因为它们附属于心理领域。只有当它们与诸如姿势、面部表情、词语、行动等物理特征联系起来时,我才能够冒险地通过类比或多或少确定地从我的包含物理部分和心理部分的经验推断其他人的经验。[①]

因此,为了将主观性减少到可接受的程度,科学家发现了一些有用的认识策略。其中之一是定量化。特定实体的可计量集合的元素的数量,是经验不变量。所以人们把很大的精力投入到这里,精心扩大系统来处理分析它们,减少它们与观察行为的联系,并时刻把它们融入公共知识之中。大量的数值数据是在测量中产生的,测量是比较的标准或基础。无论是定性的还是定量的标准化,都是有效的认识策略。[②] 不管怎样,这种经验的不确定性和不可比较性——即使是部分的——还是给心理学之类的学科的客观研究带来很大的乃至不可逾越的障碍。因为事物的有些性质或感觉的质地是难以通过量化而客观化的,甚至是不可能量化的。

① 马赫:《认识与谬误——探究心理学论纲》,李醒民译,北京:华夏出版社,2000 年 1 月第 1 版,第 25 页。

② 齐曼:《真科学:它是什么,它指什么》,曾国屏等译,上海:上海科学教育出版社,2002 年第 1 版,第 108－109 页。

完整而准确地理解科学 *

　　科学是人运用实证、理性和臻美诸方法,就自然以及社会乃至人本身进行研究所获取的知识的体系化之结果。这样的结果形成自然科学的所有学科,以及社会科学的部分学科和人文学科的个别领域。科学不仅仅在于已经认识的真理,更在于探索真理的活动,即上述研究的整个过程。同时,科学也是一种社会职业和社会建制。作为知识体系的科学既是静态的,也是动态的——思想可以产生思想,知识在进化中可以被废弃、修正和更新。作为研究过程和社会建制的科学是人的一种社会活动——以自然研究为主的智力探索过程之活动和以职业的形式出现的社会建制之活动。但是,在现实社会中①,人们对科学的误解和曲解比比皆是。这些误解和曲解科学的人群不仅包括普通民众,而且也包括身居要职的高官、学富五车的知识人,乃至天天从事科学研究的科学人。误解和曲解可以说是五花八门、形形色色,但是举其要者不外三端。一是视科学为技术、机器、器物、直接的生产力、物质主义、功利主义;二是指控科学是非人性的和反人性的,它损美

---

　　* 　原载北京:《民主与科学》,2006 年第 12 期,出版时有改动。

　　① 　文化人类学家和文化研究者探索了到此为止的非专家群体在其中重构科学和科学家的三个主要场所。第一个场所包括科学和科学家:当他们离开实验室和研究组织进入政府的官僚组织和工业企业中,科学家常常发现,在这个过程中他们自己和他们的科学屈从于其他利益、优先权和使世界有序的方式。第二个场所包括公众争论的案例:科学家在其中频频发现他们自己被描绘成特殊利益的受愚弄者,他们正在把他们的方案强加给受威胁的社区;在这些案例中,不仅使科学家常常与社区的领导对立,而且也与其他站在他们一边的其他科学家对立。最后,第三个场所包括宗教群体:有时这发展了另类的科学、技术,尤其是医学。参见 D. J. Hess, *Science and Technology in a Multicultural World* , New York: Columbia University Press, 1995, pp. 230 - 231.

败德,泯灭人文精神。三是认为科学知识本身就包含恶的成分,即所谓的"负知识"(negative knowledge)或"致毁知识"(ruin-causing knowledge),其后果对自然环境和人类的生存构成威胁。

关于第一种误解和曲解,情况正如布朗所说,我们学会了把以科学为基础的技术看作是科学最重要的面孔,并且把科学几乎完全等同于科学的应用。我们步弗兰西斯·培根之后尘,把科学真理的价值与科学的有用性等量齐观。科学还有另一幅面孔:与其说它关心改变世界,毋宁说它关心认识世界。自从科学变得如此有用以来,这张面孔确实有点未曾相识。[①] 米尔斯(Mills)观察到:"对许多人来说,科学似乎是一组科学机器,而不是一种创造性的精神气质和取向方式,而科学机器则是由技术专家操纵的,由经济人员和军事人员控制的,他们既未体现、也不理解科学是精神气质和取向。"[②]对此,我们要再次申明,科学不是技术,绝不要把二者混同起来,我们刚刚在区分科学和技术之时对此已经做了澄清。还需强调的是,科学的精神功能在某种意义上甚于科学的物质功能[③],决不能因前者虚(看不见摸不着)、后者实(看得见摸得着)而轻视或漠视科学的精神价值。

有人以为,科学不仅是一种社会意识形态和社会建制,而且也是一种社会发展的实践力量。这就是作为生产力的科学的应用。科学作为直接生产力,作为现代生产力发展的决定性因素出现。从科学的社会作用的观点来看,科学是社会的一种直接的实践力量,这种力量由于在生产力和社会关系中体现科学的成果而被建立起来,并且通过

　　① 布朗:《科学的智慧——它与文化和宗教的关联》,李醒民译,沈阳:辽宁教育出版社,1998年第1版,第41页。

　　② S. Restivo,*Science,Society,and Values*,*Toward a Sociology of Objectivity*,Bethlehem:Lehigh University Press,1994,p.80.

　　③ 李醒民:论科学的精神价值,福州:《福建论坛·文史哲版》,1991年第2期,第1—7页;北京:《科技导报》转载,1996年第4期,第16—20、23页。李醒民:论科学的精神功能,厦门:《厦门大学学报》(哲学社会科学版),2005年第5期,第15—24页。

使人们的活动与科学所揭示的客观规律的性质越来越符合的途径而
得到发展。① 此处的看法有两个偏差。其一是,科学并不是直接的生
产力,仅仅是潜在的生产力,至多只能说技术或科学的应用是直接的
生产力,而且需要通过复杂的转化链条才能实现。其二是,科学作为
社会的一种直接的实践力量,体现在科学的精神功能上,体现在生产
力上的实践力量是间接的。在这里,我们愿引用布朗的言论,作为对
第一种误解和曲解的批评:

　　在流行的科学形象中,科学与技术不可避免地混同起来,科
学因而被视为主要是获得新用品、新机器、新医术的工具,而不是
获得新认识的工具。今天,说句老实话,在大多数人的心目中,科
学只不过是一个装着精巧戏法的盒子,能够变换出我们所需要的
东西;在这种意义上,科学即是现代的货物崇拜(cargo cult)。②

　　对于第二种和第三种误解和曲解③,我在《科学的文化意蕴》的相

---

① 拉契科夫:《科学学——问题·结构·基本原理》,韩秉成译,1984年第1版,第38-39、41页。

② 布朗:《科学的智慧——它与文化和宗教的关联》,李醒民译,沈阳:辽宁教育出版社,1998年第1版,第108页。

③ 瓦托夫斯基概述了这两种误解和曲解:在较古老的神话中,像现在科学所代表的这样一种高级知识的获得伴随着惩罚,即放弃某种幸福的原始状态的无知的舒适。它是一条诱惑过夏娃、并通过她又诱惑了亚当的毒蛇,它是一心想把浮士德的灵魂弄到手的墨菲斯托。在我们的普及文化中,科学家一直被描绘成疯疯癫癫的、不讲道德的,或者是天真轻信的。在我们对于科学家的想象中,我们似乎认识到科学家受到某种根本的和危险的强制去探究、发现、打开潘多拉的盒子。好奇终于惹了祸。这种无约束的揭示将使得隐藏在我们自身之中的任何东西都难以保存下去。我们苦于既想认识又害怕发现,苦于既渴望这种知识所带来的力量又厌恶这种力量强加于我们大家的令人畏惧的责任。我们的各种社会与文化设施,我们的教育体制,我们的经济全部都显露出这种分歧。这种分歧处在"科学的"和"人文的"这"两种文化"之间,并且我们这样落进了二者之间的陷阱,即一方面我们知道科学是理性和人类文化的最高成就,另一方面我们同时又害怕科学业已变成一种发展得超出人类的控制的不道德的和无人性的工具,一架吞噬它面前一切的没有灵魂的凶残机器。参见瓦托夫斯基:《科学思想的概念基础——科学哲学导论》,范岱年等译,北京:求实出版社,1982年第1版,第3页。

关章节中已经进行了评论。我仅想就中国学人在 20 世纪初对科学的精湛理解和对谬误的中肯批评——这些批评主要针对第一种误解和曲解，当然也包括第二种和第三种——略加论说。

　　中国学人在五四时期对科学概念已有比较完整的把握和准确地领会，其中首推中国科学社的创始人任鸿隽①。任鸿隽当时从海外归来，发现国人对科学的误解有三种：一是说科学这东西，是一种玩把戏、变戏法，无中可以生有；二是说科学这个东西，是一个文章上的特别题目，没有什么实际作用；三是说科学这个东西，就是物质主义，就是功利主义。对此，他力图予以澄清：第一，我们要晓得科学是学术，不是一种艺术（技术）。我们所谓形而下的艺术，都是科学的应用，并非科学的本体。科学的本体，还是和那形而上的学，同出一源的。第二，我们要晓得科学的本质，是事实不是文字。科学家不以读古人书、知古人的发明为满足，他们的功夫由研究文字转移到研究事实。唯其要研究事实，所以科学家要讲究观察和实验。第三，要知道，科学家是讲事实学问，以发明未知之理为目的的人。有了这个定义，三种误会即可不烦言而解。把科学视为物质功利主义，把科学家视为贪财好利、争权徇名的人物，这是由于但看见科学的末流，不曾看见科学的根源；但看见科学的应用，不曾看见科学的本体。至于说科学是实业的，科学与实业虽然不一样，却实在有相依的关系；不过，要是人人都从应用上去着想，科学就不会有发达的希望，所以我们不要买椟还珠，因为崇拜实业，就把科学搁在脑后了。②尤其是，针对国人误以为科学是"奇制与实业之代表"，"尚不出此物质与功利之间也"，任鸿隽针锋相对地反驳说："奇制实业之不得为科学，犹鸦炙不得为弹也。故于奇制

---

　　①　关于这方面的比较广泛、详尽的研究，读者可以参阅李醒民：《中国现代科学思潮》，北京：科学出版社，2004 年 3 月第 1 版中的有关论文。

　　②　任鸿隽：何为科学家？《新青年》，1919 年第 6 卷，第 3 号。

实业求科学者,其去科学也千里。""科学属知之事。以自然现象为研究之材料,以增进知识为指归,故其学为理性所要求,而为向学者所当有事,初非预知其应用之宏与收效之巨而为之也。"①一言以蔽之:工业为科学之产物,但是工业并不代表科学,应该还科学于学术思想之域。② 他的结论是:

> 科学当然之目的,则在发挥人生之本能,以阐明世界之真理,为天然界之主,而勿为之奴。故科学者,智理上之事,物质以外之事也。专以应用言科学,小科学矣。③

在当时的中国,常常听见老一辈的人说什么西洋文明破产,什么科学的结果不过得到衣食住的物质文明;又常常听见青少年们打着"打倒智识阶级"的旗号,大骂"帝国主义的物理化学"。任鸿隽一针见血地指出,这两种人的意见,都犯了两重的错误:第一是不明白科学的本身,第二是讨论的自相矛盾。怎么说不明白科学的本身呢? 科学虽以物质为对象,但是纯粹的科学研究,乃在发明自然物象的条理和关系。这种研究,虽然有应用起来以改善衣食住的可能,但在研究的时候,是决不以这个目的放在眼前的。科学研究,只是扩充知识的范围,而得到精神上的愉快。至于利用科学发明,而得到衣食住的改善和物质的享受,乃是科学的副产品,而非科学的本身了。科学既然不过是人类智识范围的扩充,天然奥窍的发展,当然与任何主义都不发生关系。大凡真正的学术,都有离开社会关系而保持真正独立的性质;要发生关系,与任何主义都可以发生关系,要不发生关系,与任何主义都

---

① 任鸿隽:科学精神论,《科学》,1915 年第 2 卷,第 1 期。
② 任鸿隽:科学与工业,《科学通论》,中国科学社出版,1934 年第 2 版。
③ 任鸿隽:科学与教育,《科学》,1915 年第 1 卷,第 12 期。

可以不发生关系。所以我说以科学为衣食住的文明和骂科学为帝国主义的，都是不明白科学本身的说话。怎么说讨论是自相矛盾呢？我们晓得人类既要生活，就不能不有衣食住，既有衣食住，则恶的衣食住，自然不如好的衣食住，这是谁也不能辩驳的道理。以改善衣食住为科学罪状的，不外乎两个理由：一是衣食住可以不必改善，二是衣食住改善之后，于人类有不好的结果。关于第一层，我想主张的人，必定在衣食住方面，能够去好就坏，舍善取恶了，但事实上我还不曾找到一个例子来证明这个话的不错。关于第二层，我以为一个人的平生，仅仅在衣食住上面用功夫，固然不可，但把衣食住改善了，解放了人们的精力与心思，使他向学问美术一方面去发展，却是极其可贵的事体。我不相信衣食不完、救死不暇的人们，能有在学问上艺术上贡献的可能。所以衣食住的改善，并不是恶，但不晓得利用衣食住改善的结果，乃是人们的愚蠢罢了。至于高唱打倒帝国主义的同时又高唱打倒智识，废除学问，这无异于自己缚了手足去打老虎，其矛盾的程度，更显而易见了。[①] 他进而明断：

　　　　所谓科学者，非指一化学一物理一生物学，而为西方近三百年来用归纳方法研究天然与人为现象所得结果之总和。故所谓科学者，决不能视为奇技淫巧或艺成而下之事，而与吾东方人之用考据方法研究经史无殊，特取材不同，鹄的各异，故其结果遂如南北寒燠之互异耳。同时欲效法西方而撷取其精华，莫如绍介整个科学。盖科学既为西方文化之源泉，提纲挈领，舍此莫由。绍介科学不从整个根本入手，譬如路见奇花，撷其枝叶而遗其根株，欲求此花之发荣滋长，继续不已，不可得也。[②]

---

① 任鸿隽:科学研究——如何才能使它实现,《现代评论》,1927年第5卷,第129期。
　　② 任鸿隽:五十自述,任鸿隽:《科学救国之梦——任鸿隽文存》,樊洪业、张久村编,上海:上海科技教育出版社,2002年第1版,第683页。

梁启超在谈到国人对科学的态度时,明确指出有三点根本不对。其一,把科学看得太低了、太粗了。多数人以为科学无论如何高深,总不过属于艺和器那部分。其二,把科学看得太呆了、太窄了。他们只知道科学研究所得结果的价值,而不知道科学本身的价值。其三,把科学看得太势利了、太俗了。科学是为学问而求学问,为真理而求真理。至于怎样用它,在乎其人。科学本身只是有功无罪。他指责有人摭拾欧美近代少数偏激之谭,来掩饰自己的固陋,简直自绝于真理罢了。他进而断言:"中国人对于科学这三种态度,倘若长此不变,中国人在世界上永远没有学问独立,中国人不久必要成为现代被淘汰的国民。"①在科玄论战中,丁文江批评玄学派以为科学是物质的、机械的、向外的、形而下的,欧洲文化是物质文化。他明示:

> 科学不但无所谓向外,而且是教育同修养最好的工具,因为天天求真理,时时想破除成见,不但使学科学的人有求真理的能力,而且有爱真理的诚心。无论遇见什么事,都能平心静气地去分析研究,从复杂中求简单,从紊乱中求秩序;拿论理[逻辑]来训练他的意想,而意想力愈增;用经验来指示他的直觉,而直觉力愈活。了然于宇宙、生物、心理种种的关系,才能够真知道生活的乐趣。这种"活泼泼的"心境,只有拿望远镜仰察过天空的虚漠,用显微镜俯视过生物的幽微的人,方能参领得透彻,又岂是枯坐谈禅,妄言玄理的人所能梦见。②

穆也表明,科学家最重要的精神,是承认事实而尊重事实,并用尊

① 梁启超:科学精神与东西文化,《科学》,1922年第4卷,第10期。
② 丁文江:玄学与科学,张君劢、丁文江等:《科学与人生观》,济南:山东人民出版社,1997年第1版,第52-54,57页。

重事实的精神来观察外物,故有尊重事实的人生观和对于事实的平等观。这种平等观并不是漫无分别,而是详细探求事实的前因后果相互的关系,故而条理密察。科学家也有其内心精神之生活,比如襟宇阔大、心气和平、思理细密。①

任鸿隽、唐钺、秉志、杨铨、黄昌毅、丁文江、梁启超、胡适等就科学的本性、科学精神、科学的精神价值、科学方法、科学的文化含义、科学对道德和人生的意义等发表了许多明锐的见解,也对反科学思潮进行了有说服力的批驳②——杨铨写有专文"科学与反科学",作为《科学》杂志的"社论"发表③。遗憾的是,时至今日,国人对科学的认识远远落伍于五四时期的先行者,就连自命学术人和文化人的人,其水准与之相比也似云泥之别。

笔者先前曾这样写道:对科学的不解本来就容易造成对科学的隔阂和淡漠,并且很可能转化为怀疑和非难科学的反科学情绪,而对科学的误解和曲解更使情势雪上加霜。事实确实如此。阿西莫夫看到,不理解科学如何起作用的公众,能够十分容易地成为那些取笑的、没有知识的笨人的牺牲品,或者成为宣布科学家是今日贪财的武士和军事工具的牺牲品。理解和不理解之间的差异,也是在一方尊重和赞赏、在另一方憎恨和担心之间的差异。④ 沃尔珀特对于坊间和学术界

---

① 穆:旁观者言。张君劢、丁文江等:《科学与人生观》,济南:山东人民出版社,1997年第1版,第293-295页。

② 有兴趣的读者可以参阅下述文献,此处不拟复述。李醒民:五四先哲对科学的多维透视,北京:《科技导报》,2000年第4期,第16-18页。李醒民:五四先哲的睿智:对科学和民主要义的洞见(上、下),合肥:《学术界》,2001年第3期,第7-22页;第4期,第67-80页。李醒民:论任鸿隽的科学文化观,厦门:《厦门大学学报·哲学社会科学版》,2003年第3期,第55-63页。李醒民:科玄论战的主旋律、插曲及其当代回响,北京:《北京行政学院学报》,2004年第1期,第73-77页;第2期,第62-65页。李醒民:简论任鸿隽的科学观,李醒民:《中国现代科学思潮》,北京:科学出版社,2004年3月第1版,第209-233页。

③ 杨铨:科学与反科学,《科学》,1924年第9卷,第1期。

④ L. Wolpert, *The Unnatural Nature of Science*, London, Boston: Faber and Faber, 1992, p. ix.

关于科学本性的描述和理解表示不满和迷惑。不满的是公众关于科学的形象，以及在媒体与包括哲学家和社会学家在内的学术界就科学撰写的东西。迷惑的是为什么科学的本性会被如此误解，为什么非科学地理解科学观念有如此之多的可能。这种理解的缺乏似乎与对科学本身的某些担心甚至敌意有关。①

对科学的误解和曲解，不仅对科学和科学家造成伤害，而且也会危及整个社会，尤其是对不谙时势的青少年危害更甚。范伯格注意到，虽然在整体上，发达国家的非科学家对科学家持肯定的态度，至少在过去大约 50 年是这样。在美国成年人中，调查的意见倾向于给科学家作为社会所需要的贡献者以较高的等级。可是，这种认可大都来自科学研究的实际应用，而不是来自对科学家所做事情的真正理解。大众文化的传播者通常以耸人听闻的口吻描绘科学和科学家，制造力图控制宇宙的"狂热的科学家"的形象，这尤其使儿童成为这种画像的牺牲品。②

不过，我们也要防止另一种倾向，即对科学的盲目信仰或崇拜，这实际上也是对科学的误解和曲解所致。所谓信仰的科学，卡拉汉意指这样的科学的意识形态：科学不仅有能力提供可靠的知识，而且也有能力解决所有或大多数社会、政治和经济问题，它也包含不可证伪的信仰。它在下述意义上是不可证伪的：它坚持认为，迄今科学找到的关于人的问题的解决办法的失败，并不说明科学在未来不具备这样的能力；解决仅仅是时间和更精致的知识的问题。尽管科学和技术引起的一些变化不全是好的，但是原则上没有理由认为，更好的科学和新知识不能消除早先的危害并避免未来的损害。换句话说，不管科学做

---

①　L. Wolpert, *The Unnatural Nature of Science*, London, Boston：Faber and Faber, 1992, p. vii.

②　G. Feinberg, *Solid Clues*, New York：Simon and Schuster, 1985, pp. 235 - 236.

什么,更好的科学甚至能够做得更好。① 对于这种倾向,我们应该采取莫兰所秉持的态度:"作为我们生活的基础的科学的概念既不是绝对的,也不是永恒的;因此科学的概念应该发展。在这个发展过程中,科学将包含自我认识或自我反思。"②

在当代,科学不仅正在铸造我们的社会,而且也在某种程度上正在陶冶我们的心灵。因此,完整而准确地理解科学实乃当务之急,否则后果将不可能是美妙的。拉奇提请人们注意,我们关于宇宙的思索,我们关于我们自己的概念,以及我们在这个宇宙中的位置,甚至简单的日常惯例,都浸泡在科学的理论、产物和常常未被辨认出的预设中。这些事物中的一些处在接近我们对实在的态度、我们关于我们自己存在的日常结构、支配我们生活的人和事的信念、价值和决定的框架之核心。一句话,我们的世界观现在不可避免地由科学分担。因此,任何力求一个统一的、连贯的、有意义的关于外部实在和内部实在的图像的人,必须着手掌握科学是什么,它说什么,他应该在我们的概念世界和实践世界恰当地扮演什么角色。这些论题需要加以审查,仅仅因为大多数人运用的不明确的世界观已经包括对这些问题的答案——答案是非批判地甚至是无意识地从周围的文化中汲取的。在这里存在相当大的危险。他呼吁人们调整扭曲的科学图像,否则会有糟糕透顶的后果:

> 如果我们无论出于什么理由误解科学,承认它有过大的作用,那么正像它的一些批评家所担心的,我们就有可能破坏或消

---

① D. Callahan, Calling Scientific Ideology to Account. T. L. Easton, ed., *Taking Sides*, *Clashing View on Controversial Issues in Science*, *Technology*, *and Society*, Second Edition, Dushkin Publishing Group/Braw & Benchmark Publishers, 1997, pp. 48 – 56.

② 莫兰:《复杂思想:自觉的科学》,陈一壮译,北京:北京大学出版社,2001年第1版,第98页。

灭我们自己和人的意义的某种深刻的部分。如果我们误解科学
并认为它起过小的作用，那么正如另一些人担心的，我们注定会
在我们自己能够飞起来的地方爬行。①

因此，"我们必须努力告诉人们，其中包括科学家自己在内，但告
诉他们的不是更多的科学，而是更多的何谓科学，这样一来他们就不
再从狭隘的物质进步的背景看待科学，而是从我们整个文化的更广阔
的与境来看待科学。"②

---

① D. Ratzsch, *Science & Its Limits*, *The Natural science in Christian Perspective*, (Second Edition), Illinois and England: Inter Varsity Press, 2000, p. 8.
② 布朗:《科学的智慧——它与文化和宗教的关联》,李醒民译,沈阳:辽宁教育出版社,1998 年第 1 版,第 109－110 页。

科学和技术异同论[*]

在现代,科学和技术关系密切,之所以如此,除了二者相互依赖和相互促进——科学要借助技术更新设备、启示问题、激励灵感,技术要借助科学提高理论水准、扩展发明视野、开拓新奇领地——之外,也在于科学和技术确实有诸多相通或相近之处。正如考尔丁所说,科学和技术二者都处理物理世界,使用相同种类的物质世界的知识。二者在研究中使用经验方法,雇用在科学中受训练的人,使用类似的词汇表。技术因它所应用的知识依赖科学,有时也为科学进展提供未加工的材料,即新观察或其他的激励研究的东西。[①]

考尔丁只是笼统论之。其实,条分缕析一下科学和技术的各个要素,问题就更清楚了。例如,在建制方面,科学与技术都是高度创造性的行当,它们都给予那些能够以有意思的方法合成完全不会在其他人那里发生的思想的人们以一种奖励。[②] 在规范方面,科学和技术都具有非本地化和世界主义的特征。科学不是由于定义才是普适的,而是通过许多努力消解本地发现的与境的。技术不是自动地可用于其他境况的,它要求技术和境况两方面适应,以创造起作用的技术。这个消解与境过程的社会方面也是深入科学和技术之域消解与境,它在于

---

* 原载北京:《自然辩证法通讯》,2007年第29卷,第1期。

① E. F. Caldin, *The Power and Limit of Science*, London: Chapman & Hall LTD., 1949, Chapter X.

② 普赖斯:《巴比伦以来的科学》,任元彪译,石家庄:河北科学技术出版社,2002年第1版,第161页。

在实践、流通和网络创造之间的交流。① 在结构方面,一切科学都有理论、观察、实验这三个部分,技术同样如此。因此,把技术和科学对立起来的做法是毫无意义的。② 科学和技术都进行观察和实验,提出理论,提出关于(通过实验)造成一定条件的方式的陈述。在基础研究问题上二者也有一定的重合。③ 在方法方面,技术研究与科学研究没有什么区别。其研究周期图式都是一样的:确定问题;用现行的理论知识和经验知识解决问题;倘若尝试失败,就找出某些可能的解决问题的假设以至整个假设—演绎系统;借助新概念系统寻求问题的解决;检验解决问题与结果;对假设或初始问题的表达方式做出必要的修正。④ 在评价方面,

> 任何特定技术的发展是否值得的裁决必须永远是暂定的,对借助新证据重新评价是开放的。以这种方式,对于科学使用的问题不能给出永恒的答案,正如科学理论本身的真理问题不能给出永恒的答案一样。⑤

特别使我们感兴趣的是,在哲学底蕴方面,科学和技术都体现了操纵

---

① A. Rip, Science and Technology as Dancing Partners; P. Kroes and M. Bakker ed., *Technological Development and Science in the Industrial Age*, *New Pespective on the Science-Technology Relationship*, Dordrecht/ Boston/ London: Kluwer Academic Publishers, 1992, pp. 231 - 270.

② 柯拉赫:工业的科学,戈德斯密斯、马凯主编:《科学的科学——技术时代的社会》,赵红州等译,北京:科学出版社,1985 年第 1 版,第 211 页。

③ H. Rapp:技术哲学(上),张彩云译,上海:《世界科学》,1989 年第 1 期,第 54 - 57 页。这是拉普引用朗夫的话语。

④ 邦格:技术的哲学输入和哲学输出,张立中译,北京:《自然科学哲学问题丛刊》,1984 年第 1 期,第 56 - 64 页。

⑤ L. Stevenson and H. Byerly, *The Many Faces of Science*, *An Introduction to Scientists*, *Values and Society*, Boulder, San Francisco, Oxford: Westview Press, 1995, p. 210.

或摆布的思想。西方科学是作为实验科学发展起来的,而为了进行实验,它必须发展精确和可靠的操纵能力,也就是说进行检验的技术,人们操纵摆弄是为了检验。技术也操纵自然界的对象,同时也引起新的人操纵人的过程,或者说社会实体操纵人类个人的过程。随着技术的发展发明了新的和十分微妙的操纵方式,在这种方式中,对事物的操纵同时需要人类接受操纵技术的奴役。[1]

也许正是由于这些相通或相近之处,不少人认为,科学和技术没有本质上的不同,或者没有原则性的区别,在二者之间是无法划界的。譬如,克罗斯和巴克坚持,在 20 世纪,科学和技术就形式而言似乎是一个有机的整体,在不把二者蛮横地弄得支离破碎的情况下,不可能把科学和技术作为分离的实体与整体分开。[2] 雷斯蒂沃则一言以蔽之,纯粹科学的神话是近代科学作为礼拜堂的基石。近代科学的意识形态使我们之中的许多人相信,在科学和技术之间可以划界,并因我们社会和环境的疾病而责备技术。[3]

诚然,在科学和技术之间"存在边界起初不可能十分尖锐地显示出来的领域,正如在遗传工程和基因治疗的情况中那样"[4]。诚然,"许多现代建制的探究形式把科学的知识进展的兴趣与特定技术的较高效率的目标融合在一起,以致在二者之间不存在建制上的画线。科学和技术在医学科学没有简单的可维持的区分,虽然在极端的对照中是

---

① 莫兰:《复杂思想:自觉的科学》,陈一壮译,北京:北京大学出版社,2001 年第 1 版,第 80 - 81 页。

② P. Kroes and M. Bakker, Introduction: Technological Development and Science. P. Kroes and M. Bakker ed. , *Technological Development and Science in the Industrial Age*, *New Pespective on the Science-Technology Relationship*, Dordrecht/ Boston/ London: Kluwer Academic Publishers, 1992, pp. 1 - 15.

③ S. Restivo, *Science, Society, and Values*, *Toward a Sociology of Objectivity*, Bethlehem: Lehigh University Press, 1994, p. 87.

④ L. Wolpert, *The Unnatural Nature of Science*, London, Boston: Faber and Faber, 1992, p. 165.

清楚的。"①诚然,在科学和技术之间的任何区分实际上都可能强烈地受到意识形态因素的影响,如规划的制定和资金的提供就涉及区分问题。科学和技术的区分还缺乏明晰的和毫不含糊的划界标准,在一种与境中是所谓"科学"和"科学的"东西,在另一种与境中往往被称为"技术"和"技术的"东西,反之亦然。② 然而,

> 不管怎样,从学理上讲,科学和技术毕竟不是一回事,二者的区别众多而明显。从实践上讲,把二者混同起来,也会在实际工作造成不应有的危害——我国科学政策和科研管理方面的诸多偏差,在很大程度上归因于混淆了科学和技术的概念和辖域③。为此,我们必须尽可能把科学和技术区分开来,以便于澄清概念上的混乱和纠正管理上的不当。

邦格曾经以表格的形式,列举了科学和技术之间的某些相似点和相异点。④ 陈昌曙教授也从十个方面揭示了科学与技术之间原则上的、本质性的不同:基本的性质和功能,解决问题的结构和组成,研究

---

① R. G. A. Dolby, *Uncertain Knowledge*, *An Image of Science for a Changing World*, New York: Cambridge University Press, 1996, p. 169.

② P. Kroes and M. Bakker, Introduction: Technological Development and Science; P. Kroes and M. Bakker ed., *Technological Development and Science in the Industrial Age*, pp. 1 - 15.

③ 国人有意或无意地把科学视为"生产力"和"财神爷",国人习惯于或集体无意识地把"科学和技术"称为"科学技术",进而简化为"科技",就是这种现状的生动反映。有趣的是,这种状况在邻国日本也存在。正如桜井邦朋所言:"在我国,把科学和技术看做同质的东西,在各种场合把'科学技术'归拢在一起使用。像现在这样的科学发现经过不了多久就被应用于技术,进入到我们的生活之中,在屡屡经历这样的经验期间,随之认为科学和技术是水平同质的东西。"参见桜井邦朋:《现代科学論 15 講》,东京:东京教学社,1995 年,第 1 页。

④ 邦格:《科学技术的价值判断与道德判断》,吴晓江译,北京:《哲学译丛》,1993 年第 3 期,第 35 - 41 页。

的过程和方法,相邻领域和相关知识,实现的目标和结果,衡量的标准,研究过程和劳动特点,人才的素质和成长,发展的进展和水平,社会价值、意义和影响。① 在笔者的心目中,科学和技术一直是两个有别的概念和范畴。在混乱日盛且大有蔓延之势的情况下,笔者接连写了数篇强调科学和技术有别的文章②,力图予以匡正。当时笔者没有研读多少资料,主要是凭直观和经验发议论的。在这里,笔者准备把原来简略的框架和十分有限的文字予以扩充,比较详尽地厘清一下科学和技术的差异。

(1)从追求目的上看,科学以致知求真为鹄的,其目标在于探索和认识自然;技术以应用厚生为归宿,其意图在于利用和改造自然。科学着眼于理论知识的不断进展,技术追求生产目标的有效实现。尽管技术也涉及知识——应用零散的经验知识和系统的科学知识,也创造一些实用性知识——但是它把知识工具化。也就是说,科学把知识始终视为目的,而技术仅仅把知识当作手段。

尽管在某些现实的研究课题或项目中,致知求真和应用厚生这两个目的是相伴出现的,即便研究者只涉及一个方面;尽管每一个正确的科学理论都可能潜在地导致技术应用,而每一项技术研究项目也可能促进科学知识的进展;但是,这并不能掩盖科学和技术在目的上的鸿沟之分。考尔丁对此洞若观火:科学和技术的基本区分还是在于目的。科学的目的是获取知识,技术的目的是应用知识控制物质。技术人员的问题是分派给他的,希望他提供答案;而科学中某种研究自由

① 陈昌曙:《技术哲学引论》,北京:科学出版社,1999年第1版,第168页。
② 李醒民:什么是科学?——为《科学的智慧——它与宗教和文化的关联》序,北京:《民主与科学》,1998年第2期,第35-37页。李醒民:有关科学论的几个问题,北京:《中国社会科学》,2002年第1期,第20-23页。李醒民:在科学和技术之间,北京:《光明日报》2003年4月29日,B4版。Xingmin Li:Science and Technology Is Not Simply Equal to Sci-Tech? in *Genomics,Proteomics & Bioinformatics*,May 2003,Vol. 1 No. 2,pp. 87-89.

是基本的。于是,科学的发展遵从它自己固有的需要,即对真理的追求;而技术的发展遵循公众的物质需要。[①] 樱井邦朋也一语中的:

> 科学和技术本来是有差别的东西,科学被认为是就隐藏在我们周围扩展的自然中所看到的各种现象的奥秘中的真理,换言之,是就各种事实和在它们之间存在的法则研究的学问;与之相对,技术是立足于把科学的成果作为在我们的生活中有用的东西熟练使用的目的而加以研究、而组成的东西,是实用性极强的东西。[②]

不用说,纯粹科学,如果它是实验性的,也控制和改造世界,但只是为了认识实在在很小的规模上这样做,而不是以此为目的。科学是为了认识而去变革,而技术却是为了变革而去认识。[③] 希尔也表达了类似的看法:"科学可以发明、改进和推广仪器工具,但是这不是它的首要关心。它的首要任务是认识,并通过认识扩大我们的知识。技术并不这么多地关心认识,它关心为最佳的利益而生产和使用。"[④]

(2)从研究对象上看,科学以自在的自然实在为研究对象,不管这些对象是实体实在还是关系实在,不管它们是以物质形态存在还是以能量或信息形态存在,也不管它们是有生命的还是无生命的。总而言

---

① E. F. Caldin, *The Power and Limit of Science*, London: Chapman & Hall LTD., 1949, Chapter X.

② 樱井邦朋:《现代科学论 15 讲》,东京:东京教学社,1995 年,第 1 页。

③ 邦格:技术的哲学输入和哲学输出,张中立译,北京:《自然科学哲学问题丛刊》,1984 年第 1 期。

④ D. W. Hill, *The Impact and Value of Science*, London, New York, MelBourne: Hutchinson's Scientific & Technical Publications, Chapter 1. n. d. 顺便说说,V. 布什的下述言论有助于加深我们对问题的理解:科学具有简单的信仰,该信仰超越有用性。正是该信仰,是人学会理解的特殊荣幸,这是他的天职。为理解而认识是我们存在的本质。参见 Vanneva Bush, *Science Is Not Enough*, New York: William Morrow & Company, Inc., 1967, p. 191.

之,它们是自在地自然的。当然,为了获取自在的自然实在的知识,实验科学家也在受控实验中对其进行某些干预,但是这种干预是小规模的、不成气候的。更重要的是,如此干预只是作为获取自然奥秘的手段,而绝不是为干预而干预,绝不是把干预自然作为目的。相反地,技术的对象则是现实的或拟想的人造物,也就是说,它要设计或制造出某个自然界中没有的人工东西来。当然,技术也针对自在的自然对象做研究和试验,例如研究和利用天然石头作为建筑材料,但是无论从研究的出发点讲,还是从试验的结局上讲,都聚焦于实用和使用,其结果,已经使自在的自然存在变成为人的非纯粹的自然存在了,如砌墙基的方形花岗岩石料、抛光和切割的大理石平板。

　　(3)从活动取向上看,科学活动是好奇取向的(curiosity-oriented),与社会与境和社会需要关系疏远;技术是任务取向的(mission-oriented),与社会现实和社会需求关系密切。科学本来就是在有闲暇的条件下,由人的好奇天性触发的。科学爱好的激起,科学问题的提出,研究冲动的萌生,在很大程度上无一不是由好奇心驱使的。一个没有好奇心和惊奇感的人,是不会成为天才的科学家的。科学的好奇既表现在对自然现象的好奇(如爱因斯坦对指南针的好奇)上,又表现在对科学理论的好奇(如爱因斯坦对欧几里得几何学的好奇,对空间和时间问题的好奇,对经典力学和电动力学关于运动相对性解释的不协调的好奇)上,这些都可能成为新发现的导火线或助产士。爱因斯坦说得好:

　　　　重要的是不停地追问。好奇心有它自己存在的理由。一个人当他看到永恒之谜、生命之谜、实在的奇妙的结构之谜时,他不能不从心里感到敬畏。如果人们能够每天设法理解这个秘密的一点点,那就足够了。永远不要失去神圣的好奇心。

他还这样讲过:"如果要使科学服务于实用的目的,那么科学就会停滞不前。"

另外,技术像现代社会的许多建制一样,其取向往往是短视的,科学则不是如此,也不能如此。多尔比认为,短视的观点可能在技术的语境中被捍卫,但是却会使科学研究遭难。因为集中关于可预见的眼前利益,会使科学完全转向应用的和任务取向的科学,会减少产生未曾料到的新知识的能力,从而也会使未来技术的源泉枯竭。因为技术常常是为了满足眼前的需求而研制、应对市场当下的急需而生产的,所以不得不采取急功近利的态度和做法。科学一般不会如此短视,因为科学与人的物质欲求和市场的急需没有多少联系。假若出现短视的科学,也只能欲速则不达,美国攻克癌症计划的失败就是一个鲜明的例子,因为科学的发现是无法预见和计划的,只有在科学内部的各种条件具备和时机成熟之时(如旧有理论的完备,相关学科的发展,实验资料的积累,天才科学家的关注等)才有可能取得理论突破。正是由于取向的不同,科学研究的自由度要大得多,而技术的进展则要受到社会与境多方面的约束和限制。

(4)从探索过程上看,科学发现的目标常常不甚明了,摸索性极强,偶然性很多,失败远多于成功。因此,科学家在探究过程中随时掉转方向、动辄改换门庭是常有的事。诚如俗语所说:你本来要进这一个房间,却步入另一间屋子。在这种情势下,你根本无法计划和组织科学研究;即使硬着头皮做出计划,也不过是镜花水月而已,你根本无法在实践中实施。大凡头脑机敏的科学家对这一点都心知肚明。一般来说,他们只有一个大致的研究范围,至多只有一个飘忽不定、若隐若现的靶子,但是他们却具有审时度势、随机应变的本领——这是他们成功的秘诀之一。

相比之下,技术发明对准的靶子往往事先就很明确,可以做出比较详细、比较周密的组织和规划,然后或按图索骥,或有的放矢,偶然性较少,成功率较高。美国的曼哈顿计划和登月计划,中国的"两弹一星"工程,就是技术项目计划周到、组织严密、完成出色的绝佳表演,而刚才提及的美国攻癌计划则是计划科学失败的典型例证。正如我先前所写的:学术科学或基础研究是不可计划和组织的! 组织和计划的学术科学不利于科学发展![1] 在这里,爱因斯坦的告诫值得我们认真汲取:"人们能够把已经做出的发现的应用组织起来,但是不能把发现本身组织起来。只有自由的个人才能做出发现。"[2]他还说:

> 科学史表明,伟大的科学成就并不是通过组织和计划取得的;新思想发源于某一个人的心中。因此,学者个人的研究自由是科学进步的首要条件。除了在某些有意识的领域,如天文学、气象学、地球物理学、植物地理学中,一个组织对于科学工作来说只是一种蹩脚的工具。[3]

(5)从关注问题上看,科学需要了解"是什么"(what)和"为什么"(why),而技术面对的问题则是"做什么"(do what)和"如何做"(how to do)。邦格用一句话点明:技术的中心问题是设计而非发现。正因为如此,技术虽然以应用科学为基础,但是并非机械地追随应用科学。[4] 尽管实际情况远比想象的复杂——大量的、很好的甚至是很出色的科学工作,是在有着明确技术目的的研究过程中完成的,而且科

---

① 李醒民:学术科学可以被计划吗? 北京:《学习时报》,2004年12月20日,第7版。该文以较多的篇幅发表在上海《社会科学报》,2006年4月13日第5版。
② 许良英等编译:《爱因斯坦文集》第三卷,北京:商务印书馆,1979年第1版,第203页。
③ 内森、诺登编:《巨人箴言录:爱因斯坦论和平》(下),刘新民译,长沙:湖南出版社,1992年第1版,第84页。
④ 邦格:科学技术的价值判断与道德判断,吴晓江译,北京:《哲学译丛》,1993年第3期。

学家自己在"科学"与"技术"职业之间来回变更而不改变自己实际从事的工作——然而"这些构成科学的问题是认识论意义上的问题,而技术研究的本质却是一件经济的和社会的工作"①。

更为值得注意的是,科学发现的原创性和技术发明的原创性是不同的。"这两者的原创性都受人欣赏,但是在科学中,原创性在于比别人更深入地看到事物的本质的能力,而在技术中,原创性则在于发明家把已知的事实转化为惊人的利益的创造力。"因此,技师的启发性热情是以他自己迥异的焦点为中心的。他遵循的不是自然秩序的前兆,而是能使事物以一种新的方式运作以便达到某一可接受的目的,并能便宜地得到利润的可能性的前兆。在向新的问题摸索着前进时,技术专家所考虑的必定是科学家所忽视的利益与危害的整个全景图。他必定对人的需求特别敏感,并有能力评估他们准备满足这些需求时所付出的代价。科学家的眼光则全神贯注在大自然的内部法则上。②

(6)从采用方法上看,科学主要运用实验推理、归纳演绎诸方法,而技术多用调查设计、试验修正等方法。考尔丁承认,技术研究的方法与科学方法有类似之处,如在实验中控制可变因素,使用矫正的参数,但是作为一个整体的方法根本不同于科学方法。科学的实验指向理解研究中的系统,本质上与科学方法的其他部分即说明的假设形成关联。没有导致新理解的实验是失败,实验通常借助一些假设设计,以便证实它或否证它。另一方面,技术的实验除了部分利用科学已经赢得的知识外,仅利用试错法,它不导致对自然的任何新的理解。技术通常满足于列举的观察资料,以方便的形式达到某种特定的目的,

---

① 列维特:《被困的普罗米修斯》,戴建平译,南京:南京大学出版社,2003年第1版,第170页。

② 波兰尼:《个人知识——迈向后批判哲学》,许泽民译,贵阳:贵州人民出版社,2000年第1版,第273页。

而不追求理解观察资料之间的关系。技术以科学的理解为先决条件，但它通常不为理解做贡献。广泛而精确的定量资料表并不构成知识，尽管它们可以是科学家的未加工的材料。①

（7）从思维方式上看，科学思维除了在科学发现的突破时刻以形象思维为主外，在大多数场合下是以抽象思维和概念思维见长的，而技术思维是具象思维和形象思维统治着技术设计和工业设计。由于科学理论具有非自然的特征，科学思维必须摆脱与常识相联系的自然思维强加的模式，以理性批判和概念分析开路。技术思维在早期是直接与常识和经验密切相关，尔后出现的以科学理论为基础的技术，还带有常识思维和自然思维的胎记和烙印，它直接沿着现成的科学知识下行，化形而上的抽象为形而下的具体，注重可行性和成本效益分析。沃尔珀特径直指明，技术的许多方面是看和非词语的，这完全不同于科学思维。这并不是说，科学家不使他们建构的概念和机制形象化，不过对科学来说，说明是基本的，必须把图像翻译为语言和符号，尤其是数学。由于未受词语化的理论的牵累，技术设计者在他们的心智中把不同的要素会聚在新组合中。与科学相对照，从文艺复兴直到19世纪的技术知识刊载在图示占统治地位的书中——信息主要以绘图的形式刊载。②

尤其值得指出的是，技术思维是由技术理性或曰主观理性、工具理性主导的，科学思维则在很大程度上体现的是科学理性或曰客观理性、纯粹理性。所谓客观理性，按照霍克海默等人的观点，是指客观结构是个体思想和行为的量尺，而非人和他的目标。在这里，关键是目的而不是手段。也就是说，客观理性关心的是事物之"自在"而不是事

---

①　E. F. Caldin, *The Power and Limit of Science*, London: Chapman & Hall LTD., 1949, Chapter X.

②　L. Wolpert, *The Unnatural Nature of Science*, London, Boston: Faber and Faber, 1992, p. 33.

物之"为我",它要说明的是那些无条件的、绝对的规则而不是假设性的规则。所谓技术理性,关心的是手段和目标,追求效率和行动方案的正确,而很少关心目的是否合理的问题。它是围绕技术实践形成的一套基本的文化价值。它预设了笛卡儿式的主体—客体、精神—自然的二元对立,也预示了一种人对自然的新的体验方式:人作为主体,雄居于所有客体之上,把世界看成是一个可以被操纵和统治的集合体。它包括这样一整套基本文化旨趣:人类征服自然,自然的定量化,有效性思维,社会组织生活的理性化,人类物质需求的先决性。①

(8)从构成要素上看,科学的构成要素可以说是非物的——科学知识体系纯粹是非物的;研究过程虽然离不开实验设备的支撑和物资的消耗,但是这些物本身并不进入科学的结果即科学理论之中。尤其是,基础研究或学术科学对物的依赖是很少的,甚至可以忽略不计,一支笔加几张纸足矣——难怪有人把相对论和量子力学革命称为"纸上的革命"②。即便非要把科学与物扯在一起,科学也只是"抽象物"的科学或"物之共相"的科学。相反地,技术则是实实在在的物的技术,时时处处与具体物打交道,起码或多或少是离不开物的。尽管在学术层面,学人对技术构成要素的理解还有"技术非物"和"技术是物"的歧见,但是技术恐怕很难完全与物脱离干系。只是"对于不同的技术,物的因素所占的份额和所起的作用是有所区别的。或者说,在人工自然的创造或技术活动中,人们可以让物质实物扮演各种角色,如载体角色、对立体角色、匹配体角色和包容体角色(这当然是

---

　　① 高亮华:《人文主义视野中的技术》,北京:中国社会科学出版社,1996 年第 1 版,第 154 – 161 页。但是,笔者不同意作者的下述说法:现代自然科学"是在技术理性所构成的地平面上产生和展开的",它"具有内在的工具主义的特点"。众所周知,在科学的起源中,理性传统和工匠传统兼而有之;在科学的发展中,科学内在的理性逻辑和人的纯粹理性一直是强大的动力。纵观整个科学史,对科学家来说,"为科学而科学"的思想始终具有巨大而诱人的魅力。

　　② E. Bellon, *A World of Paper*, *Studies on the Second Scientific Revolution*, Cambridge: The MIT Press, 1980.

不确切的划分)"①。

(9)从表达语言上看,科学语言也使用日常语言进行事实的描绘和实验的叙述,但是其中无论如何缺少不了科学概念或术语。在科学理论中,更偏重抽象的概念说明和繁难的数学推演,这一点在科学的典型代表物理科学中表现得淋漓尽致。特别是要严密、精确地陈述科学理论,非数学语言和数学公式莫属。相形之下,技术语言多是具体的、平实的描述,缺乏复杂的概念分析和数学演绎。在技术中也运用数学工具,但大都是具体的数值罗列和一般的数字计算,技术结果也不要求绝对精确,只要满足实用需要,在某一误差范围内得出具体的数值即可。尤其是,表达科学知识和理论的科学语言的是可传达的、可交流的、可用文字和数学符号书写和记载的,科学共同体实际上是科学语言共同体,这个共同体使用相同的词汇表或词典。可是,在技术方面,情况就不同了:有些技术事项是无法用语言、文字或数学符号表达清楚的,因此得借助图示、模型、样品等来说明。更为歧异的是,不少属于技术的技艺、诀窍之类的东西根本无法用语言解释和传达,也无法从书本学到手,只能像师傅带徒弟那样,边干边学,边观察边体味,才能逐渐达到心领神会、游刃有余的境界。此类知识就是波兰尼所谓的"私人知识"(personal knowledge)或不可言传的知识(tacit knowledge)——后者也可译为"意会知识"或"默会知识"——技术知识的某些分野就归属这样的知识。

(10)从最终结果上看,科学研究所得到的最终结果是某种关于自然的理论或知识体系,技术活动所得到的最终结果是某种程序或人工器物。科学成果是人类精神的非物质成就,而不是设计和生产的物质成品。史蒂文森断定,科学不是技术,它不在于器械的发明。科学的中心关注和最终结果是 knowing what 即真理的知识,与 knowing

---

① 陈昌曙:《技术哲学引论》,北京:科学出版社,1999 年第 1 版,第 96－97 页。

how 即如何做的技术知识相对。当然,这两类知识是相互关联的,尤其是在现代。① 沃尔珀特断言,科学的最终产物是观念和信息,也许是在科学论文中;技术的最终产物是人工制品,比如说钟表和电机。与科学不同,技术的产物不是针对自然实在衡量的,而是借助于新奇性和特定的文化加于其上的价值衡量的。② 巴萨拉(Basalla)道同志合:"虽然科学和技术二者包含认知过程,但是它们的终极结果是不同的。创新的科学活动的最后产物最可能是写成的陈述、科学论文、公布的实验发现或新的理论见解。相对比,创新的技术活动的最后结果典型地是对人工制造的世界的添加物:石锤、钟表、电动机。"③

(11)从评价标准上看,对科学的评价以是非正误为主,以优劣美丑为辅,真理和审美是其准绳;对技术的评价是利弊得失、好坏善恶,以功利和价值为尺度。沃尔珀特一言蔽之:"技术的成功与欲求和需要有关,而科学的成功依赖于与实在符合。"④对此,多尔比论述说,就作为知识形式的科学和技术而言,二者之间的关键区分是,技术借助于实用标准"它奏效吗?"评价,而科学知识则借助于"它为真吗?"评价。他继而指出:

> 对技术和科学而言,成功的标准依然是不同的。在技术中,成功与起作用的产品尤其是与在目前市场条件下在商业上的产

① L. Stevenson and H. Byerly, *The Many Faces of Science*, *An Introduction to Scientists*, *Values and Society*, Boulder, San Francisco, Oxford: Westview Bress, 1995, p. 2.

② L. Wolpert, *The Unnatural Nature of Science*, London, Boston: Faber and Faber, 1992, p. 31.

③ A. Rip, Science and Technology as Dancing Partners; P. Kroes and M. Bakker ed., *Technological Development and Science in the Industrial Age*, *New Pespective on the Science-Technology Relationship*, Dordrecht/ Boston/ London: Kluwer Academic Publishers, 1992.

④ L. Wolpert, *The Unnatural Nature of Science*, London, Boston: Faber and Faber, 1992, p. 32.

品俱来。相对照,在科学中,成功的标准不是它起作用,而是它被接受为真。①

(12)从价值蕴涵上看,作为知识体系的科学大体上是价值中立(value-neutrality)的,或者说其本身仅蕴涵为数不多的价值成分;而技术处处渗透价值,时时体现价值,与价值有不解之缘。莫尔就是这样看问题的。他说,真正的科学知识在伦理的意义上是善的,而在技术中,情况就完全不同了。每一项技术成就,必然使人又爱又恨(有矛盾心理):它能够或善或恶,技术必然是双刃工具。尽管把已知的技术成就分类为善或恶从来也不是确定的,但是任何一项给定的技术总是在伦理上能够分为善或恶,这取决于人心中的目的,取决于过去、现在和将来的边界条件。② 邦格详细地陈述了他的观点:对科学家来说,所有具体对象都是同样值得研究的,而不涉及价值问题。技术专家却不是这样:他把实在分为原料、产品和其他部分(即一堆无用之物),他最珍视产品,其次是原料,最轻视其他部分。技术知识和技术活动的价值准则是与纯粹科学的价值中性相对立。技术专家凡事都要衡量其价值,而科学家只衡量自己的活动和成果的价值。科学家甚至以摆脱价值观念的方式去处理价值问题。③ 虽然基础研究作为心理过程的评价,它也做出价值判断,但是这完全是内在的:它们涉及科学研究的要素,诸如资料、假设和方法,而不涉及科学研究的对象。另一方面,工程技术专家不仅做出内在的价值判断,而且也做出外在的价值判断:他评价他能得手的每一事物。

① R. G. A. Dolby, *Uncertain Knowledge, An Image of Science for a Changing World*, New York: Cambridge University Press, 1996, pp. 169 – 170, 183.

② H. Mohr, *Structure & Significance of Science*, New York: Springe-Verlay, 1977, Lecture 12.

③ 邦格:技术的哲学输入和哲学输出,张立中译,北京:《自然科学哲学问题丛刊》,1984 年第 1 期。

基础研究就其自身目的而言,是寻求新知识,是不涉及价值的,在道德上是中性的。当可以做某些有利于或不利于他人的幸福或生活的事情时,才涉及道德,工程技术专家恰恰在这里有份儿。他们应该遵守可以称之为技术命令(technological imperative)的东西:

> 你应该只设计或帮助完成不会危害公众幸福的工程,应该警告公众反对任何不能满足这种条件的工程。①

(13)从遵循规范上看,科学遵循的规范是美国科学社会学家默顿所谓的普遍性(universalism)、公有性(communism)、无功利性(disinterestedness)、有组织的怀疑主义(organized scepticism);技术的规范与此大相径庭,它以获取经济效益和物质利益为旨归,其特质是事前多保密,事后有专利。波兰尼看到这种天壤之别:"科学知识与技术操作原则之间的不同被专利法认识到了。专利法对发现和发明做了鲜明的区分。发现增加我们关于大自然的知识,而发明则建立一个服务于某一得到承认的利益的新的操作原则。"②普赖斯也十分清楚:

> 存在着科学和技术之间最为重要和最有意思的一种对照。大家都明白,在科学上只要你第一个发表了,你就打败了其他人。通过发表来表明你对知识产权的私有要求。非常不可思议的是,你的发表越公开,你的产权要求就越安全地为你所独占。在技术上则是另一回事。当你做出发明时,你必须为其取得专利,你必须防止工业间谍的窃取,你必须看见它远在能够被竞争者复制或

---

① 邦格:科学技术的价值判断与道德判断,吴晓江译,北京:《哲学译丛》,1993年第3期。

② 波兰尼:《个人知识——迈向后批判哲学》,许泽民译,贵阳:贵州人民出版社,2000年第1版,第271页。

取代之前就被制造出来并销售出去。在技术上你得用通常的保护方法来确保你的私有权。

他进而揭橥,这种差异的原因在于,从哲学意义上看,即使科学是对规律的一种概括和发明过程,自然却非常强烈地表现出似乎只有一个世界可以被发现,如果波义耳没有发现波义耳定律,那么必然会有其他人去发现。但是,技术中的大部分竞争比在科学中有更多的回旋余地。技术是一种文明所获得的,而科学则让人感到更像是自然的规定而不是人的大脑所拥有的。①

(14)从职业建制上看,科学和技术无疑是相互渗透的,并且经常看上去好像戴着同一顶帽子或穿着同样的实验服装。但是将两者混淆起来的做法是把表面的东西——例如机构联合——当成了深层的东西。② 在科学共同体中,其主要成员是以思想型、理论型、动脑能力见长的研究员和教授;而在技术共同体中,其主要成员则是以实践型、经验型、动手能力见长的发明家和工程师。前者的建制实体是国家科学院、科学各学科研究所、科学学会、综合大学的科学研究机构等,后者则是国家工程院、工科院校的研究机构、工程学会、工业部门的研究所、工业实验室、高技术开发区的企事业单位等。不同的职业建制也体现在人才培养模式的差异上。科学人才的培养主要在综合大学的理科院系和科学研究所进行,注重理论知识、概念辨析、数学基础、逻辑推理的训练;技术人才主要在工科院校、工业研究所和实验室培养,偏重专门技能知识、数值计算、实际操作的训练。尽管这两种角色可以转换,也有可能一身二任,但是转化总得有一个学习和适应过程,而且"双肩挑"

---

①　普赖斯:《巴比伦以来的科学》,任元彪译,石家庄:河北科学技术出版社,2002年第1版,第161-163页。

②　列维特:《被困的普罗米修斯》,戴建平译,南京:南京大学出版社,2003年第1版,第171页。

的人毕竟是稀少的,即便兼而有之,此类人物也是有所侧重的。

（15）从社会影响上看,科学和技术对社会的影响都是巨大而深远的,而且各自作为子文化,都是文化进化的重要推动力,显示出很强的文化渗透性。① 但是,二者的社会影响无论如何是有相当大的差别的。科学主要是观念形态的东西,它的社会影响基本上是思想上的和精神上的,尤其是科学思想、科学方法和科学精神直接作用于人的心灵,促使人更新观念、提升素质、完善人性,而它对政治、经济、军事、环境和生态基本上没有直接的影响。技术则不然:技术往往是以器物的形态出现的,它对人的思想和精神的影响是间接的,但是却直接作用于社会的其他各个方面,其影响是巨大的,而且具有两重性。反过来,由于科学自身的本性,社会对科学的影响较小、约束力弱,但是对技术影响很大、约束力也强烈得多。

（16）从历史沿革上看,技术的历史是古老而漫长的,可以说从原始人打制第一块石器时就开始了,而科学的历史沿革是相当短暂的,至今不过三百余年的历程,即使把科学的萌芽时期计算在内,也仅仅有两千多年。与技术的历史相比,科学的历史短得简直可以忽略不计。此外,技术依赖于科学的时间,就更为短暂了。② 沃尔珀特对此印

------

① 邦格厘清了一种误解:“经常有人认为,技术与文化是格格不入的,甚至是彼此对立的。这是一种错误的观点,是对技术过程尤其是对革新性技术过程的理论丰富性完全无知的表现。……事实上,技术并不是一个孤立的组成部分,它与整个文化的其他各个分支有很大的相互作用。而且在现代文化中,只有技术和人文学科(特别是哲学)与其他文化分支有很大的相互作用。具体地说,技术与系统的哲学的几个分支(逻辑、认识论、形而上学、价值论和伦理学)都有很强的相互作用。”参见邦格:技术的哲学输入和哲学输出,张立中译,北京:《自然科学哲学问题丛刊》,1984 年第 1 期。

② 海森伯对此有具体的说明:从 18 世纪和 19 世纪初起,形成了一门以发展机械操作过程为基础的技术,这起初只是旧手工工艺的发展及扩充,其基本原理人人都能掌握。甚至在蒸汽机得到应用以后,技术的这一特性并未得到根本改变。但是,19 世纪后半叶出现的电工技术,使得技术与旧手工工艺的联系已经不复存在,电力这种自然力的开发不是来自人们的直接经验,而是基于科学理论。参见海森伯:《物理学家的自然观》,吴忠译,北京:商务印书馆,1990 年第 1 版,第 6—7 页。

象深刻,他进而还洞察到科学和技术在历史上相互影响的不对等性,以及科学起源与技术起源在特点上的差异。他说,在确立科学的非自然本性(反常识的和反直觉的)时,必然要在科学和技术之间做出区分。区分的证据主要来自历史。技术比科学要古老得多,它的大多数成就——从原始农业、陶器的烧制、金属的冶炼制造、大教堂的建筑乃至蒸汽机的发明——无论如何是独立于科学的,直至19世纪科学才对技术产生影响(合成染料和电气工业)。这些技术基于常识和经验的实践手艺,而实践取向无助于纯粹知识。技术的历史大都是无名的历史,这再次不同于科学。就观念和器械而言,历史上的科学严重地依赖可以得到的技术,技术对科学有深刻的影响,反过来,科学对技术的影响是相当晚近的事情。一旦承认科学和技术之间的区别,科学在希腊的起源就呈现出特殊的意义。科学的特殊本性对科学仅仅一次出现负责。往往被认为是科学家的中国人实际上是熟练的工程师,对科学做出的贡献微不足道。他们的哲学是神秘主义的。容许科学在西方得以发展的,也许是理性和支配自然的定律的概念。[①] 史蒂文森也明确地意识到,与科学不同,技术在某种程度上对一直存在的每一种人类文化是共同的。与技术不同,科学并不是在人类历史的每一个阶段都存在或在每一个文化传统中都存在。[②]

(17)从发展进步上看,科学和技术都具有发展进步的性质,在这一点它们与文学、艺术、哲学不尽相同。但是,它们二者在发展进步的特点上判若黑白。列维特揭示,科学发展与技术进步,科学与作为在社会、经济、历史中展开的技术的逻辑,是很不相同的,尽管这

---

① L. Wolpert, *The Unnatural Nature of Science*, London, Boston: Faber and Faber, 1992, pp. vii, 24-30.

② L. Stevenson and H. Byerly, *The Many Faces of Science*, *An Introduction to Scientists*, *Values and Society*, Boulder, San Francisco, Oxford: Westview Press, 1995, p. 5.

两个建制看起来并肩前进。关键的差别在于,科学——仍然是指对唯一的物理世界的探索——的确是逻辑的,无论是作为一个过程还是作为已经完成的提炼过的理论结构。科学的发展结构基本上是树枝状的,即新的知识分支不断从老的枝干上生长出来,尽管在更深的层次上是一体的。与之相比,技术展开的机制完全不同。那些在生长点和结点工作的人是混合的集群,很难以一种简单的方式加以概括。关键人物可以是科学家或工程师,但也可能是行政领导、官僚、银行家、军官或政治家。技术的进步、后退、停滞或分叉看起来并不遵循任何可以概括的逻辑。[①] 沃尔珀特指出驱使科学和技术发展的动力大相径庭:对技术来说,它是市场的需求或进展中的技术"造成"的需要。情况似乎是,发明活动是受发明的预期的价值支配的,在投入高峰时即是发明高峰——科学往往不是这样的。[②] 斯科利莫夫斯基(H. Skolimowski)认为,二者进步在目标上各行其是:与科学进步的目标在于接近真理相对应,技术进步的内在目标在于提高有效性。这种有效性在具体的技术实践中表现为精确性、耐久性和低成本(或称效率性)。[③] 还有一点必须提及:尽管科学知识单元在进化过程可能出现复杂和多样的局面,但这只是暂时的、过渡的现象,它最终必将趋向简单性和唯一性。可是,技术物品的单元在进化中趋向复杂性和多样性,各种用途的锤子,各种大小和型号的扳手、螺丝,各种面料和花色品种的纺织品,各种配方和商标的牙膏、香皂等等。

---

① 列维特:《被困的普罗米修斯》,戴建平译,南京:南京大学出版社,2003 年第 1 版,第 171 - 173 页。

② L. Wolpert, *The Unnatural Nature of Science*, London, Boston: Faber and Faber, 1992, p. 31.

③ 刘文海:《技术的政治价值》,北京:人民出版社,1996 年第 1 版,第 19 页。

　　科学和技术在历史上的绝大多数时间是分离的,科学大规模地转化为技术的高峰时期也寥寥可数①,可是在现代,科学趋于技术化和技术趋于科学化也是不争的事实。为此,斯平纳提出认知—技术合成体(cognitive-technical complex)和现实化的科学(realized science)的概念②,拉图尔甚至和盘托出了"技科学"或"技术科学"(technoscience)的生硬概念③。这种科学技术一体化的思想是后现代主义的主题思想

---

　　① 普赖斯的说法有一定的道理:科学的正常成长更多地来自科学,而技术的正常成长更多地来自技术。技术专家用的科学大多数是他们在学校学习和大众知识中的科学,而科学家用的技术大多数是伴随他们成长起来的那些技术。两者之间的强有力的相互作用只出现在很少的时候,因而引人注目地形成历史山脉的高峰。在 17 世纪的科学革命中,有一种从工匠技艺状态向新型科学仪器的有力转换,它使科学从古代状态突破而获得爆炸性的增长,并带来现代的实验传统,带来望远镜、显微镜、气压计、温度计、抽气机和各种静电机械。在我们这一代,工业革命已经达到一个新水平,主要通过物理学——特别是爱迪生的电学——科学找到了它回报技术的方法。在大多数情况下,科学并没有给技术许多帮助,但偶尔你会遇到像晶体管和青霉素这样完全相反的反常事件。同样必须注意的是,这里存在的引人注目的例外而不是规律。高峰不是典型。不能以牛顿和爱因斯坦的标准去判断科学家。不能以晶体管的特例去判断科学对技术的影响。承认科学和技术大体上是只有松散联系的系统,人们的动机甚至训练都非常不同,属于完全不同的类型,这在理智上是没有什么困难的。普赖斯:《巴比伦以来的科学》,第 170－171 页。

　　② H. F. Spinner, The Silent Revolution of Rationality in Contemporary Science and Its Consequences for the "Scientific Ethos". *Revolution in Science*, U. S. A. ; Science History Publications, 1988, pp. 192－204.

　　③ 拉图尔说:我将用"技科学"或"技术科学"(technoscience)来描述与科学内容相关的要素,而不管它显得多么龌龊、多么不如人意或陌生;同时使用"科学和技术"——加引号——来指明,一旦所有责任归属的考验已然完成,技科学还余下什么。"科学和技术"圈内容纳的东西越多,它们在外部的扩展就越远。因此,"科学和技术"仅仅是个子集,它似乎只是因为一个最佳幻想而占据优先地位。然而,为了把资助者、盟友、雇主、帮手、信任者、赞助者和顾客包括在技科学之中,技科学规模的扩展似乎存在着危险,因为他们也许会依次被视为领导科学的人。一个可能的结论是:倘若科学不是由科学所构成并由科学家来领导,它将由所有的兴趣团体构成和领导。由于这种结论正是由所谓"科学的社会研究"所得出的结论,这种危险就更大。当"科学和技术"不能由其内在的动力加以解释的时候,它将由外在的推动力和需求加以说明。那时,我们的技科学之旅不仅应该充满微生物、放射性物质、燃料库和药品,还应该充满邪恶的将军、关系复杂的跨国公司、热切的消费者、被剥削的妇女、饥饿的儿童和扭曲的意识形态。参见拉图尔:《科学在行动——怎样在社会中跟随科学家和工程师》,刘文旋等译,北京:东方出版社,2005 年第 1 版,第 289－290 页。

之一,诚如福曼(P. Forman)所言,技术取向的科学(technologically oriented science)以及科学取向的技术(scientifically oriented technology)其范围之广和力量之大是众所周知的。这是后现代性之结果。①为了说明科学和技术之间的密切关系,人们提出了诸多说明模型,例如"线性模型"、"舞伴模型"、"杂交模型"等。这些模型都有可取之处,也道出了部分真理。但是,线性模型似乎简单化了一些,把科学和技术复杂、多变的关系描绘得过于径直,而且易于引起技术神话。舞伴模型亦有把科学和技术互动过程简单化之嫌,同时它忽略了这样一个事实:科学和技术不仅可以跳双人舞,而且有时也独舞。杂交模型把科学和技术视为一个新的综合体,这实际上已经使二者一体化了——这是我们绝对不能同意的——尽管这种一体化是部分的一体化而非整体的一体化。我觉得,可以接受的比较周全的观点也许是:

　　科学和技术是有联系的,但并非一体化;科学和技术是有区别的,但并非决然对立;科学和技术有时是互动的,但互动的形式多种多样,互动的过程错综复杂,而不是线性的和一义的。

---

① 福曼:近期科学:晚现代与后现代,曹南燕译,北京:《科学文化评论》,2006 年第 3 卷,第 4 期,第 17-48 页。

科学的自由品格 *

自由(freedom,liberty)是现代社会公共政治生活和个人精神生活的核心价值观念,它涉及思想和行动两个领域。源于盎格鲁撒克逊的否定自由观强调摆脱,意指在没有外部约束和强制的情况下行动的权力。出自欧洲大陆的肯定自由观强调自主,意指在可供选择的东西中选择自己的目标和行动路线的权力。

西方思想家对自由概念从诸多视角做了精心阐述。柏拉图认为,由理性支配的人是自由的,而由欲望和情欲控制的人是奴隶。笛卡儿把自由定义为可随意地给予或撤销们的同意的能力。莱布尼兹把自由看作是事先知道行为的后果,而不是满足于上帝把一切都安排好了。斯宾诺莎给自由下了这样一个定义:凡是仅仅由自身本性的必然性而存在,其行为仅仅由它自身决定的东西叫自由。康德表明自由是因果性的一种特殊形式,他把理论意义的自由视为与感性接受性对立的知性自发性,把实践意义的自由视为与他律对立的意志自律。法国人权宣言载明:自由是在不损害他人的权利的情况下从事任何事情的权利。J.S.穆勒提出,公民自由和社会自由也就是社会所能合法地施用于个人的权力的性质和限度。尼采则宣称,自由是人所具有的自我负责的意志。

自由的定义和含义尽管众说纷纭、莫衷一是,但是其精神实质不外乎囊括外在的社会条件和内在的心理状态两个范畴。在这方面,爱因

---

* 原载北京:《自然辩证法通讯》,2004 年第 26 卷。

斯坦的见解可谓"占尽风情向小园"。在他看来,自由是这样一种社会条件:一个人不会因为他发表了关于知识的一般的和特殊的问题的意见和主张而遭受危险或者严重的损害(政治条件),人不应当为获得生活必需品而工作到既没有时间也没有精力去从事个人活动的程度(经济条件);更重要的是内心的自由(这是上帝赐予人的最宝贵的礼物):这种精神上的自由在于思想不受权威和社会偏见的束缚,也不受一般违背哲理的常规和习惯的束缚。

基于以上对自由概念的理解,我觉得,科学具有自由的品格,科学存在的本质就是自由,科学应该是并且注定是自由的。这可以从下述几方面看出:

1.科学的目的:科学是人类争取自由的武器,它能把人从单纯的生存境地导向自由

这既是历史的事实,也是科学的本性使然。自史前时代和前科学时代起,先民和古人正是为了减轻心理恐惧和消除精神的疑团,为了躲避自然的暴戾并与自然抗争,才猜测和探索自然的奥秘,催生科学的萌芽的。伴随近代科学的诞生,人们逐渐摆脱了宗教神学的一统天下,从信仰时代迈进理性时代,从农业文明步入工业文明,从而实践和提升了人的价值和生命的意义。诚如爱因斯坦所说:"科学的不朽的荣誉,在于它通过对人类心灵的作用,克服了人们在自己面前和在自然界面前的不安全感。""一切宗教、艺术和科学都是同一株树的各个分枝。所有这些志向都是为着使人类的生活趋于高尚,把它从单纯的生理上的生存的境界提高,并且把个人导向自由。"

2.科学的前提:科学发展以外在的自由和内心的自由为先决条件

科学发展需要一个宽松而自由的外部环境,无此则会导致科学进步缓慢、停滞乃至倒退,历史上无数正、反面的事例证明了这一真理。李克特说得好:"科学对其社会环境的要求包括支持和自由,自由便涉及到对'控制'的限制。具体地说,科学在某种程度上需要的是一般可用'自主性'这一类术语表示的那种自由。""政治对科学的控制限于最低限度并且主要涉及保护非科学家的个人(例如在科学实验中用作实验对象的人)的权利和维护对待实验室动物的人道准则。在自由的条件下,科学家所具有的自由并不是一种特别的特权,而是公民们普遍享有自由的结果;这里所定义的科学的自由模型被认为是一种自由的社会。"

作为科学共同体,应该为科学力争并创造自由的外部环境,维护科学的自主性。这种自由包括从事科学研究的自由,选择研究课题和研究方法的自由,获取和支配研究资源的自由,教授、交流和发表研究成果的自由等等。作为研究者个人,要注意保持内心的自由,超越世俗的功利、时尚、成见和习惯。同时心里要明白,当科学的某些分支或理论发展到相当完备的阶段时,往往也会为教条主义和权威主义准备好肥沃的土壤,因而需要永不休止的自由的启蒙精神和怀疑精神。研究者内心的自由是科学永不衰竭的力量源泉。

在这里,有必要顺便指出,科学的计划化或计划科学有背于科学的自由前提和自由品格,因而对科学发展而言并非都是福音。波兰尼一语中的:"科学的计划化"或"计划科学""将会中断'科学'一词所表达的追求,而代之以另外的一种行动——那根本就算不上科学"。这"简直无异于杀死了科学",从而"构成了对智识及道德生活的状况总攻击的一部分"。

3. 科学的过程:科学作为人的创造活动的过程,自由的探索精神不可或缺

在科学研究和科学发明的过程中,自始至终贯穿着勇敢的自由精神。在研究的起点,需要在尊重前人思想遗产的基础上,以自由的怀疑批判精神开路。在着手研究时,首先需要方法论的自由。在做出突

破性的关键时刻,需要彭加勒所谓的"心智自由活动",需要爱因斯坦所说的"思维的自由创造"和"理智的自由发明"。在研究结束时,既要敢于坚持自己的正确观点,又要勇于修正或摈弃自己的错误,这也需要心灵的自由。在充满自由精神的探索过程中,研究者也从中享受到自由的乐趣。这正好应了彭加勒的一段话:"追求真理应该是我们活动的目标,这才是值得活动的唯一目的。……如果我们希望越来越多地使人们摆脱物质的烦恼,那正是因为他们能够在研究和思考真理中享受到自由。"

4.科学的结果:使人类获得了精神和物质的双重解放

作为科学知识之精华的科学思想和科学方法,使先民从野蛮走向文明,使古人从迷信走向理性,使今人从机械走向智慧——科学的最大用处就在于获得智慧。科学给予我们一幅比较完整、比较正确的世界图像,又赋予我们一套行之有效的方法和手段,使我们明白了人在自然界中的位置和作用,有助于我们坦然面对和从容处理来自自然和社会的挑战和危机,从而为人的心灵设置了安身立命之所,为人的感情生活提供了一个支点。同时,作为科学衍生物的技术,不仅使大多数人已经远离或正在摆脱饥饿和疾病的威胁,而且为人们腾出了大量的闲暇时间和精力,使之有可能从事科学和艺术创造活动,或者享用人类的精神文明成果。总之,科学的结果是人的精神和物质的解放者,直接或间接地提高了人类的精神境界,使人的精神得以自由发展,从必然王国进入自由王国。

5.科学的精神:沁透了自由的因子,撒播着自由的理念

科学精神是科学的形而上结晶或科学之道。科学的崇实、尚理、臻美的价值取向,普适、公正、无私的本征操守,以及基于其上的怀疑和批判精神,是科学精神的鲜明标识,其中都沁透了自由的因子——以外在的自由和内心的自由为条件和归宿。而且,科学精神也顺理成

章地担当起撒播自由理念的媒介，致使科学成为自由的象征。诺曼·列维特深中肯綮："不断发展的科学精神设法促使社会朝着自由价值观念的方向发展——对绝对主义和权威专制的反对，对世袭特权的否定，以及传统的非神圣化。这是一个缓慢扩散的过程，在这个过程中，自由主义理想迅速传播。"

众所周知，民主政治的真正目的是自由，而科学的目的、前提、过程、结果、精神无一不是自由的。在这一点，民主与科学可谓殊途同归、相得益彰。民主和科学作为人类的两大思想发明和社会建制，其最高的价值恰恰在于把人导向自由。更何况，"人存在的本质就是自由"，"人注定是自由的"（萨特），在这种意义上，人的存在、民主和科学的存在本质上是同一的，民主和科学的价值和意义即是人的价值和意义。在当前，形形色色的后现代主义者和反科学主义者一叶障目，不遗余力地攻击所谓的"科学的暴政"，这实在无异于堂吉诃德与风车搏斗，显得既荒唐又可笑。

最后，值得一提的是，作为一个时代的科学代言人的哲人科学家——他们均是自由思想家（freethinker）——以自己的睿智的思想和切实的行动展现了科学的自由品格。马赫把"思想自由位居第一"作为自己的哲学信条和行动纲领，他珍惜思想自由甚于珍视安全和对智力财产的占有。难怪诸多论者称赞马赫是"新的、真正的科学自由主义的创立者和领导者"；"马赫的真正伟大，就在于他的坚不可摧的怀疑主义和独立性"；马赫"对青年一代赢得精神的独立性将是一种最可贵的鼓励"。爱因斯坦是一个自由人，终生为自由上帝效劳。他说："只有不断地、自觉地争取外在的自由和内心的自由，精神上的发展和完善才有可能，由此人类的物质生活和精神生活才有可能得到改进。""要是没有个人自由，每一个有自尊心的人都会觉得生命不值得活下去。"

斯宾诺莎言之凿凿:"自由比任何事物都珍贵。"裴多菲的诗句更是家喻户晓:"生命诚可贵,爱情价更高;若为自由故,二者皆可抛。"由此看来,充满自由品格的科学的人文意义和精神价值——这是科学存在的至高无上的理由——是怎么估计也不会过分的。

科学与人生的关系*

　　动物是靠物质和本能生存的。人是唯一会使用符号的动物,除了对物质有所欲求以维持生存外,在很大程度上是靠精神和思想生活的。科学不仅间接地为人的生存提供了物质条件,使人获得了闲暇和自由。"它的更大的力量在于,科学的物质利益打开了大门,并将给所有人以使用心智精神的机会"①,从而为人的精神生活和思想发展开拓了巨大的空间。自近代科学诞生以来,在人的一生中,人生观、个人修养、人的精神生活、人赢得他人的尊重、人的全面发展、人的自我价值的实现等等,都与科学难分难解。因此,我们有充足的理由说,科学与人生息息相关——科学的人生功能正是在这里得以彰显。

　　在谈到科学和人生的关系时,马克斯·韦伯提出这样一个问题:科学对现实的和个人的"生命"能有什么积极的作用吗?他接着回答说:首先,利用一些技术知识,可以对生活——包括外在的事物和人的行为——进行控制;其次,科学给人以思维方法,以及这种方法所必需的手段和训练;最后,科学使人达到头脑的清明。②韦伯所言一点没错,可是科学对人生的积极作用远非仅此而已。

　　首先,科学满足了我们精神的急切需求,有助于人摆脱物质的牵累,使人的精神生命充实和勃发。爱因斯坦说过:"人类只有在不违背人性的情况下,从追求满足物质的欲望的冲动中解放出来,才能得到

---

　　* 　原载石家庄:《社会科学论坛》,2007年第10期。

　　① 　J. Bronowski, *Science and Human Values*, New York: Julian Messner Inc. , 1956, p. 86.

　　② 　马克斯·韦伯:《学术与政治》,冯克利译,北京:三联书店,1998年第1版,第43页。

有价值的、和谐的生活。这个目标就是推动提升社会的精神价值。"①
宗教扮演过这样的角色,科学也能部分地担当此任。爱因斯坦本人的
人生经历就是这样:少年时代的宗教天堂使他的精神得到第一次解
放:摆脱了原始的物欲追逐和囿于个人的桎梏;在抛弃宗教、皈依科学
后,从思想上把握外在世界的最高目标总是有意或无意地浮现在他的
心中,使他获得了内心的自由和安宁。罗斯扎克也有自己的精辟见
解:"自由地探究知识毕竟是最高的价值,是精神的紧迫需要,其程度
就像身体对食物的紧迫需要一样。……精神在追求知识时应该是完
全自由的,但同时在道德上要训练有素。……精神的生命在认识和存
在之间不断地对话,每一个形成另一个。"②布罗诺乌斯基的下述言论
肯定会引起人们的共鸣:

> 科学必须告诉我们的不是它的技巧,而是它的精神——对探
> 索的不可压抑的需要。……科学创造了我们理智生活的价值,与
> 艺术一起把它们教给我们的文明。科学甚至在长崎的废墟中也
> 不是羞耻的。羞耻的是诉诸其他价值的他们,而不是科学使之逐
> 渐发展的人的想象力的价值。羞耻的是我们,如果我们不使科学
> 在理智上像在物质上成为我们世界一部分,以致我们最终可以用
> 相同的价值支持这半边天的话。③

其次,科学能帮助我们形成健康的生活方式,有利于我们人道地

---

① 卡拉普赖斯编:《爱因斯坦语录》,仲维光译,杭州:杭州出版社,2001 年第 1 版,第
184 页。

② T. Roszak, The Monster and Titan: Science, Knowledge, and Gnosis. E. D. Klemk ed.,
Introductory Readings in the Philosophy of Science, Ames: Iowa State University, 1980.

③ J. Bronowski, *Science and Human Values*, New York: Julian Messner Inc., 1956,
pp. 93-94.

生活。米奇利看到，科学处理有趣的主题，能够强烈地影响我们看待人的生活方式。例如，宇宙秩序的概念是我们思维的决定性的背景，我们思考我们自己的种族和其他生物的关系是形成我们内心地图的基本要素。他引用了沃丁顿的言论："科学独自能够向人类提供生活方式，这种生活方式首先是自我一致的与和谐的，其次对于实行我们物质进步所依赖的客观理性来说是自由的。就我能够看到的而言，科学的心态是今日唯一在这两方面合适的态度。还有许多其他有价值的理想可以补充它，但是我无法看到它们中的任何一个能够作为正在进步的和丰富的社会基础而代替它。"①科恩对此也有自己独特的视角："科学提供了摆脱迷信和人道地生活的一种伟大的质——客观性。如果我们希望确立一个没有错觉的，自主的，自我估价的，为自己判断什么是可能的、什么是不可能的、什么是可几的以及如何借助不充分的证据选择最可能路线——概率和不确定性的生活是科学的生活——的生活的话，那么我们必须看到客观性在我们的文化中始终教导我们。"②

　　第三，科学有助于我们更好地认识自己。"认识你自己"是古希腊哲学家的一句耳熟能详的格言，但是在科学出现之前，这种要求根本无法完全实现。这是因为，没有科学的视野，根本不可能认识人的自然属性，也无法深入认识人的社会和心理属性；也许更重要的原因在于，"人的本性的至高无上的美存在于科学之中"（圣托马斯·阿奎那语）③。科学的出现，给我们提供了比较全面、比较深刻地认识自己的

　　①　M. Midgley, *Science as Salvation*, *A Modern Myth and Its Meaning*, London and New York: A Division of Routledge, Chapman Hall, Inc., 1992, p. 6.

　　②　R. S. Cohen, Ethics and Science. R. S. Cohen et al. ed., *For Dirk Struck*, Dordrecht-Holland: D. Reidel Publishing Company, 1974, pp. 307 - 323.

　　③　E. P. Fischer, *Beauty and Beast*, *The Aesthetic Moment in Science*, New York and London: Plenum Trade, 1999, p. 1.

可能性。"科学实际上向我们阐明了我们与世界其他部分的相互作用,从而产生理解和指导我们的行为。"①威尔金斯指出,达尔文和弗洛伊德大大改变了人对他自己和他的价值含义的态度,使我们了解人的动物本性和心理,认识人与人之间宽容的基础。他说:

> 当神经生理学和心理学有效地相互渗透时,我们可以预期进一步阐明我们的本性,这样的自我认识会大大影响我们的价值。于是,借助科学给予的自我认识,科学是有价值的。由于我们是物质世界的一部分,我们必须研究那个世界的整体,以便更充分地理解我们自己。我相信,全部科学的价值正在此处。②

舒马赫举出六个伟大而重要的思想,可以充实人的头脑,用以思考并通过这些思想使世界、社会以及他自己的生活变得可以理解。它们起源于 19 世纪,现在仍然支配着"受过教育的"人们的头脑。③其中,进化的思想,竞争、自然淘汰、适者生存的思想,弗洛伊德的下意识理论,均直接来自科学,而其他三个在观察事实基础上取得的思想(马克思的经济基础和上层建筑理论以及阶级斗争理论,相对主义的普遍概念,实证主义的胜利概念)也多少与科学直接或间接有关。

第四,科学使我们的生活更有兴趣和意义,从而促进人生境界的提升。薛定谔认为,科学是人的高尚能力的自由显示,这种有效的能

---

① R. Levins, Ten Proposition in Science and Antiscience. A. Ross ed. , *Science Wars*, Durham: Duke University Press, 1996, pp. 180 – 191.

② M. H. F. Wilkins, Introduction. W. Fuller ed. , *The Social Impact of Modern Biology*, London: Routledge & Kegan Paul, 1971, pp. 5 – 10.

③ 舒马赫(E. F. Schumacher):《小的是美好的》,虞鸿均等译,北京:商务印书馆,1984年第 1 版,第 55 – 56 页。

力超越纯粹的功利主义,能引起自己和他人的愉快,从而普遍提高了人们的生活兴趣。① 韦斯科夫揭示了科学赋予生活以意义的功能:包括科学在内的人的创造性的多数形式,具有一个共同的方面,即尝试给各种各样的印象、激情、经验和行为给出某种含义,从而给我们的存在赋予意义和价值——要知道,人不能在没有意义的情况下生活,否则他活着就是空洞的无趣味的、"无意义的"。② 艾肯则点明,科学能使人生达到一种新的存在之境界。他是这样论述的:人必须创造他自己的生活的目的和存在的意义,力求使生命表面上的无意义与个人对目标的追求协调起来。人的这种精神的饥饿不再能够被传统的宗教满足了,需要的是理性和情感的整合,科学的东西与心理的东西的整合,从而达到浪漫的存在主义(romantic existentialism)的人生境界。③

　　第五,科学有助于涤荡人性的污垢,纯洁人的灵魂,培养人的良好素质,树立健全的人生观,促进人的全面发展。邦格的一段话比较全面地阐述了这一切:

　　　　从科学态度的广泛传播,能够期望在个人和集体二者的眼界和行动方面发生重大变化。科学态度的普遍采纳可以使我们变得更明智,它能使我们更谨慎地接受信息,保持信念和做出预见;它能使我们更严格地检验我们的看法,更宽容地对待其他人的见解;它能使我们更热切地自由探究新的可能性,更迅速地除去神圣化的神话;它能提升我们对理性指导的经验的信赖,以及我们

------

　　① 薛定谔:科学、艺术和游戏,王大明译,北京:《科学学译丛》,1987 年第 2 期,第 11 - 12 页。

　　② V. F. Weisskopf, Art and Science, F. D'Agodtino & I. C. Jarvia, *Freedom and Rationality: Essays in Honor of John Watkins*, Netheland: Kluwer Academic Publishers, 1989, p. 99.

　　③ F. Aicken, *The Nature of Science*, London: Heinemann Educational Books, 1984, p. 120.

对用经验检验的理性的确信;它能激励我们更好地计划和控制行动,选择目的,寻求与这样的目的和可以达到的知识一致的行为规范,而不是寻求与习惯和权威一致的行为规范;它能促进对真理的热爱,乐于承认错误,强使改善和理解不可避免的不完美;它能给我们以永远年青的世界观,这样的世界观建立在已检验的理论的基础上,而不是建立在死硬的、未被检验的传统的基础上;它能鼓励我们坚持人的生活的现实主义的观点。①

威尔金斯强调科学对人的心智或智力发展的积极作用。他说,科学的价值必然主要在于,它对人的心智的成长或经验的扩张有巨大贡献。理性是人的心智结构的本质构成成分,甚至科学的批评家也承认,人的发展必须包括理性的和思维的方面。我们不能把科学从这个方面排除出去,科学的价值正在此处。② 考尔丁指出,人的精神和意志的成长离不开科学。他说,科学在促进人的发展中的作用,即通过智力、首创、纪律等科学生活的训练,促进精神和意志的成长。物质福利只是人的发展的条件,科学对精神和意志成长的潜在贡献被低估了。科学唤起对真理和理性首要地位的重视,能够成为理性生活的学校,必然有助于追随它的人的个性发展,从而成为一个健全的人。这样的人是社会的根本财富,因为他能够弘扬文明赖以建立的理性的价值,以对抗暴力、偏见和激情。③ 密立根注意到科学对人的行为的积极影响:"科学认为阻止人们过分匆忙地得出结论是它的主要功能,即使对

① M. Bunge, *Philosophy of Science*, *From Problem to Theory* (Revised Edition), Vol. I, New Brunswick and London, 1998, pp. 37 – 38.

② M. H. F. Wilkins, Possible Ways to Rebuild Science. W. Fuller ed. , *The Social Impact of Modern Biology*, London: Routledge & Kegan Paul, 1971, pp. 247 – 254.

③ E. F. Caldin, *The Power and Limits of Science*, London: Chapman & Hall LTD, 1949, Chapter X.

于它的信徒来说也是如此,虽然它并非总是成功的。不管怎样,它的影响始终强使人们用思考的、明达的、理性的行为代替恐慌的、激情的行为。"①

科学知识是一种具有严格论证、严密逻辑、缜密思想的理论体系,在所有理论中是独领风骚的。拉特利尔关于理论与人生的一席话值得我们深思:"理论并不是对一个除了表面的、消逝着的和浮华的光彩之外什么也不是的世界徒劳无益的景仰。理论也不是毫无意义的劳作,不能改变事物分毫而只会在生活的不幸之上再加上过分强化的毫无用处的沉思。它是人自身中的'逻各斯',是至高无上的努力。它把一种偶然的、明显地屈从于天命和注定要湮灭的人生,提高到一种无可挑剔的与处于现象世界核心的因素相一致的至善生活的崇高境界,与真实或真理相一致的观念,绝不是要在外来力量面前退却,而是反映了可能是人的一种内在要求,即在人生中追溯原初创造力的足迹。"②

使我们感兴趣的是,1923 年,在中国思想界爆发了一场有名的"科学与人生观"大论战。其实,在此之前,一些科学思想家已就科学与人生问题就做过细致的思考。任鸿隽早在 1915 年就坦言:"无科学知识者,必不足解决人生问题。"他论证说:

> 凡人生而有穷理之性,亦有自觉之良,二者常相联系而不相离。谓致力科学,不足"自知与知世"者,是谓全其一而失其一,谓达其一而牺牲其一也,要之皆与实际相反者也。人方其冥心物

---

①　R. A. Millikan, *Science and the New Civilization*, Freeport and New York: Books for Libraries Press, 1930, p. 58.

②　拉特利尔:《科学和技术对文化的挑战》,吕乃基译,北京:商务印书馆,1997 年第 1 版,第 14－15 页。

质,人生世界之观,固未尝忘,特当其致力于此,其他不得不暂时退听耳。迨其穷理既至,而生人之情,未有不盎然胸中者。于何证之? 于各科学应用于人事证之。方学者从事研究时,其所知者真理而已,无暇它顾也。及真理既得,而有可以为前民利物之用者。则蹶然起而攫之,不听其废弃于无何有之乡也。而或者谓好利之心驱之则然。然如病菌学者,身入疫疠之乡,与众竖子战,至死而不悔,则何以致之,亦曰研究事物之真理,以竟人生之天职而已。是故文学主情,科学主理,情至而理不足则有之,理至而情失其正则吾未之见。以如是高尚精神,而谓无与人生之观,不足以当教育本旨,则言者之过也。①

杨铨在题为《科学的人生观》②的讲演中认为,宗教的人生观(悲天悯人,以救世为怀)、美术(艺术)的人生观(趋重感情方面,以美术的眼光解释人生)、战争(竞争)的人生观(物竞天择,竞争为人生重要之元素)、实利的人生观(做事立说均求实用,以利为先)均各有弊病,应以科学的人生观补救。何为科学的人生观? 他的回答是:科学的人生观乃客观的、慈祥的、勤劳的、审慎的人生观也。何谓客观的? 不以一己之是非为是非,凡一切事物俱以客观态度觇之。曷云乎慈祥? 即与宇宙之形形色色表有同情。见动植物之外表,同时念及其种子之如何传播营养,土地气候之影响如何,能知动植物生活状况而了解其生命之艰难,且发生同情之观感焉。曷云乎勤劳? 以求真理为毕生之事。求真无终止之日也,故科学家亦无作工休止之日,从无家拥巨资或手握大权得富贵而停辍者。如历来发明家,只求真理,不知实利,有至死不

---

①　任鸿隽:科学与教育,上海:《科学》,1915 年第 1 卷,第 12 期。

②　杨铨:科学的人生观,上海:《科学》,1920 年第 6 卷,第 11 期。

休者。曷云乎审慎？凡有所闻，必详其事之原委条件，无囫囵入耳之言，亦无轻率脱口之是非。盖科学家对于一切事物俱存怀疑态度，忍耐求之，不达真理目的不止也。在杨铨看来，科学的人生观是与科学精神相通的，欲明前者须明后者，因此他在讨论了科学精神之后，总结出科学的人生观的三大特色。第一，科学的人生观与德谟克拉西（民主）。科学的人生观颇具德谟克拉西精神。无强弱，有是非，不似世之人情。其拥护真理也，无宗教，无阶级，无国家，唯知有真理而已，可以见科学精神之大同矣。科学的人生观无阶级，无虚荣心，至高尚也。由一些著名科学家之出身低贱，以证斯言之非虚。第二，科学的人生观之实事求是。科学家尊重真理，不怨天，不尤人，不以处境微贱而易其志。法勒第（法拉第）、瓦特、牛顿，皆是代表科学实事求是之精神也。第三，科学的人生观之甘淡泊。抱实利主义者只知金钱，不知其他。科学家之研究科学，其所希冀之报酬即在求科学之进步，故有淡泊精神。难怪他断言：实验室正足以养浩然之气。

在"科学与人生观"论战中，针对张君劢"人生观问题之解决，决非科学所能为力"的主张，丁文江力主人生观与科学不能分家。王星拱则认为：科学是凭借因果和齐一两个原理而构造起来的；人生问题无论为生命之观念，或生活之态度，都不能逃出这两个原理的金钢圈，所以科学可以解决人生问题。科学为智慧发达之最高点。智慧之维持生活与改良生活，在经常的状况之下，总要比本能高千万倍。① 胡适宣布了他的新人生观的大旨，即科学让人知道：空间无穷之大；时间无穷之长；宇宙中万物的运行和变迁是自然的；生物界的生存竞争的浪费与残酷；人是动物之一种；生物及人类社会演进的历史和演进的原因；

---

① 王星拱：科学与人生观，张君劢、丁文江：《科学与人生观》，济南：山东人民出版社，1997 年第 1 版，第 285－286 页。

一切心理现象都是有因的;道德礼教是变迁的,是有因可寻的;物质是活的和动的,不是死的和静的;个人有死,人类不朽,"为全种万世而生活"是最高的宗教。胡适认为这种新人生观是建立在二三百年的科学常识之上的大假设,也许可以加上"科学的人生观"的尊号,但为避免无谓争论起见,最好叫"自然主义的人生观"。他最后强调:

> 这个自然主义的人生观里,未尝没有美,未尝没有诗意,未尝没有道德的责任,未尝没有充分运用"创造的智慧"的机会。①

任鸿隽表示,科学可以间接、直接地把人生观改变,这就科学的性质上方法上可寻得出几个缘故来。第一,科学的目的在求真理,而真理是无穷无边的,所以研究科学的人,都具有一种猛勇前进,尽瘁于真理的启沦,不知老之将至的人生观。第二,因为科学探讨的精神,深远而没有界限,所以心中一切偏见私意,都可以打破,使它和自然界高远的精神相接触。这样的人生观,也不是他类的人可以得到的。第三,科学研究的是事物的关系,明白了关系,才能发现公式。这样关系的研究,公式的发现,都可以给人一种因果的观念,而且这个因果观念,在经验世界里面,是有绝对的普遍性的。研究科学的人,把因果观念应用到人生观上去,事事都要求一个合理的。这种合理的人生观,也是研究科学的结果。由此可见,科学自身可以发生各种伟大高尚的人生观。②

在结束时,我们再讨论一个问题:科学能否给人以幸福? 自科学诞

---

① 胡适:《科学与人生观》序,张君劢、丁文江:《科学与人生观》,济南:山东人民出版社,1997年第1版,第23—25页。

② 任叔永(任鸿隽):人生观的科学或科学的人生观,张君劢、丁文江:《科学与人生观》,济南:山东人民出版社,1997年第1版,第128—131页。

生以来,这个问题就困扰着人们,至今依然是有关科学的争论的焦点。

什么是幸福?一般而言,幸福意谓生活、境遇使人称心如意。据一辞书解释,幸福的希腊词 eudaimonia 意为"人的兴旺"。该词由 eu(好)和 daimon(神灵)组成,字面意义是"有一个好的神灵在照顾"人类最高的善。英文一般将其译为 happiness,但并不确切,因为它仅包含快乐和情感满足之意。这只是希腊词 eudaimonia 的部分含义,而该词的另一含义在哲学上是重要的,即人作为主动存在物的本性的满足。eudaimonia 不是暂时的现象,而是涉及人的整个一生的状态,因此也被译作"福祉"。许多希腊哲学家,包括柏拉图、亚里士多德和伊壁鸠鲁,都认为 eudaimonia 是值得过的生活状态。在亚里士多德的学说中,eudaimonia 乃是一个人最深刻地实现其本性的生活状态和生活的完满目的。他把 eudaimonia 定义为符合德性的生活,故对幸福和对德性生活的真诚追求是一回事。在具体生活中,eudaimonia 一般是指符合道德德性和实践理性的活动。① 古希腊思想家梭伦早就认为,财富并不能决定幸福,还必须要有德行。伊壁鸠鲁指明,幸福的两个维度是"身体的无痛苦和灵魂的无纷扰"。中世纪的神学家认为"幸福是德行的报偿"。近代神学家把追求幸福视为人的天赋权利和自然本性。②

中文"幸福"一词由二字组成:"幸"有逢凶化吉、幸运、庆幸、幸亏、祈望等义;"福"指富贵寿考等,《尚书·洪范》列举了"福"的五个方面的内容:"一曰寿,二曰富,三曰康宁,四曰攸好德,五曰考终命。"幸福二字同时出现或连用,谓祈望得福。其例可见《汉书·高帝纪下》:"愿

---

① 布宁、余纪元编著:《西方哲学英汉对照辞典》,北京:人民出版社,2001年第1版,第335-336页。

② 金炳华等编:《哲学大辞典》(修订本),上海:上海辞书出版社,2001年第1版,第1712页。

大王以幸天下。"颜师古注:"福喜之事,皆称为幸。"《新唐书·李蔚等传赞》:"幸福而祸,无亦左乎!"由此不难看出,中国人和西方人对幸福概念的理解是有诸多相通之处的,特别是把幸福与德行或德性联系起来,并强调幸福的精神维度。

科学是否给人以幸福? 对这个问题有截然不同的两种答案。科学乐观主义者、科学的信奉者回答"是",科学悲观主义者、怀疑论者、反科学者回答"否"。莱布尼兹也许是较早持肯定态度的思想家,他说:"既然幸福在于心灵的宁静,既然心灵的持久的宁静依靠我们对未来的信心,既然那一信心建立在我们应有的关于上帝和灵魂之本性的科学基础之上,因此可以说,为了真正的幸福,科学是必须的。"[①]帕斯莫尔认为:"科学——通过技术起作用——是否在事实上增加了人的幸福? 在这里撇开反对任何发明的原始主义或尚古主义(primitivism)不谈,可以有理由地回答:科学给人更多的帮助。无疑地,世界还有相当多的人生活在恶劣的、短缺的境况中。但是,人借助科学在原则上获知,如何控制大规模的疾病,如何转动开关利用电力供他支配。如果这些好处还未普及,那肯定不是科学的过错。"[②]

持否定观点的也大有人在。梁启超在第一次世界大战后欧游归来,以悲凉的笔调描绘了当时的社会思潮和相当多的人的心理景况:

> 讴歌科学万能的人,满望着科学成功,黄金世界便指日出现。如今总算成功了,一百年的物质进步,比从前三千年所得还加几倍,我们人类不惟没有得着幸福,倒反带来许多灾难! 好像沙漠中失路的旅人,远远望见个大黑影,拼命往前赶,以为可以

---

① 马小兵选编:《理性中的灵感》,成都:四川人民出版社,1997年第1版,第88页。
② J. Passmore, *Science and Its Critics*, Duckworth: Rutgers University Press, 1978, p. 36.

靠它向导，那知赶上几程，影子却不见了，因此无限凄惶失望。影子是谁？就是这位"科学先生"。欧洲人做了一场科学万能的大梦，到如今却叫起科学破产来，这便是最近思潮变迁的一大关键了。①

梁氏的说法即时遭到科学派的反驳，他们强调不能把战争不幸的责任归咎于科学，那是不合理的社会制度、经济制度、政治制度的过错，责任主要在政治家、教育家而不在科学家。薛定谔也对科学赐福怀有疑义："在自然科学突飞猛进地推动下，技术和工业的不断发展，是否增加了人类的幸福？对此，我深表怀疑。"他以神奇的现代交通工具为例说，它使时空缩小，但却使旅费大增，于是分散在地球各处的亲友无缘相见，从而蒙受分离之苦。他反问道："这带给人民的难道能称之为幸福吗？"②现在，谁都明白，薛定谔的怀疑是不必要的，现代航空业的发展和普通人生活水平的提高，已使他的担心成为多余的。

有意思的是，彭加勒似乎没有径直地从正面明确回答这个问题，他转换了看问题的视角：科学起码可以减少我们的痛苦，不至于使我们更加不幸。他的潜台词是：要不，你由明变盲，退回到无科学的时代试试；你要是感到遗憾的话，你可以像兽类一样，在极乐世界幸福地生存去吧。彭加勒的论述值得人们仔细回味：

但是，假使人们害怕科学，那尤其是因为它不能给我们带来幸福。显而易见，它不能如此。我们甚至可以询问，兽类是否比

---

① 梁启超：欧游心影录，上海：《时事新报》，1920 年 3 月 3 日至 3 月 25 日。
② 薛定谔：《自然与古希腊》，颜锋译，上海：上海科学技术出版社，2002 年第 1 版，第 95－96 页。

人类少经受痛苦。假使人与兽类无异，不知他必然要死，自以为长生不老，而视地上为极乐世界，我们会因此而感到遗憾吗？当我们品尝了苹果，痛苦并不能使我们忘记它的美味。我们总是能够回味它。它会是另外的味道吗？我们进而要问，一个由明变盲的人是否就不渴望光明呢。于是，人类不能通过科学而得到幸福，但是若没有科学，人类今天便会更加不幸。①

当然，仅靠科学而无其他，并不能使人得到真正的幸福；然而，没有科学，人的幸福感无疑会大打折扣。套用一句口头禅：科学不是万能的，但是没有科学是万万不行的。尤其是在当今这个科学和技术突飞猛进发展的时代，幸福生活——物质的和精神的生活——无论如何离不开科学的助力。不过，话说回来，科学必须与人文珠联璧合，才能最大限度造福于人类，单打一是行不通的。罗素说得对："在思想领域，清醒的文明大体上与科学是同义语。但是，毫不掺杂其他事物的科学，是不能使人满足的；人也需要有热情、艺术与宗教。科学可以给知识确定一个界限，但是不能给想象确定一个界限。"②有论者在讨论科学和人文在共建幸福中的功能时这样写道："科学提供幸福的物质前提，人文提供幸福的精神条件；科学产生出物质生活的富裕，人文产生精神生活的充实；科学解决人的生理平衡问题，人文解决人的心理平衡问题；科学使人获得现实的利益，人文使人享受理想的快乐；科学以实在的方式使人感受适意，人文以超越的方式使人体验怡然自得的

①　彭加勒：《科学的价值》，李醒民译，沈阳：辽宁教育出版社，2000年第1版，第ii页。
②　罗素：《西方哲学史》（上卷），何兆武等译，北京：商务印书馆，1963年第1版，第39-40页。

意境；科学将有限的、具体的满足赐福于生活，人文将无限的、永恒的激情灌注于人生；……"①这种两分法的说法不能说没有道理，但是不免绝对化了。因为科学之内本来就包含着诸多人文因素，而且还在继续生发出新的人文精神。我们一瞥科学的精神价值以及科学与人生的关系时，难道不能说明科学能够给人们的精神生活增添幸福吗？

---

① 肖峰：《科学精神与人文精神》，北京：中国人民大学出版社，1994 年第 1 版，第 322 页。

关于科学与价值的几个问题[*]

科学与价值问题,是国外科学哲学界近年来议论的一个重要课题。要探讨这个问题,首先必须了解:什么是科学?什么是价值?关于科学,虽然学术界至今没有给出一个令人满意的定义,但是人们对科学作为一种知识体系、研究活动和社会建制的内涵则是没有多少疑问的。至于价值,可就众说纷纭,莫衷一是了。

一、什么是价值?

在中国古代和古希腊的哲学中,在谈论人生的意义、目的和理想以及人的行为的评价标准时,就已经涉及价值问题。在漫长的欧洲中世纪,全能全知全善的上帝被看作是最高的价值,是一切价值的源泉和归宿。例如,圣奥古斯丁就告诉人们,价值应该建立在上帝意志的基础上,而不是基于其他东西。近代西方的一些基本价值观念,则是随着文艺复兴和科学革命来到这个世界上的。18 世纪的一些著名哲学家,已开始探讨价值本身。戴维·休谟认为,价值判断以人性为基础,以利己的同情心为基础;伊曼努尔·康德强调,价值是或者应该是借助于他所谓的"绝对命令"而建立在理性的根基上;杰里米·边沁则指出,价值以其在促进最大多数人的最大幸福中的有用性的计算结果为基础。19 世纪,在一些思想家的努力下,价值的意义被延伸至哲学

---

*　原载北京:《中国社会科学》,1990 年第 5 期。

方面更为广阔的领域。

真正的价值哲学(axiology,或译为"价值学"),即对价值概念的深入阐述和对价值理论(value theory)的系统探讨,是 19 世纪末和 20 世纪初形成的。一批哲学家和研究者对价值的含义、基础和性质,各执一词。他们或者认为,价值是愿望的满足,是快乐,是引人感兴趣的任何东西,是经过选择的所好,是以某种方式被享受或可享受的质;或者认为,价值是有助于提高生活的任何经验,是人格统一体的对照经验;或者认为,价值是纯粹理性的意志,是手段和实际达到目的之关系;如此等等,不一而足。

在马克思主义学说里,价值被看作是客体的属性和主体的需要之间的特定关系。马克思主义强调价值的客观性(价值的客观基础和源泉在于客体的属性)、实践性(通过社会实践才能发现价值和实现价值)和历史性(价值本质上是一个社会历史的范畴,人们的价值标准受社会历史条件的制约,并随着历史的发展而变化)。

如果细究一下价值概念,我们不难发现价值除具有客观性、实践性和历史性外,似乎还具有以下几个方面的性质。

潜在性:价值虽然必须有客体(事物和现象)作为它的载体,但它并非实存地或实在地存在于客体之中,而具有潜存的、非实在的性质。也就是说,价值并不像洛克意义上的"第一性的质"(广延、形状、动静、不可入性等可以用数量方式来表示的质)和"第二性的质"(颜色、声音、气味等并非物所固有的质)一样实际地构成事物的不可或缺的部分,它只是潜存于事物的属性之中。主体的需要或兴趣,才能使它从潜存性转化为实存性。

关系性:价值在主体与客体的关系中得以显现;二者不发生关系,也就无所谓价值。尤其是伦理价值,正是从个人与个人、个人与社会的张力关系中获得其丰富性的。没有这种关系,则伦理道德荡然无存。生活在荒无人烟的孤岛上的鲁滨孙,无所谓道德价值。

目的性:价值是人的每一个有目的的活动中必不可少的因素。价值能够被看作是兴趣、需要、偏爱、期望、下意识倾向的理性化。价值指导我们在设定目标、选择达到目的的手段、估计风险中做出决定。正是我们的价值体系,决定了我们计划、行动、完成和悔恨的方式。价值还具有劝告和说服的性质。

价值这只看不见、摸不着的无形之手,伸展到道德、宗教、艺术、科学、经济、政治、法律和习俗等各个领域。在本文,我们仅涉及科学与价值的某些相关性。

二、科学与价值的关系的几个方面

科学与价值的关系有以下三个值得探讨的方面:科学的价值,科学与社会价值观念的互动,科学中的价值。

先谈科学的价值。科学的价值即科学本身的社会价值,也就是科学作为一种客观存在其属性对人的需要的有用性。自近代科学诞生以来,尽管不时有人诅咒科学是恶魔的附庸和进步的敌人,但是科学以其辉煌的成就毕竟赢得多数人对它的价值的首肯。

科学以其所导致的技术,创造了巨大的物质财富,增进了社会福利,提高了人们的生活水平。科学也产生了一些不容忽视的副作用,但是这只是技术被恶用或被误用所致,并非科学本身之过。这种副作用只能通过建立和完善社会技术或社会工程(social technology or social engineering),通过科学和技术的进一步发展来消除。要求中止和暂禁科学是不现实的。即便能够做到这一点,那将不可避免地导致文明的迅速衰落,这无异于人类的集体自杀。因此,因噎废食的轻率之举显然是错误的和行不通的。

　　科学不仅能够满足人们的物质需要，而且也能满足人们的精神需求，促进社会的精神文明；这是科学的精神价值之所在。如果说科学所具有的物质价值是间接的话（因为它必须以技术为中介才能体现出来），那么科学的精神价值就是直接的了（因为科学在很大程度上是人类精神的成就，而非物质技术的成品）。作为知识体系的科学具有信念价值、解释价值、预见价值、认知价值、增值价值和审美价值。作为研究活动的科学有其研究的目的（认知）和达到这一目的的科学方法（实证方法、理性方法、臻美方法）。它们不仅保证科学理论的客观性、合理性和完美性，而且它们所体现的求实、尚理、爱美的品格，无疑有助于人类自身的完善和文明的进步。作为社会建制的科学的精神价值，是通过科学共同体的规范结构显示出来的，这就是 R. K. 默顿所谓的普遍性、公有性、无私利性、独创性、有条理的怀疑性。科学共同体的规范结构不仅与人类社会理想的道德准则相通，而且也为与其一体化的民主秩序提供了健全地发展机会。

　　再谈科学与社会价值观念的互动。科学和社会价值观念都是社会这个大系统中的两个子系统，二者相互作用，相互制约。科学主要是以其科学思想、科学方法、科学精神潜移默化人的思想，影响人的行为规范，从而逐渐变革社会价值观念的。近代科学革命，客观上打破了神为自然界立法的教义，确立了人为自然界立法的信念，把社会价值观念从神性转移到人性，从虚幻的来世转移到世俗的现世。达尔文"物竞天择，适者生存"的进化论，为资本主义自由竞争的价值观念提供了理论根据，农业社会中那种安贫克己、自足自给、与世无争、不求进取的伦理观念不再受到人们的推崇。

　　社会价值观念对科学的推动或制约是显而易见的。如果它与科学的价值观念合拍，则可以引导社会给科学以物质上或道义上的支持,激励人们献身科学事业,潜心从事研究工作;反之,则抑制或阻碍科学的发展。17世纪英国的清教主义所促成的正统价值观念无意之中推动了近代科学的进展。[①] 相反地,中国古代某些传统价值观念,诸如重人事轻自然、重玄思轻实践,重故纸轻创新以及绝巧弃利、艺成而下、读书做官等等,则严重地妨害当时科学的发展。

值得注意的是,同一价值观念在不同的历史环境下对科学的影响甚至是截然不同的。在近代科学诞生时期,功利主义的价值观念大大支持了科学,使科学在社会中赢得了自己应有的地位。但是在今天,功利主义(尤其是它的极端形式)则有害于科学的正常发展,因为它反对给不能取得"立竿见影"功利之效的基础研究以支持,驱使科学家抛开具有内在重要性的科学课题,限制科学潜在生长的可能方向,威胁到科学研究作为一种有价值的社会活动的稳定性和连续性。

另需指出,社会伦理价值观的变迁,有时能以一种微妙而不容忽视的形式改变该社会的科学形态,影响科学的取向和进程。然而,这一事实并不一定能证明起作用的价值体系的合理性。如德国纳粹时期的科学也许完全依赖于纳粹的价值观,但是这种价值观则是有害于社会的。

最后谈科学中的价值。科学中的价值意指科学家和科学共同体不仅在科学活动中脱离不开价值判断,而且价值和价值判断因素也或多或少地渗透在科学知识体系之中。也就是说,科学家及其共同体并不是以无个性、无感情的方式从事科学活动的。科学是人的事业,是由朝气蓬勃、有血有肉的人完成的,科学活动及其结果必不可免地显示出某些与价值、伦理有关的东西。真正的科学并非仅仅处理"是什

---

① 默顿:《十七世纪英国的科学、技术与社会》,范岱年等译,成都:四川人民出版社,1986年第1版,第201页。

么",而且也涉及"应该是什么"。一句话,科学中的价值是隐含在科学本身结构中的价值,这是科学认识真实过程的组成部分。

三、科学知识体系中的价值

科学家是社会的分子,处于社会的文化氛围之中,因而在他们的思想和行为中无不打上社会价值观念的烙印。科学家也是科学共同体的成员,包含有价值因素在内的共同体的"范式"或"研究纲领",也不可避免地引导科学家的探索活动。科学研究是一项高度创造性的精神活动,在这个过程中,科学家的理性思维和非理性思维得到充分的发挥,以主观偏爱为基本特征的价值判断会无意识地渗入科学的精神产品即科学知识中去,而社会价值观念则通过理性思维的渠道有意识地融入其中。因此,在科学知识体系中包含有价值成分是顺理成章的事。

先从宏观上考察。科学实质上是一种文化,是人类文化的一部分。科学知识不仅是智力意义上的文化,而且也是人类学意义上的文化,它表征了我们人性的品质与才能。尽管科学家力图按照宇宙的尺度,而不是按照人的尺度面对自然进行科学研究,但是科学知识仍然或多或少地打上了地球中心和人类中心的印记。也就是说,科学知识的人类学特征是难以抹掉的,古希腊智者普罗塔哥拉的名言"人是万物的尺度",并不是没有一点道理的。因此,作为一种文化形式的科学知识像哲学、宗教、艺术诸文化形式一样,也把价值作为自己的构成要素,只不过价值因素在科学知识中不那么集中、直接、明显而已。

真善美是人追求的最高的、终极的价值,人们是通过各种途径逼近这一理想境界的,科学活动是途径之一。作为科学活动结果的知识体系,本身就是真善美三位一体的统一体。科学知识之真是毋庸置疑的,因为科学就是以求真为目的的事业。科学知识也是至善的,是一种自我包含的善,因为科学知识与迷信和教条势不两立,与愚昧和偏见水火不相容。也就是说,科学的客观知识在任何情况下都比迷信、教条、愚昧、偏见更有意义。科学知识在内容和形式上的美,也被越来越多的人承认。这是因为,科学也是一种为审美所激发的活动,科学家在科学创造中力图按照美的规律塑造自己的理论。其实,科学知识的真善美本性本来就是科学家借助科学方法(实证方法、理性方法、臻美方法)所导致的必然结果。

由上述宏观考察不难看出,科学知识作为一个整体,不仅自身包含价值成分,而且也是人类最高价值的体现。从微观上考察,也同样可以洞察到科学知识体系中的价值的蛛丝马迹。

1. 科学基础上的价值因素

在科学知识的逻辑结构中,为数不多的基本概念和基本假设(或曰基本公理、基本原理)构成了科学的基础或逻辑前提。价值因素通过基本概念和基本原理的引入而渗入科学知识之中。

科学中的基本概念多属隐喻概念,或者说具有隐喻的性质。所谓隐喻概念,是指那些不仅依据其自身术语,而且要借助于其他概念术语才能得以构造和理解的术语。在科学中,抽象概念多用一个以上的具体概念以隐喻的方式普遍地加以定义。每一个隐喻只定义抽象概念的几个方面,我们用许多隐喻定义来理解抽象概念,每一个隐喻定义只包含该概念的一部分。简而言之,抽象概念是在概念系统中以一个相关的隐喻系统定义的。另一方面,隐喻概念对于我们理解科学理论也是不可或缺的。一种科学理论通过对某些隐喻概念前后一致的推敲,试图对某类现象提供一种理解。当科学理论的基本隐喻成为我们日常概念系统中基本隐喻的延伸时,我们就会觉得这种理论是"直观的"或"自然的"。由此可见,我们的多数科学概念不仅直接从经验中产生,而且也是由主导文化的隐喻构造的;理解隐喻概念既是人的经验史问题,又是人的文化遗产问题。① 价值与概念的定义和理解显然有关。

正如彭加勒早就注意到的,科学中的一些基本原理既不是先验综合判断,也不是经验事实,它们实际上是约定(convention)。约定是科学家精神自由活动的产物,其选择要出于方便、简单、经济的考虑,尽管也要受实验事实的引导。因此,科学知识在比人们通常想象的还要大的程度上是人为的,是由科学家的思想结构或图式(这是一定的文化传统和价值背景的产物)部分决定的。在科学创造活动中,科学家并不是世界所发生的现象的被动记录员,他不仅利用自己的感官和大脑,而且也利用自己的想象、情感和意志。因此,与对物理世界的描述相比,科学基础中的约定更多地表达了人的心理和人的关系。而且,科学知识中的约定元素并不是孤立的约定,而是紧密联系的语言概念系统。这些概念系统是可以相互翻译的,但是必须以共同的人性和逻辑为基础。不同的约定的概念系统的互译不仅是知识的交流和思想的沟通,而且也是人性和情感的通融。这样一来,价值通过约定的形成、选择和互译便"随风潜入夜,润物细无声",融入科学知识之中。

例如,在哥白尼的日心假说中,作为宇宙间架的天球静止不动,太阳居于宇宙中心,众行星环绕它作完美的圆运动。哥白尼在论述他的体系时说:在这个极美丽的庙堂中,太阳唯有位于宇宙中心,才能把它的光明普照到整个体系。太阳是宇宙之灯,宇宙之心,可见的神,宇宙的统治者。太阳坐在皇帝的宝座上,管理着众星之家。在这样有秩序

---

① 赖可夫等:人类概念系统的隐喻结构,侯月英译,北京:《自然科学哲学问题》,1987年第 2 期,第 53 - 60 页。

的安排下,宇宙就呈现出奇妙的对称与和谐的关系。在哥白尼的假说中,不是明白地展示了中世纪社会等级制度的贵贱观念以及他本人的唯美思想吗?牛顿在力学中引入固实、有质、坚硬、不可贯穿而可活动的质点概念,固然是基于日常经验和数学计算的考虑,但是他也认为这样的质点最适合于上帝创造它们时所要达到的目的。神学价值观念就这样渗入到牛顿的科学概念中。在达尔文的进化论中,生存斗争、自然选择等概念,显然是隐喻概念,它们隐喻当时资本主义社会奉行的伦理观念。作为爱因斯坦相对论的逻辑前提之一的相对性原理,其精神实质在于:一切坐标系都是平权的,不存在一个优越的参考系。玻尔的互补性概念多少带有中西先哲思想的一些影子,其思想要旨在于:当某种情况具有明显不相容的两个方面,要想对它做出全面的描述,就必须平等地承认它们,并结合不同的条件适当地使用它们;但是,这两个不相容的方面却不会碰面而结合成一体,从而在实际上不会处于正面冲突之中。相对性原理和互补性概念是否融入并进而张扬了现代社会的某些价值观念和精神气质呢?

2.科学陈述中的价值因素

正如格姆(P. Grim)已经证明的,科学陈述中蕴含价值判断①。他指出,像"吸烟有害于健康"、"处置核废料的现行方式是不安全的"这样的陈述,涉及健康、安全、有害和风险概念,这类陈述仅在参照于一般性的价值背景时才有意义。像"水在摄氏零度结冰"、"氢原子由一个质子和一个电子构成"这类陈述,由于它们立足于"有力的证据"或"足够高的概率",才为科学共同体公认,因而也都反映出一般性价值背景。

---

① 格姆:科学价值与其他价值,王新力译,北京:《自然科学哲学问题》,1988 年第 4 期,第 16 – 21 页。

由此可见,科学陈述或多或少具有价值取向,任何一种背景价值都要参与这种取向。因为一个陈述是否具有科学上的可接受性,将取决于我们对接受它与否抱有何种期望,取决于我们赋予这些期望的相对价值。而且,几乎任何一种价值都与此类可供选择的期望的相对价值有关,同时都具有被选择的可能性。因此,科学陈述反映出对背景价值的承诺,或者说科学陈述"负荷"背景价值。科学陈述所具有的背景价值因素,被称为科学的非本质价值。

另外,使我们感兴趣的是,从科学的陈述句虽然不能逻辑地推出伦理意义上的命令句,但是从某些科学陈述却可以推出反价值。所谓反价值,就是带有劝诱或告诫人们不要去相信或去做的意思。例如,"吸烟有害于健康"的科学陈述就隐含着"请勿吸烟"的劝诱。热力学第一定律和第二定律的陈述,也隐含告诫人们不要去相信所谓的"永动机",不要挖空心思、白费气力去制造第一类和第二类永动机。

3.科学说明中的价值因素

当代科学哲学的一种观点认为,科学知识的目的之一就是用来进行科学说明(科学解释)。对科学说明的标准看法,是将经验事实纳入到一个普遍概括中,或将经验规律纳入到更高的理论系统中。科学陈述仅告诉我们事实或定律是什么,而科学说明则更进一步,它包括隐藏在被描述事实背后的某种机制(目的的、因果的、协同的机制等)。

笔者曾在《科学解释的历史变迁》①一文中阐述历史上的科学说明有古代的拟人说、近代的机械说和现代的嵌入说。所谓拟人说,是通过人格化的神和神格化的人进行"科学"说明的。借助物和力的机械说,则是从自然本身寻求现象和规律的内在机制的,它把神和人从科

---

① 李醒民:科学解释的历史变迁(上、下),北京:《百科知识》,1987 年第 11 期,第 15－18 页;1987 年第 12 期,第 8－9 页。

学中排除出去,使说明成为真正的科学说明;但是与此同时,它却把认识主体与被认识和说明的客体截然分开,破坏了人与自然的天然同盟关系。嵌入说的科学说明才使人与自然真正融为一体:人是自然的人,自然是人的自然;人将自己对象化于科学之中,把自己的精神赋予世界,并在创造新世界中体现自己的本质。诚如马克思所说,这是自然界的真正复活,是人的真正觉醒,是人的实现了的自然主义和自然界的实现了的人本主义。不难看出,科学说明中的价值因素并不是无足轻重的,科学说明的历史变迁事实上折射出人的价值观念的变迁。

四、科学研究活动中的价值

人类任何一种有目的的活动都包含价值,科学研究活动也不例外。一般而言,人类活动大体有三个取向:其实践取向旨在实际改造客体以达到实用目的,其认识取向旨在使思维内容与客体内容保持一致,其价值取向体现在人们尽可能地以理想的或完美的方式充分表现人类所珍视的各种特征。下面,我们分几点论述科学研究活动中的价值或价值取向,主要拟以科学家个人为焦点而展开。

1. 探索的动机

科学研究活动中的价值首先体现在科学探索的动机方面。也就是说,社会中的一小部分人是出于什么动机爱好科学和从事科学研究的?是什么动因促使他选择科学家职业而不选择其他?在爱因斯坦看来,住在科学庙堂里的人真是各式各样,他们去那里的动机也五花八门。有人觉得科学能给他们以超乎常人的智力快感,科学是他们的特殊娱乐,他们从中寻求生动活泼的经验和雄心壮志的满足;有人之所以把他们的脑力产品奉献在祭坛上,为的是纯粹功利的目的;有人是为了逃避生活中令人厌恶的粗俗和使人绝望的沉默，是要摆脱人们自己反复无常的欲望的桎梏，而遁入客观知觉和思维的世界；有的则是想以最适当的方式来画出一幅简化的和易于领悟的世界图像，以自己的世界体系来代替经验的世界并征服它。爱因斯坦认为，科学庙堂如果只有前两类人，那就绝不会有科学。因为这两类人只要有机会，他们什么事情都会去干。第三种动机是消极的，最后一种才是积极的。① 由此不难看出，价值观念深深嵌入到科学探索的动机之中。

2. 活动的目的

科学是以追求真理（或真知）为价值导向的。法国分子生物学家雅克·莫诺说得好：科学家的唯一目的和至高无上的品德，既不是他的世俗权力和舒适，也不是苏格拉底式的"了解自己"，而是客观知识本身。这是一条严格的，有约束力的规矩，这条规矩尊重作为知识负荷者的人，同时规定了高于人本身的价值。彭加勒在《科学的价值》一书中则一针见血地指出，对于真理的探索应当是我们活动的目标，这才是活动的唯一价值。他大力倡导"为科学而科学"的科学价值观念。

当代的一些科学家和科学哲学家也持有类似的观点。莫尔教授把为知识而知识视为科学态度的最高本质②。格姆把追求真理看作科学的第一个基本价值。他指出：科学的目标就在于分辨陈述的真伪，此外在科学中不存在任何其他能与之媲美的第二种划分标准，不论是宗教箴言还是政治信仰。罗斯扎克甚至认为："自由地探究真知毕竟是最高的价值，是精神的紧迫需要，其程度就像身体对食物的紧迫

---

① 《爱因斯坦文集》第一卷，许良英等编译，北京：商务印书馆，1976 年第 1 版，第 100 页。

② H. Mohr, *Lectures on Structure & Significance of Science*, New York：Springer-Verlag，1977，pp. 21 - 22.

需要一样。"①科学的这一基本价值是科学持续进步的动力和科学生命的真正源泉之所在。

3.方法的认定

科学方法的一个总的原则是必须诉诸证明,这主要包括经验的归纳证明和理性的演绎证明。任何科学命题都必须提交给经验和理性的最高法庭加以审查,才能决定其存在是否"合法",政治权威和意识形态对此无能为力。真正的科学命题或迟或早总会得到大量的证据和论据的支持。当我们发现具有更恰当的证明、更充分的证据、更有力的论证所支持的命题时,我们便毫不犹豫地取代旧有的命题。对于大多数表现为宗教教义或文化传说的陈述体系来说,显然不具有这样的特征。因此,格姆把诉诸证明也视为科学区别于非科学的基本价值之一。他认为这一价值非但不是科学的致命弱点,反倒是科学的真正优越性之所在。

科学方法形成不同的方法论体系。所谓方法论,是关于方法的理论,特别是指在经验领域中对证据、论证和假设可能(或确实)起调节作用的规则和评价的理论,有时则指规则体系本身。这样的规则体系名目繁多,诸如经验论的、理性论的、实证论的,证伪主义的,约定论的、操作论的、还原论的方法论等。尽管所有的方法论都一致认为不能无视不利的证据,但是它们在主导思想和精神实质方面毕竟存在明显的差异,从而影响到方向的选定、事实的收集、理论的建构及结果的评价等具体科学活动。方法论的认定无疑与科学家本人的偏爱和社会时尚有关,价值因素不可避免地介入其中。

尽管方法论形形色色,但是各种方法论所主张的具体方法却大同

---

① T. Roszak, The Monster and the Titan: Science, Knowledge, and Gnosis, E. D. Klemk ed. , *Introductory Readings in the Philosophy of Science* , Ames: Iowa State University, 1980.

小异。不过,值得注意的是,科学家对方法本身的运用也深受其喜好的影响。比如,在科学史上,欧洲大陆的物理学家偏爱抽象、概括和逻辑,总是力图用方程表示他们的理论,使之服从简单的、对称的定律,而且要使精神上对数学美的爱恋得到满足。可是,英国物理学家则喜欢全力以赴地构造模型,用我们粗糙的、无其他仪器帮助的感官向我们提供的实体来构造模型。在构造这种力学模型时,他们既不受任何宇宙论原理的困扰,也不受任何逻辑必然性的限制。他们只有一个目标:创造一个形象的、直观的抽象定律的图像。没有这个图像或模型的帮助,他们就无法把握和理解这个抽象的定律。

此外,还需指出,在一些涉及动物尤其是人的学科中,试验和实验方法、方式的选取和实施,都牵涉到错综复杂的伦理学问题,包含科学家的价值判断和道德因素。

4. 事实的选择

科学家在着手研究时,面对的自然界的事实不计其数,而且事实又是瞬息万变的,于是他们不得不面临事实的选择问题。当然,这种选择可以取决于好奇心的纯粹任性,也可以受实用的指导,即受我们实际需要尤其是道德需要的指导。但是在彭加勒看来,我们应该选择有趣的事实,也就是可以多次运用、具有一再复现机会的事实。有趣的事实似乎是简单的事实,而简单的事实将更容易被机遇恢复。于是,科学家在两种极端情况下找到简单的事实:其一是无穷大,其二是无穷小;天文学家在宇观对象中找到它们,物理学家在基元对象中找到它们。彭加勒认为,以规则的事实开始是合适的。但是,当规则牢固建立之后,当它变得毫无疑问之后,与它完全一致的事实此后就没有意义了。于是,例外变得重要起来。我们此时不去寻求相似,我们尤其要全力找出差别,这不仅因为它们最为引人注目,而且因为它们最富有引导作用。彭加勒进而指出,自然是和谐的、美的。正是对这种特殊美,即对宇宙和谐意义的追求,才使科学家选择那些最适合于为这种和谐起一份作用的事实,正如艺术家在他的模特儿的特征中选择那些使图画完美并赋予它以个性和生机的事实。因此,科学家宁可寻求简单的事实、壮观的事实,因为简单和壮观都是美的。① 显而易见,在事实选择中渗透科学家本能的和未公开承认的偏好,这实际上就是在做价值判断。这种价值判断会不会使科学家偏离对真理的追求呢? 不会的。因为这种判断属于格姆所说的科学的非基本价值,即使这类价值为其他价值取代,科学依旧是科学。科学的基本价值(追求真理和诉诸证明)则是科学固有的、根本的价值属性,失去基本价值的"科学"也就不再是真正的科学了。

5. 体系的建构

科学理论体系的建构与方法的认定有比较密切的关系。在某些情况下,方法的选定可以在很大程度上决定理论体系的建构形式。但是,二者之间并不具有单一的、毫无歧义的联系,即理论体系的建构有相对独立于方法认定的特征。而且,理论体系的建构蓝图确定之后,可以用数种方法论达到预定的目标。在确定这一蓝图的过程中,不可避免地渗入科学家的价值判断。

爱因斯坦把物理学中的理论分为两大类。其中大多数是构造性的:它们企图从简单的形式体系出发,并以此为材料,对比较复杂的现象构造一幅图像。气体分子运动论就是这样力图把机械的、热的和扩散的过程都归结为分子运动,即用分子假设来构造这些过程。另一类是原理理论:它们使用的是分析方法,而不是综合方法。形成它们的基础和出发点的元素,是在经验事实的引导下,通过"思维的自由创造"和"理智的自由发明"而得到的。它们是自然过程的普遍特征即原理,这些原理给出了各个过程或者它们的理论表述所必须满足的数学

---

① 彭加勒:《科学的价值》,李醒民译,北京:光明日报出版社,1988 年第 1 版,第 352 - 358 页。

形式的判据。热力学和相对论就是这样的原理性理论。构造性理论的优点是完备，有适应性和明确；原理理论的优点则是逻辑上完整和基础巩固。爱因斯坦在创立狭义相对论时之所以选定原理理论作为其建构的蓝图，固然主要出于科学的考虑，但是不容否认，也和他看重原理理论逻辑完整性的价值有关。爱因斯坦从建构狭义相对论体系中进一步认识到原理理论的优越性，从而更加偏爱这一理论建构的蓝图。他后来创立广义相对论和探索统一场论，都是在这一价值判断引导下进行的。他进而认为建构原理理论是物理学家的最高使命。

6. 理论的评价

众所周知，对理论的显而易见的要求是"符合事实"。自古希腊以来，"拯救现象"一直是科学的中心论题。时至今日，它仍然是科学家们信守的准则。爱因斯坦对科学理论的第一个要求就是"外部的确认"，即理论不应当同经验事实相矛盾，它涉及的是用现成的经验事实来确认理论基础。

外部确认不用说是重要的和必要的，但是它并不充分。因为人们常常可以用人为的补充假设使理论与事实相适应，从而坚持一种普遍的理论基础。在某些情况下，面对同样的经验材料，可以建立几种形式不同的理论（如爱因斯坦的相对论与洛伦兹的电子论、彭加勒的电子动力学），这就有必要在它们之间做出评价与选择。尤为复杂的是，理论一般不能由证据直接推出，因而在证据与理论之间存在着裂缝，此时必须用价值来缩小证据与未确定的理论之间的裂隙。更何况我们的语言是有理论偏向的，观察是渗透理论的，这就不免使我们看待世界的方式和估价描述世界的理论本身充斥着价值评价。

爱因斯坦用"内在的完美"作为理论评价的价值标准，它指的是理论基础的"自然性"和"逻辑简单性"。对此的确切表述存在着很大的困难，因为这是在不可通约的性质间做权衡的问题。库恩提出理论评价是否充分的标准规则,即精确性(从理论导出的结论应表明同现有观察实验的结果相符)、一致性(不仅内部自我一致,而且与现有适合自然界一定方面的公认理论相一致)、广泛性(一种理论的结论应远远超出它所要解释的特殊观察、定律或分支理论)、简单性(理论应当简单,给现象以秩序)和有效性(理论应揭示新的现象或已知现象之间的前所未知的关系)。但是,恰如库恩注意到的,这类准则并不精确,个别用于具体事例时并不一样。当它们一起展开时,则一再表明彼此有矛盾。更为棘手的是,即使两个科学家用同一张选择准则表来评价同样的两个竞争的理论,他们也可能得出不同的结论。①这反映出理论的价值评价的主观性和不确定性的特征,它是价值判断的固有性质。

五、科学社会建制中的价值

科学也是一种社会建制,这种社会建制在很大程度上即是科学共同体。所谓共同体,通常是指共同拥有一个确定的物质空间或地理区域的群体,具有共同的特质、归属感以及维持形成社会实体的社会联系和社会互动的群体。科学共同体或科学的社会建制则意谓科学事业已经成为社会构成中一种相对独立的社会部门(如科学院、学会、协会、研究会、研究室、课题组等)和职业部类(科学家以及其他科学研究人员和管理人员等)。在科学的社会部门和职业部类中,通过长期的实践活动,通过与外部社会的联系和互动,通过内部成员之间的交流和交往,逐渐形成了约束和引导科学家行为的价值规范或所谓的科学

---

① 库恩:《必要的张力》,纪树立等译,福州:福建人民出版社,1981年第1版,第315-316页。

精神气质。用美国科学社会学家默顿的话来说:"科学精神气质是有感情情调的一套约束科学家的价值和规范的综合。这些规范用命令、禁止、偏爱、赞同的形式来表示。它们借助于习俗的价值而获得其合法地位。这些通过格言和例证来传达、通过法令而增强的规则在不同程度上被科学家内在化了,于是形成了他的科学良心,或者人们如果愿意用现代术语的话,也可以说形成了他的超我。"在默顿看来,有五种作为惯例的规则——公有性(communism,科学是公共的知识,所有的人都是可以利用的)、普遍性(universalism,科学知识不存在特殊权益的根源)、非功利性(disinterestedness,为科学而科学)、独创性(originality,科学是对未知的发现)、有组织的怀疑性(organized skepticism,科学家们对已有的科学理论总是有根据持怀疑批判态度)——构成了科学的精神气质。①

科学的精神气质不仅内化而形成科学家的科学良心,而且也通过科学家或多或少外化在知识产品和研究活动中,从而使这两个方面也带有科学精神气质的价值因素。与此同时,科学精神气质作为科学共同体的价值规范和行为准则,对人类和社会的精神文明建设是大有裨益的,从而构成"科学的价值"。科学共同体的精神气质与社会价值观念的相互影响,它在社会文化背景中的产生、发展、强固、变化等等,则构成"科学与社会价值观念互动"的探讨对象。至于作为社会建制的科学中的价值,也是以科学的规范结构或精神气质为中心展开的:在科学共同体内它通过约束和协调科学家群体的行为显现出来,对外则引导科学共同体处理好自身与社会的关系。科学社会建制中的价值以科学家群体所构成的科学共同体而展开,在共同体内的人际关系

---

① R. K. Merton, *The Sociology of Science*, Chicago: University of Chicago Press, 1973, pp. 256 – 278, 286 – 324.

中,在共同体与社会的关系中,都渗透价值判断和伦理道德观念的因素。下面,我们拟以科学共同体活动的若干方面分而述之。

1. 维护科学的自主性

科学共同体是社会大系统中的一个子系统,它不可避免地要受到社会其他子系统的影响。另一方面,科学共同体在社会中又具有相对的独立性;作为客观知识体系,又拥有自身固有的发展逻辑。科学的自主性指的是:科学对其社会环境的依赖与科学独立的核心能够自我决定和自我发展这样两种因素之间的斗争或张力。

科学不可能作为游离于社会之外的"世外桃源"而存在。社会对科学的影响既可能构成对科学的支持,从而促进科学进步;也可能构成对科学的压制,从而构成对科学现实的或潜在的威胁。科学自主性并不要求科学共同体建立一个绝对独立的、自足自给的"小社会",它只是要求科学共同体设法调整科学与其他社会子系统的关系,使科学不致被它们完全控制,维持科学的相对独立性,把社会的影响尽可能引向有利于科学发展的渠道。

2. 保证学术研究的自由

科学是一项具有高度独创性的事业,它向社会提供的是前所未有的精神产品——科学知识。在这里,唯有创造出新知识才有意义,复制、模仿等在物质生产中惯用的方法在科学知识的生产中是没有意义的。

为了促进学术繁荣和科学发展,科学共同体必须保证科学家学术研究的自由,尊重他们的创新精神。这一点一般都载入文明国家的宪法之中。学术自由包括毫无顾忌地探索真理的自由,对已有的成果进行怀疑和审查的自由,对感兴趣的课题进行学术研究的自由,公开讲授或发表学术见解的自由,学术批评和反批评的自由以及要求排除学术界内外各种权威的不合理干涉和统治的自由等等。学术自由是科学研究的生命,是学术繁荣的守护神。科学共同体都把保证学术自由作为自己义不容辞的职责和神圣的使命。

3. 对研究后果的意识

科学的精神气质尽管是科学共同体恪守的价值规范,但它毕竟是一种理想化的模式。事实上,现实生活中的科学远非那么纯粹、那么圣洁,它已被打上了政治化、商业化、军事化、秘密化等印记。然而,这一切不仅不能成为科学共同体放弃科学的精神气质的理由,反而更应增强对科学研究后果的意识。

日本学术会议第79次全体会议在1980年4月24日通过的《科学家宪章》中,把这一点作为科学家应该遵守的五点之一记载下来:"明确自己研究的意义和目的,为人类的福利和世界和平做出贡献。"这要求科学共同体监督自己的成员,正确审视自己的研究,时时注意价值判断,使科学研究导致的结果能在对人类生命的尊重、提高生活水平、协调人与自然的关系、克服人性危机和尊重人性、确立人的尊严、确保世界和平和民主秩序等方面做出贡献。与此同时,要警惕对科学成果的误用和滥用,努力排除由此造成的危险。

4. 基础研究和应用研究的均衡

真正的科学研究大体可以分为两大部类:基础研究和应用研究。基础研究是以增进科学知识为目的进行的研究,不以特定的直接应用为目的,其价值导向是所谓的"好奇取向"(curiosity-oriented)。应用研究则是以特定的实际应用为直接目的,其价值导向是所谓的"任务取向"(mission-oriented)。这两种研究对于社会的发展和科学本身的进步都是必不可少的,使二者保持一个恰当的比例协调进行,是科学共同体必须正视的问题。

在现实世界中,由于政治的和经济的压力,基础研究和应用研究的关系经常呈现扭曲状态。发达国家由于市场机制和价值规律的作用,一般都倾向于向能带来直接经济效益和商业利润的应用研究投资。发展中国家苦于资金短缺,往往也冷落了"远水不解近渴"的基础研究。而且,政治家为了赢得选票或显示政绩,也往往对有"立竿见影"之效的应用研究倍加青睐。因此,在现实社会中,应用研究势必要排斥基础研究,从而妨碍科学的健康发展,也不利于社会未来的持续繁荣。鉴于既要考虑到人类的长远利益,又要照顾社会眼下的需求和复杂的现实状况,科学共同体便不得不面临相当棘手的价值抉择。

5. 科学资源的分配与调整

科学共同体需要从社会获取必要的人力、物力和财力资源,并加以合理的分配和有效的调整,以作为科学知识生产的投入,保证科学知识高效率的产出。这不仅是当下知识生产的前提条件,而且对于研究机构长远的发展和稳定也具有十分重要的意义。

首先,获取什么样的资源?从哪里获得这些资源?这里就有一个选择标准和来源渠道的问题。例如,就人才而言,不同的研究机构和工作对人才的学历、专长、德行、素质等等的要求是各不相同的,对不同层次的人才要求的比例也有差别。就资金而言,一些发达国家的研究组织往往十分注意从多方面募集资金,而不过分依赖一两个"施主",以免受其操纵而失去自己的自主性。其次,科学资源在从整个共同体到课题组的各个层级如何分配与调控。这既要处理好共同体内部的基础研究与应用研究、重点课题与一般题目、眼前利益与长远计划的关系,也不能不考虑来自社会的错综复杂的影响因素。最后,还要协调好共同体内部各个部门、成员之间的关系,理顺彼此沟通的渠道。同时,也要协调好共同体与社会其他子系统的关系,维持一种必要的张力。这里所讲的一切,实际是科学共同体组织的结构问题,而一种组织结构必定有它组织的价值模式。价值模式决定组织对其所在的情境采取的基本取向,从而引导个人的参与活动。

6. 科学发现的传播

按照科学的精神气质,科学家有权利、而且也有责任把他的发现通告科学共同体,公开发表他的发现结果,以便在科学知识的"市场"上自由竞争(也许在危及国家安全的非同寻常的情况下是例外的)。近代科学在这方面极不同于文艺复兴时代的科学,那时的研究者只与他的信徒及追随者分享他的发现,仅以密码记录的形式把它公布于众。

于是,伦理和价值问题便在科学信息的交流和传播中突现出来了。尽管科学家一般都发表他们的科学发现,但是在发现过程和公开发表之间一般要耗费 6 个月乃至 3 年的时间。因此,正式或非正式地预先通报发现(私下交谈、会议演讲、打印简报等)就成为惯常的做法。这样一来,既为行为不轨的人提供了掠美或剽窃他人成果的机会,也为某些人以共谋的方式优惠交换研究情报从而保持自己的领先地位创造了条件。

在科学发现的传播问题上,新闻界有时也起推波助澜的作用,甚至挑起关于科学发现和科学研究问题的争端。这不仅对科学共同体内部有所影响,而且往往对社会上受过教育的公众的观点起导向作用,乃至导致形成科学压力集团的危险,从而对政府、基金会、科学组织者和领导人的合理决策起妨害作用。科学共同体的职责就是要把科学传播和交流纳入正常的轨道,于是便不得不面临许多伦理选择和价值判断问题。

7. 控制科学的"误传"

在科学信息交流和传播的过程中,科学共同体的另一职责是要慎重地对科学传播进行控制、审查和查禁,以免对公众和社会造成损害和危险。尤其是像在医学、药学和营养学等与人类健康和福利直接相关的领域,更要小心从事才对。科学家有义务使他们的专业文献和出版物在内容和质量上达到高水平,编辑和评论人员有责任剔除那些事实有误和思想浅薄的低劣之作和平庸之作。科学出版物的守门人既要严格把关,又要对具有不熟悉的、新奇的、一时难以断定其价值的思想保持高度的敏感性,以免把真正的上乘之作拒之门外,从而埋没人才和延误科学的进展。在这个问题上,由于科学共同体本身对有悖于传统的新奇和变革的东西往往采取抵制态度,从而使控制科学"误传"的做法大大复杂化了。

更为棘手的伦理和价值判断在于,如何在合理性的科学与伪科学之间划界。谁也不否认这样一个抽象的原则:存在伪科学,它应该受到人们的控制和抵制。但是,问题在于:什么是伪科学? 什么不是? 科学在何处终结? 伪科学又在何处开始? 曾经被认为是科学的拉马克的获得性遗传学说最后遭到否定,轰动一时并受到奖赏的 N 射线的发现原来是一场误判。另一方面,在苏联一度被视为伪科学的遗传学、共振论和数理逻辑等,却是富有生命力的真正科学。至今,人们对弗洛伊德的精神分析学说还有争议,至于灵学和特异功能的归属问题,更是吵得不可开交。这既涉及对奇异事物本身的价值选择,也牵涉对科学何以为科学的价值判断。但是,毋庸置疑的是,科学共同体有责任和义务预防错误和误解的扩散,以深思熟虑的告诫去行动。另一方面,要充分相信,真理在自由交流思想的"市场"上有战胜谬误的能力。

8.科学成果的承认和科学荣誉的分配

科学有自己一套独特的价值规范和组织结构,其中包括它的不同于其他行业的奖励系统。科学奖励系统是根据科学家对增进科学知识的贡献大小来给予承认和分配荣誉的,或者说是按照他们扮演其科学家角色的好坏来实施奖励的。科学家在做出独创性的科学发现即创造出确凿无误的新知识后,他除了企望博得同行的承认外一无所得。即使在今天,当科学已经变成一种固定的职业时,对科学的追求一般还被看作是对真理的无私探求,而并非主要是作为一种谋生手段。在科学共同体内,承认是科学王国的唯一硬通货,荣誉是科学劳作的最大报偿。科学的奖励系统不仅能激发科学家做出开创性的成果,而且也能在科学的社会控制方面发挥作用,约束科学家按共同体的价值规范和行为准则办事。当科学建制卓有成效时,知识的增长与个人名望的提高是同步的,共同体的目标与个人得到的奖励是匹配的,此时科学生机勃勃、兴旺发达。反之,当科学建制部门失去控制时,欺骗、诡辩、夸夸其谈和自我吹嘘、滥用专家权威、炮制伪科学等就应运而生,尽管这类不轨行为比其他行业要少一些。

在科学共同体内,围绕承认和荣誉的纷争莫过于"优先权之争",这在科学发展史上似乎是一个永恒的"插曲"。按照默顿的研究,优先权之争并不是人类天性或科学家个人自我中心主义的表现,而是科学建制的规范的产物。科学建制把独创性定义为一种最高价值,从而使对优先权的承认成为至高无上的东西。因此,正是这些规范对科学家施加了无形的压力,促使他们把对独创性和优先权的关心放在十分重要的地位。尤其是,在当今所谓的"大科学"时代,优先权之争变得更为激烈、更为复杂了。优先权之争极大地刺激知识生产者的积极性,并使知识产品处于科学同行和社会监督之下。但是,它也有明显的副作用:容易使当事人丧失理智,陷入无休止的论争乃至刻毒的人身攻击,转移科学的大方向。在这方面,科学共同体要公正地实施行之有效的奖励系统,论功行赏、赏罚分明,最大限度地限制优先权之争的副作用。对科学家来说,则要在独创性和谦逊的价值观念之间保持必要的张力:既要严于律己、宽以待人,又要实事求是、坚持原则。为优先权争得面红耳赤、不亦乐乎固不足取,但是把本属自己的优先权无原则地拱手让人亦不足为训,因为这对他人和共同体均有百害而无一利。

9. 对科学界的分层因势利导

科学共同体的成员远非是平等的,而存在社会分层(stratification)。科学金字塔的顶端是为数甚少的科学权威,底部则是为数众多的默默无闻的普通成员。一般而言,科学权威和较高阶层的成员并不是靠财产和权力获得其高位的,而是靠自己的科学成果和科学贡献,赢得同行承认和社会声望而步步晋升的。而且,处于高位的成员并不比其下的成员拥有更多的组织上的权力(除非他成为行政官员,否则诺贝尔奖获得者也无权指挥其他教授),他们只能通过科学共同体的非正式关系施加较大的个人影响。这是科学中的分层与社会中的分层显著不同的两个方面。

科学界的分层显然有其积极意义。它促使那些步入科学殿堂的年轻人和后进者刻苦钻研、顽强奋斗,以出色的科学成就在竞争中博得同行的承认,从而成为科学界的精英。处于顶端的科学权威由于具有渊博的学识、丰富的经验、敏锐的眼力,无疑会通过他们的个人影响,对科学共同体的建设和科学的发展起推动作用。而且,他们超人的智慧和高尚的人格也被视为楷模,成为后继者效仿的榜样和价值标准。这无疑有助于在科学共同体形成一个你追我赶、人才辈出的生动局面。与此同时,科学界的分层也有其消极作用。尤其是,科学中的"马太效应"使"富者愈富,穷者更穷",给科学权威头上挂满荣誉头衔乃至套上了神圣的光环,使之"盛名之下,其实难副"。科学权威若无自知之明,便会助长极度的虚荣心,乃至发展到滥用专家权威(乱挂名、乱签名、乱署名等)、压制新生力量的地步。科学权威的这些不良作用固然能够依靠共同体内部公开的、充分的讨论以及精英人物之间的自由竞争加以消除,但是共同体有责任事先因势利导,发挥分层的积极因素,限制其消极因素,创造一个生动活泼的知识生产环境和气氛。

六、科学和人的价值

"科学是人的智力发展中的最后一步,并且可以被看成是人类文化最高最独特的成就。""在我们现代世界中,再没有第二种力量可以与科学思想的力量相匹敌。它被看成是我们全部人类活动的顶点和极致,被看成是人类历史的最后篇章和人的哲学的最重要的主题。"①正因为如此,世界史里假如没有科学史,就像独眼巨人普莱费莫斯少了一只眼睛一样。也正因为如此,我们也许可以斗胆断言:科学价值(science values)即是人的价值(human values)。

关于科学和人的价值问题,布罗诺乌斯基作过专门的研究②。按照他的观点,科学活动预先就是假定,真理本身就是目的,就是最高的价值。追求真理既是科学的最终目标,也是科学的持续动力。但是,真理不是教条,而是过程。因此,追求真理的人必须是独立的,必须在观察中和思维中保持独立性,而尊重真理的社会则应该保护这样的独立性。

科学把对独创性的热爱作为独立性的标志,而独创性则是做出科学发现的工具。尽管独创性只是一种工具,但它对社会的进化是必不可少的。科学赋予独创性如此之高的价值,以致远远超过艺术赋予传统的价值。

独立性和独创性对于科学的意义,要求我们把价值放在异议上。真正的高度异议的要素在人类文化中都是纪念碑式的,异议作为一种价值在我们文明的智力结构中已被接受了。它是从科学实践中得到

---

①　卡西尔:《人论》,甘阳译,上海:上海译文出版社,1985 年第 1 版,第 263 页。

②　J. Bronowski, *Science and Human Values*, Hutchinson of London, 1961. J. Bronowsk, The Values of Science, *A sense of the Future*, Cambridge: The MIT Press, 1977.

的价值。在科学史中,只有当已被公认和接受的概念受到异议的公开挑战(例如哥白尼、达尔文、爱因斯坦发起的挑战)时,进步才会到来。异议是智力进化的工具,是科学家天生的活动。没有异议就没有科学,没有异议的人根本不会成为科学家。

异议本身并不是目的,它是更深刻的价值即自由的标志,就像独创性是精神独立的标志一样。如果说独立性和独创性是科学存在的个人需要的话,异议和自由则是科学存在的公共需要。

学术自由必然会导致观点的差异和看法的分歧。但是,稳定的进步的社会又必须把观点和看法各异的人黏合在一起,持续发展的科学又必须把历史传统与未来变革联系在一起,因此宽容就成为科学上须臾不可或缺的价值。在这种意义上,宽容并不像人们通常认为的那样是消极的价值,而是一种积极的价值。宽容的精神实质在于,承认给他人的观点以权利还是不够的,我们还必须认为他人的观点本身是有趣的,是值得我们注意和尊重的,即使我们认为它是错误的。在科学中,我们常常认为他人的观点是错误的,但是我们从来不因此认为他人是邪恶的。因为我们了解,科学在某种程度上是一项冒险事业;科学家在探索中必须大胆猜测和假设,而其中只有极少数人才能击中目标;一代科学家所犯的错误,比下一代人对它们的矫正要多得多。在科学中,犯错误并不是丢面子的事情,这是由科学的本性和人的本性(用英国诗人威廉·布莱克的话说"犯错误和抛弃错误是上帝设计的一部分")决定的。

科学家之间的宽容不是以无差异为基础,而必须以尊重为基础。尊重作为一种个人价值在任何社会都意味着公众对公正和应得荣誉的承认。科学使一个人的工作与前人和同时代的人的工作相互关联和衔接,如果人与人之间没有公正和尊重,科学就无法存在下去。假若这些价值不存在了,科学共同体便不得不创造它们,从而使科学实践有可能进行。

　　总而言之,科学共同体相对来说是比较简单的,因为它具有直接的共同目标——探索真理。它必须促使单个科学家是独立的,促使科学家群体是宽容的。从这些基本前提——它们形成了最初的价值——逐步得出一系列价值:异议、思想和言论自由、公正、荣誉、人的尊严和自重。这就是科学所塑造的人的价值,而且有这种价值观念的人又大大推动了科学的发展和社会的进步,从而使人的价值得以实现。科学和人正是在这种张力和互动中丰富起来,完善起来的。

科学是价值中性的吗 *

　　科学是价值中性的吗？要回答这个问题，我们首先得弄清楚科学价值中性或简而言之科学中性的含义。科学中性（scientific neutrality，neutrality of science）也可以称为科学不受价值约束或无价值约束，科学与价值无关或与价值无涉（value free，value freedom）。也有人称其为科学价值二分法（science-value dichotomy），或者事实价值二分法（fact-value dichotomy）。科学中性思想源远流长。中性理想的最古老的版本是，科学可以用于善和恶。这个观点的问题是，它忘记了科学具有社会起源和社会后果的事实。中性科学的见解一直持续到 20 世纪后期。在 1980 年春，哈佛大学校长博克（D. Bok）在呼唤学术自由原则时表明，政治或伦理的考虑不应该影响学术任命——他所谓的"建制中性原则"[①]。那么，科学中性的内涵何在呢？

　　罗斯认为，科学中性可以解释为，科学活动在道德方面和社会方面不受价值约束。科学是寻求自然规律，科学的定律和事实不管它的发现者的国籍、种族、政治、宗教或阶级地位，都是可靠的，具有不可改变的质。[②] 史蒂文森表示，科学价值中性意指，科学不能使所有人类价值无效，也不支持特殊的价值，不管是好是坏。科学只能处理事实，而不处理价值；只能处理技巧，而不处理目标；只能处理达到目的的手段，

　　* 　原载开封《河南大学学报》（自然科学版），2005 年第 35 卷，第 4 期。

　　① 　R. N. Proctor, *Value-Free Science Is? Purity and Power in Modern Knowledge*, Cambridge：Harvard University Press，1991，pp. 267－268.

　　② 　S. Rose and H. Rose, The Myth of the Neutrality of Science. R. Arditti ed. , *Science and Liberation*，Montreal：Black Rose Books，1986.

而不处理目的本身。对后者的处理,是由社会决定的。① 利普斯科姆比指出,科学中性表达的意义是不清楚的,它的启发性容易被误解。不过,他还是对科学中性做了界定:

> 基本的科学中性论题可以有用地分解为两个子观点。如果科学实际上不能就应该做什么或不应该做什么言说,那么就可以称其为在道德上是中性的。如果它不能就什么是善或恶、对或错言说,那么可以称其为在评价上是中性的。

不论在规范的还是评价的版本中,中性论题都依赖于对某些令人烦恼的逻辑问题的回答。②

　　史蒂文森进而列举了科学中性图像的三个主张。(1)科学向我们提供世界如何起作用,从而提供其中各种干预的后果的客观知识,但是不能提供我们是否应该做任何特定干预的知识。正如韦伯评论的,科学像一张地图,能够告诉我们如何到达许多地方,但未告诉我们去何处。该主张直接来自休谟原理。(2)科学家公认的唯一价值、实际卷入做科学的唯一价值,是为知识而知识的价值。他可能欢迎他的研究具有有益的应用,但是作为一个科学家,他纯粹且仅仅献身于知识的扩展,并陶醉于新知识的创造,即使它们没有实际的应用前景。(3)科学知识的应用是由社会决定的,应用科学家和技术专家是其他人的仆人,这些人使用他们的专长服务于个别人和机构选择的目的。③

① L. Stevenson and H. Byerly, *The Many Faces of Science, An Introduction to Scientists, Values and Society*, Boulder, San Francisco, Oxford: Westview Press, 1995, p. 35.

② J. Lipscombe and B. Williams, *Are Science and Technology Neutral?* London-Boston: Butter-Worths, 1979, p. 41.

③ L. Stevenson and H. Byerly, *The Many Faces of Science, An Introduction to Scientists, Values and Society*, Boulder, San Francisco, Oxford: Westview Press, 1995, pp. 34–35.

综观以上各家的分析，考虑到诸多科学家和思想家的言论，我们可以把纷繁的科学中性的内容主要概括为：科学在内部和对外部都是中性的。

科学在内部是中性的。这主要包括两方面的内容：科学研究活动和科学知识本身不受社会与境和价值观念的影响，也不做价值判断；科学知识不包含价值要素，从中也无法推出价值规范。关于前者，伽利略很早就提出，价值判断、文化偏好、政治立场不以任何方式影响或决定科学知识。他说：

> 如果我们争论的这个观点是某个法律的观点，或者所谓的人文科学的研究的其他部分——在那里既没有真理也没有错误——那么我们可以充分信任才智的敏锐、答案的敏捷和作家的较大成功，并希望在这些方面最精通的他将使他的理由更可和更可能。但是，自然科学的结论是真的和必然的，人的判断与它们无关。①

关于后者，莫诺的言论具有代表性。他说，科学的确不能创造、推导或推荐价值："科学依据严格客观的进路分析和诠释宇宙，包括人本身和人的社会。科学无视且必须无视价值判断。不过，知识也揭示和不可避免地提出新的行动的可能性。但是，决定行动路线是从客观性的领域步入价值领域，而价值就其本质而言是非客观的，因而不能从客观知识中推导出来。"②利普斯科姆比也坚持这样的观点：科学本身纯粹涉及按原状描述世界，它不能产生应该或不应是什么（规范的），

---

① J. Lipscombe and B. Williams, *Are Science and Technology Neutral*? London-Boston：Butter-Worths,1979,p. 6.

② J. Monod,On the Logical Relationship Between Knowledge and Values. W. Fuller ed. , *The Social Impact of Modern Biology* , London：Routledge & Kegan Paul, 1971, pp. 11 - 21.

也不能就什么是好坏或善恶(评价的)做出判断。正统的哲学论据在于,演绎中项的可靠推论只是包含在前提中的材料,因此科学的前提(事实的)不能导致规范的或评价的陈述。例如,科学可以提供关于投核弹的后果的陈述,但是它不能判断这样做是对还是错,该判断依赖于政治利益相对重要性的价值判断。[①]

科学在外部是中性的。也就是说,科学成果在价值上是中性的,其技术应用才有好坏善恶之分。这方面的例子很多,例如在早期,科学往往被看作在政治上是中性的或至少是超越于国家主义的。1779年,富兰克林指挥美国初期战争时没有妨碍库克船长的探险,因为他相信地理学知识能够促进遥远国家的交流,增加有用产品和制成品的交换,扩大技艺的传播,总的来说科学的成长有益于人类。在英法战争期间,拿破仑给英国化学家戴维颁发了战时通行证,以便访问法兰西学院。1802年,法国人缴获了英国船只运往印度的三角测量经纬仪,但是不仅返还了仪器,而且还附有一封善良祝愿的信件。[②]

许多理论家对此做过详细的阐述。哈布尔强调,科学王国是实证知识的公共领域,价值世界是个人确信的私人领域。这两个王国合在一起形成我们过日子的宇宙,它们不重叠。实证的、客观的知识是公共的财富,能够被传递、分享和积累。构成我们智慧的仓库的价值(意指判断生活意义的标准、善和恶、欢乐和悲痛、美、公正、成功的意义等)则截然不同。它对个人是独特的,不存在能够获得普遍一致的方法。它不容易从一个人传达给另一个人,随时代进展不会大量积累。每一个人都从零开始,从他自己的经验获得他自己

　　① J. Lipscombe and B. Williams, *Are Science and Technology Neutral?* London-Boston:Butter- Worths,1979,pp. 8 - 9.

　　② W. W. Lowrance,*Modern Science and Human Values*,Oxford:Oxford University Press,1986,p. 24.

的智慧。他的结论是：

> 纯粹价值的世界是科学不能进入的世界，它不涉及无论什么可能的知识。在那里，结局——永恒的、终极的真理——被热烈地追求。有时，通过奇怪地强加的神秘洞察的体验，一个人超越怀疑的阴影知道，他与处在纯粹现象背后的实在接触。他本人完全确信，但是他无法传达该确定。它是私人的启示。他可能是正确的，但是除非我们共享他的出神入迷，否则我们无法知道。①

成中英进而揭示，科学真理是对事实的认识，而非对价值的决定。我们在此不仅区分事实与价值，而且区分认识与决定，只有事实可以被认识，只有价值可以被决定。被认识的价值已是价值的事实，被决定的事实已是事实的价值了。认识与决定乃是不同的活动，以及不同的态度。认识是理解和解释，决定是选择和"赞许或拒斥"。前者不能意会实际的行动，后者则可意会可能的实际行动；前者无指导与规范性，后者则有之；前者不改变认识的对象与认识的主体，后者则改变决定的主体，创造决定的对象。这二者的分别是非常重要的。②

科学中性除了用来在科学王国和价值世界、事实与价值之间划界外，也被用来否认真的东西必然是合理性的或善的东西。韦伯和彭加勒证明，如果伦理理想的世界超越了在经验上为真的东西，那么经验科学就不能为道德主张提供根据。中性表达了对我们的世界是"所有可能的世界中最好的"过分乐观主义的批评，也表达了反对那些企图维持现状或过程的论据，不管该论据基于上帝意志、我们的基因结构

---

① E. Hubble, *The Nature of Science and Other Lectures*, Los Angles, U. S. A., 1954, pp. 6 - 7.

② 成中英：《科学真理与人类价值》，台北：三民书局，1979 年第 2 版，第 12 页。

或不变的历史规律。中性也表达了对下述人的批评:这些人力图在科学的伪装下提升某些价值,宣布某些社会秩序或道德秩序是自然秩序,而这种秩序是最适合的或起作用的,要不就是理性的或被决定的。按照这种观点,科学必须是中性的,因为事实上我们的世界不是所有可能的世界中最好的;学者和非学者同样应该谨防把经验上实在的东西与本体论上可能的东西混淆起来的尝试。科学必须是无价值约束的,以便保证价值依然是无科学约束的。①

在这里有必要申明,科学中性并不等同于科学的客观性。分析传统中的哲学家反对任何使中性问题前后关联的尝试,认为这样做便使科学的客观性概念处于危险之中。然而,科学的中性和客观性不是一回事:中性涉及科学是否采取立场,客观性涉及科学是否值得信赖某种断定。二者不需要相互之间有任何关系。某些科学可能是完全客观的或可靠的,却被指派服务于某些政治利益。对这些科学的恰当批评并非它们不是客观的,而是它们是偏袒的或狭隘的或指向人们反对的目的。②

科学中性概念具有诸多特点,把握住这些特点,对于我们完备而深刻地理解它是有帮助的。首先,科学中性具有历史性,即在不同的历史时期的含义、所指、要点有所不同。正如普罗克特所说,中性的理想不是一个孤立的概念,而是在关于科学应该在社会中处于什么地位的漫长的历史斗争过程中出现的。近代的中性理想的起源可以追溯到与科学和社会有关的四个根本问题。一是效用问题,即理论和实践的关系问题。对于柏拉图和亚里士多德来说,理论的理想隐含着与实践事务的某种分离。科学是闲暇的奢侈品,而不是奴仆为功利主义关

---

① R. N. Proctor, *Value-Free Science Is? Purity and Power in Modern Knowledge*, Cambridge: Harvard University Press, 1991, p. 8.

② 同上书, p. 10.

注的产物。然而,培根科学理想的兴起,效用变成科学的中心规范。科学把来自实践技术的技艺与对自然的理想的和经验的进路结合起来了。即使培根在宣布科学的功利主义的理想时,也告诫不要忘记硬币的另一面。科学具有巨大的实际效用,可是科学也应该为科学而科学,恰恰不是追求它的应用。二是方法问题,即保证可靠的和客观的知识的问题。正确的方法是科学进步的关键,这一概念是在17世纪的科学革命中出现的。对方法的新兴趣被科学中的新主观性伴随,即认识到我们看见的东西依赖于我们所处的位置,人的理解力像培根所说的那样"不是干巴巴的眼光,而接受来自激情的注入"。科学方法的发明就是为了警惕把人的理解力染色或弄歪的许多"假象"。第一性的质和第二性的质的区分就是为了把人的添加物与自然的原物分开。道德的质是第二性的质,它玷污了对自然知识的追求,必须从自然哲学中排除出去,以使事物的真实的和第一性的质被揭示出来。三是价值问题、利益起源和特点以及它与自然和劳动的关系问题。对古人来说,价值处在宇宙的结构之中。在经院哲学中,存在所有事物运动的终极原因或"目的"。近代人不再认为价值在宇宙的结构或事物朝其运动的目的之中,而在于人的能动作用和计划。价值不再是上帝或自然创造的,而是人的劳动创造的。价值是针对人的需要和欲求衡量的:使用价值和交换价值。科学是中性的,是因为自然本身是中性的。在这种意义上,自然是"祛魅的"(韦伯)或"祛价值的"(柯依列)。四是知识的安全问题,即为自由地、不妨碍地追求知识所必需的社会的和体制的条件。欧里庇德斯①早就证明,自然知识是"安全的"知识,这种知识不是踩在政治或伦理的敏感土地上。培根持有类似的观点,引起

---

①   欧里庇德斯(Euripides)是古希腊的三大悲剧作家之一,他一生写了92个剧本,其中有《酒神的伴侣》、《伊菲格涅亚在奥利斯》等。

人堕落的不是自然知识,而宁可说是"关于善和恶的妄自尊大的知识"。道德知识是危险的知识。①

其次,科学中性具有与境性,即在不同的环境或背景中其内容有所差异。需要明白的是,各种形式的科学中性的政治意义按照使用的环境变化。有时,批评家指向科学(或技术)的中性,以表明技术可以被错误地使用。十分相同的观点也被用来证明,科学(甚或技术)不应该受到道德的或政治的批判。从19世纪开始,流行的看法是,科学态度特别适合于解决社会冲突。按照这种观点,科学是伟大的和中立的仲裁人、公正的法官:可以给它提出社会问题,公允的答案随之而出。科学提供了中立的基地,具有各种信条和色彩的人可以在其上结合起来,所有政治矛盾可以在其上克服。科学提供了对立利益之间的平衡,分歧统一的源泉,混沌中的秩序。因此,科学无价值约束的理想不仅应该作为观念的抽象起源来理解,而且应该作为在科学的和经济的与境中的某种较广阔的变化的反应来理解:它的建制的和职业的所在地的变化,与工业的、军事的和国家支持的科学之兴起相联系的变化,与向科学自主性和那些把握着它的钱袋子的人的权势挑战的政治运动(例如女性主义或社会主义)的兴起相联系的变化。科学价值中性的理想也必须在政治与境中观看。科学中性不是事实和价值之间的逻辑鸿沟的结果,也不是理论世俗化的自然派生物,甚至也不是社会科学采用物理科学的方法的结局。它是对较大的政治运动的反应,包括科学被政府和工业的利用,分离的学科的职业化,尝试把科学与时代敏感的问题隔离开来。②

第三,科学中性具有相对性,即在不同的时代、对不同的人而言

---

① R. N. Proctor,*Value-Free Science Is? Purity and Power in Modern Knowledge*, Cambridge:Harvard University Press,1991,pp. 262 - 264.

② 同上书,pp. 8 - 9,267.

意指不同的东西,必须借助随时间变化的特殊的恐惧和目标来理解。价值中性可以是对国家和宗教压制科学观念的反应,可以是防范阻碍科学进步的私人利益的方法。价值中性可以反映学者对职业化和世俗化的欲求,可以隐瞒科学具有社会来源和社会后果的事实。价值中性也可以提供人们沿着它退却的路线,或者提供人们发起进攻的平台。科学无价值约束的观念具有复杂的历史根源。如果我们仅仅宣布所有事实都负荷理论,或知识是社会的产物,就掩盖了这种复杂性。①

第四,科学中性具有集成性,即价值中性理想不是单一的概念,而宁可说是在不同时期、为服务于不同社会功能而浮现的松散结合的理想之集合,只有针对具体与境才能理解这个集合的意义。在19世纪之前,捍卫科学中性或中性的含义有三种方式。其一是源于柏拉图(沉思的思想高于实践行动)的把理论和实践分开的方式,尽管沉思的理想在近代科学革命中已经被理论和实践相结合的新视野代替了。其二是近代哲学家用辩论证明,必须把伦理的关注从自然哲学中排除出去,因为它们使人在追求知识时抱有偏见。因此,中性的第二种含义是,道德知识所起的作用是损害或"沾染"自然知识。其三是在关于宇宙的数学力学概念中,精神世界是与物质世界彻底脱离的。在这里,充满了精神和意图的古代世界被作为处处相同且没有意图的、"被贬值的"宇宙概念代替。这三种含义都在19世纪和20世纪作为为科学无价值约束的辩护理由而出现。但是,从19世纪开始,又出现了新的理据:价值中性作为真的和善的东西之间的本体论的二元论的结果被捍卫。也存在所谓的主观主义捍卫,即必须把

_____

① R. N. Proctor, *Value-Free Science Is? Purity and Power in Modern Knowledge*, Cambridge: Harvard University Press, 1991, p. x.

价值判断从科学中排除出去,因为价值是主观的,科学不能就价值的有效性做断定。①

　　第五,科学中性具有两面性,即科学中性既有防护性又有进攻性,既有积极作用又有消极后果。普罗克特说得不错,科学中性既是盾又是剑。他以19世纪的德国的状况为例加以说明。中性有助于科学的自主性免遭批评者的批判——来自上层(政府监察官)和下层(社会主义者、女性主义者和社会达尔文主义者)的批判。中性作为盾起作用,使年青的社会学家捍卫自己免受"社会学"仅仅是"社会主义"的形式的指控,使社会哲学家的理论目标与社会运动的要求保持距离——可见不是抽象地倡导中性,而是作为对具体问题的反应倡导的。中性也是剑,用以作为攻击对方的观点的利器。德国社会学家西梅尔(G. Simmel)和特尼斯(F. Tönnies)认为,妇女之所以很少参与科学,是因为她们没有能力保持中立的和超然的态度。韦伯拒绝科学的社会主义、社会达尔文主义、奥斯特瓦尔德的能量论和心理分析,因为它们不合法地把科学与世界观混淆起来,价值不合法地侵入科学。价值中性武装了社会学家,成为他们反对科学政治化或道德化的利剑。价值中性也被作为解决社会张力——在保守主义者和社会主义者、沙文主义者和女性主义者、和平主义者和战争贩子之间的张力——的工具而提出。不过,无价值约束的科学的倡导者不否认价值在其他生活领域的重要性。② 科学价值中性的两面性集中表现在,它既保证科学共同体的相对自主性和研究的自由,又成为科学家逃避社会现实和推卸社会责任的借口。因此,本-戴维认为,中性是一个不幸的术语,由于它隐含着科学家对意识形态、宗教和政体(这些可能敌视科学)漠不关心。

----

　　① R. N. Proctor, *Value-Free Science Is? Purity and Power in Modern Knowledge*, Cambridge: Harvard University Press, 1991, pp. 5－7.

　　② 同上书, p. 265.

而且,对科学家(以及其他许多人)来说,科学研究本身就是价值。不管怎样,该术语恰当地描绘了在科学中占优势的信念和实践,即科学贡献的意义独立于个人和社会的特征以及它的作者的动机。在科学追求真理和科学价值中性的信念的基础上,科学家要求并得到了学术自由的权利,这给予科学家个人和科学建制以深远的自主性。科学家自由地选择研究课题和方法,虽然他们的研究资金往往由公共手段提供,但是他们只对科学共同体的非正式控制者有说明他们的结果的责任。与科学价值中性相关的学术自由使科学保持着持久的生命力。①

正是由于以上有关特点,科学中性有时会带来严重的不良后果。普罗克特注意到这一点,他指出,自然科学的原理和主观的价值学说一起,构成近代科学的根本政治思想体系。科学在使自己摆脱封建镣铐的斗争中宣布它自己是中性,为的是刚刚起飞的实验科学摆脱教会和国家的霸权,与之妥协和休战,在理智世界中开辟自己的小天地。当科学按照它自己的权利变成强大的力量时,中性把道德的和政治的东西从论说的领域排除出去,有助于掩盖利害关系。此时,中性已不意味着摆脱权威,而是逃避承担义务——或者更糟糕,它意味着成为阻挠社会运动或批判的工具。② 利普斯科姆比一言以蔽之:当科学活动的直接后果是如此坦白和明显,科学中性的托词只能被恰当地概括为缺乏远见,或者径直地说是道德的无责任感。③ 陶伯则揭示了科学中性对自然的威胁和损害:科学中性基于自然不拥有价值的认识;价

---

① J. Ben-David, *Scientific Growth*, *Essays on the Social Organization and Ethos of Science*, California: University of California Press, 1991, p. 535.

② R. N. Proctor, *Value-Free Science Is? Purity and Power in Modern Knowledge*, Cambridge: Harvard University Press, 1991, p. 270.

③ J. Lipscombe and Williams, *Are Science and Technology Neutral?* London-Boston: Butter-Worths, 1979, p. 51.

值根植于人的需要和欲求，而自然则被剥夺了质、目的和意义，听任被降低价值、世俗化和祛魅。①

以维护科学自主性和研究自由为主旨的科学价值中性概念，因其不利于争取社会对科学的支持和树立森严的壁垒，也有可能反过来伤害科学自身。从科学外部来看，如果中性在其逻辑意义上不得不被接受，如果科学实际上没有促进人的福利而非增加人的痛苦的固有倾向，那么对科学大规模地和不加区别地支持，似乎完全是成问题的。即使科学对人的有用性只是它对于福利和幸福的间接影响，中性论题的坚定信仰者也对科学的价值具有严重的疑虑。因此，在事实和规范之间的绝对划分的教条具有有害的后果。② 从科学内部来看，科学中性这个功能性的神话使得科学的功能失调。由于探究对具有十分混合特征的假定的依赖被隐藏起来，价值中性阻拦了可供选择的框架的研究，不利于我们提出并容纳新观念。此外，它也严重地不准许外行的科学用户介入科学，这在科学和技术已经渗透到生活的各个角落的今天显然是成问题的。况且，除非我们理解与境利益能够塑造探究方式，否则我们就无法恰当地批评相关的科学研究。③

许多哲学家和科学家都了解科学价值中性的不良后果，尤其是认清了大科学的特殊状况和科学在现代社会中举足轻重的中轴地位这一与境。于是，现在的思想潮流转向有利于科学中性的批判者和揭露者。我们经常能够听到对"科学中性的神话"的批评，中性也被视为"空想"、"幻觉"、"稀奇古怪的梦呓"，科学研究无价值约束和为科学

---

① A. I. Tauber ed. , *Science and the Quest for Reality*, London：Macmillan Press Ltd. , 1997, p. 30.

② J. Lipscombe and Williams, *Are Science and Technology Neutral*? London-Boston：Butter- Worths, 1979, pp. 44 – 46.

③ H. E. Longino, *Science as Social Knowledge*, *Values and Objectivity in Scientific Inquiry*, New Jersey：Princeton University Press, 1990, p. 225.

而科学的思想也被指责为"在逻辑上不融贯"、"受自由的意识形态伪装"乃至"恶意的胡诌"。譬如,隆季诺在从方法论的角度批评科学中性时说:

> 断言自然科学不受价值约束是胡说。科学实践受价值规范和价值支配,而价值是从理解科学探究的目标产生的。如果我们把科学活动的目标选定为关于自然界的说明,那么这些支配价值和强制从理解什么算作是好说明中产生出来。例如,满足像真理、准确性、简单性、可预见性和广度这样的标准。这些标准并非总是同等地可以满足,而是适合于什么算作是好说明的不同概念。不管怎样,它们构成藉以判断竞争说明的价值,在特定领域支配科学实践的规范和强制从这些价值中产生。

他称从理解科学目标中产生的价值为构成价值(constitutive values),以指明它们是决定什么构成可接受的科学实践或科学方法之法则的源泉。私人的、社会的和文化的价值,即关于应该是什么的那些群体的或个人的偏爱,称为与境价值(contextual values),以指明它们属于在其中从事科学的社会的和文化的环境。科学与价值无关的传统诠释相当于主张,科学的构成价值和与境价值截然不同且彼此独立。这一诠释或主张能够被重新阐释为两个问题:一个涉及科学理论(与方法)和与境价值的关联:在什么程度上科学理论塑造或应该塑造道德的和社会的价值? 另一个涉及与境价值对科学理论和方法的影响:在什么程度上社会的和道德的价值塑造科学理论? 作者用辩论证明,以科学的实践和内容为一方,以社会的需要和价值为另一方,二者处于动力学的相互作用之中,而且科学的探究逻辑和认知的结构需要这样的相互作用。尤其是,科学公正论题(thesis of integrity of science)——科学的内部实践(观察和实验、理论构造、推理)不受与境价值影响——受到行为和认知生物学研究的严厉挑战,因为与境价值不仅影响值得询问的问题即科学发展的方向,而且影响给予这些问题的答案即科学理论的内容。因此,与价值无关的科学和绝对的科学自主性在方法论上是不可能的。①

可是,正像普罗克特看到的,批评家几乎未注意中性的起源和它的各种形式,也未注意中性是对特定的历史环境做出反应时出现的现象,它的政治意义随历史的时间和地点而变化。在英美分析传统的哲学家中间,问题多年来选定为决定"应当"和"是"、事实和价值的精确的语言学关系的问题,而独立于科学和社会变化的历史关系,独立于科学受到捍卫或攻击的方式的多样性。他接着说:

> 中性问题是哲学问题,但是对它不能抽象地借助词的意义来探讨。取而代之的是,必须借助在特定的历史背景中观念的具体使用来理解。探讨必须是历史的和比较的。它之所以必须是历史的,是因为词和观念的意义随时间而变化(无价值约束的科学的理想对于 1911 年的德国社会科学家、1937 年的犹太哲学家和1975 年的社会生物学家意指迥然不同的东西)。它之所以必须是比较的,是因为人们想知道,在柏拉图的希腊、培根的英国和韦伯的德国,关于科学的理想什么是相同的或不同的。

例如,科学"中性"的一个含义是,科学(或技术)"本身"既不好,也不坏;科学可以被使用,也可以被滥用。这几乎不是什么新观念。柏

---

① H. E. Longino, *Science as Social Knowledge*, *Values and Objectivity in Scientific Inquiry*, New Jersey: Princeton University Press, 1990, pp. 4-6.

拉图早就相当细致地表明,那些最能够治愈的东西也是最能够伤害的东西,那些最有能力告诉真理的东西也是最能够告诉谎言的东西。可是,这种中性仅仅描述了最简单的技术、最抽象的科学。要知道,基于科学的技术日益是目的特定的(end-specific):手段强制目的;不再如此容易地把工具的来源与它被打算的使用分开了。"滥用"巡航导弹和中子弹意味着什么呢? 同时,也不容易把纯粹科学和应用科学分开了。①

当然,也有一些严肃的、综合性的批评值得在此一提。史蒂文森针对他在前面概述的科学中性图像的三个主张,逐一做了批评。第一,关于科学只能处理客观事实而不能处理价值的主张割裂了事实和价值,这在 20 世纪的思想中是陈腐的——不仅在惹人注目的实证主义和存在主义哲学中是陈腐的,而且作为制约许多日常思维的背景假定也是陈腐的。这种尖锐区分引起一个极有争议的深刻的哲学问题,即所有道德的(和政治的)价值是主观的,这个广泛传播的假定肯定不能毫无疑义地被通过。而且,这样一个观点描述了意义理论、知识和形而上学的重大主张,即在支配科学命题的标准和道德的命题的标准之间存在不可逾越的鸿沟,而这并非是不证自明的。第二,关于科学家珍视的唯一事情是为知识而知识的主张是不合实际的,真正的"纯粹"科学即便有,数量也极少。大科学时代的来临需要大队人马和庞大的开支,因此受到政府和有关机构的控制是不可避免的,政治和商业成分甚至进入最纯粹的研究决策。尽管科学家可能希望他们的职业承诺是增加人类的知识,但是他们的研究资金也许是由关注应用的部门支付的,这就难以摆脱价值约束。他们必须在做与不做之间两难

---

① R. N. Proctor,*Value-Free Science Is? Purity and Power in Modern Knowledge*, Cambridge:Harvard University Press,1991,pp. 9 - 10,2 - 3.

抉择：不做没有研究经费；做则参与了现有的建制过程，也就隐含接受或默认了那些机构的价值。第三，关于科学的应用是社会决定，这使用了一个一再重复的、模糊不清的术语"社会"。不存在像社会这样的实体机构做决策，社会决定实际上是各种建制——政府、立法机关、公司、银行、大学、教会、政党、压力集团等等——的决定，当然还有个人的决定。由于明显的实际理由，现有的民主机制无法在科学应用的每一个细节上产生决定，当代的科学研究和技术应用也无法（或永远不能够）完全处在公民的民主控制之下。①

---

① L. Stevenson and H. Byerly, *The Many Faces of Science*, *An Introduction to Scientists*, *Values and Society*, Boulder, San Francisco, Oxford: Westview Press, 1995, pp. 216 – 219.

科学中的价值*

科学中的价值是隐含在科学本身结构中的价值——科学的"绝对"价值——这是科学认识真实过程的构成部分。①科学的结构或内涵是由社会建制、研究活动、知识体系三大部类组成的,其中每一部类都或多或少渗透价值。笔者曾经在 1990 年发表的一篇论文中指出,科学社会建制中的价值是以科学的规范结构或精神气质为中心展开的,它体现在维护科学的自主性、保证学术研究的自由、对研究后果的意识、基础研究和应用研究的均衡、科学资源的分配与调整、科学发现的传播、控制科学的"误传"、科学成果的承认和科学荣誉的分配、对科学界的分层因势利导诸方面;科学研究活动中的价值因素体现在探索的动机、活动的目的、方法的认定、事实的选择、体系的建构、理论的评价之中;科学知识体系中的价值因素体现在科学基础、科学陈述和科学解释之中。②必须引起注意的是,科学所涉及的价值背景或与境价值是可以变换的,因而是非基本价值(nonessential values),其含义在于,即使这类价值被其他价值取代,科学依然是科学。科学也具有基本价值(essential values),这些价值是构成科学本质的特有价值,它们一旦被取代,"科学"便不再成其为科学,比如追求真理和诉诸证明。科学的基本价值非但不能被视为无足轻重之物或致命弱点,反倒是

---

* 原载石家庄:《社会科学论坛》,2005 年第 9 期。

① N. Rescher, Values in Science. *The Search for Absolute Values: Harmony Among the Science*, Volume II, New York: The International Culture Foundation Press, 1977.

② 李醒民:关于科学与价值的几个问题,北京:《中国社会科学》,1990 年第 5 期,第 43—60 页。

科学的真正优越性和生命力之所在。科学在本质上就是对真理和证明理想这些特有价值的承诺,这些理想可不是那种招之即来、挥之即去、无关宏旨的次要价值。① 由此看来,科学中的价值无疑是科学的基本价值,是科学之为科学的一个重要标识。

　　作为社会建制的科学可以说是与价值有不解之缘。在科学机构中,没有一套成文的或不成文的法规、惯例、规范,其运作就会失灵或停滞。在科学职业中,没有应有的章程、戒律、道德,科学家便无法顺利地工作。因此,可以毫不夸张地说,科学建制时时处处都充满着价值。难怪有人甚至认为,科学价值意指可以期望科学家坚持的价值,就这些价值受到他们的职业影响而言。② 默顿关于科学的规范结构或精神气质——普遍性、公有性、祛利性、有条理的怀疑主义——从理论层面揭示了这一点,我们刚刚列举的九个具体操作从实践层面展现了这一点。马尔凯讲得对:科学文化被认为是一套标准的社会规范形式和不受环境约束的知识形式。这些社会规范典型地被认为是明确限定特定类型的社会行为的规则,它们不限于通常所谓的科学的精神气质,而是科学家与特定社会环境相适应的行为规范形式。这些价值观被科学家描述为独立性、情感自律、无偏见、客观性、批判态度等等。③

　　作为研究活动的科学渗透价值,也是显而易见的。仅仅从事科学研究就必须作价值判断,因为所有有意图的人的活动,包括科学活动在内,都包含某些种类的目标或欲望:例如单纯的好奇心,理解和说明

---

　　① 格姆:科学价值与其他价值,王新力译,北京:《自然科学哲学问题》,1988 年第 4 期,第 16 - 21 页。

　　② R. Dawkins,The Values of Science and the Science of Values. W. Williems ed. ,*The Values of Science*,*The Oxford Amnesty Lectures 1977*,Oxford:Westview Press,1999,pp. 11 - 41.

　　③ 马尔凯:《科学与知识社会学》,林聚任译,北京:东方出版社,2001 年第 1 版,第 145 - 147 页。

现象的理论兴趣,潜在的有用性。因此,科学研究活动的过程不可能是价值中性的。其一般理由在于,像任何其他的人的活动一样,科学活动也包括如何花费时间、精力和资源的选择。特殊的理由是独有的高成本、建制控制和科学研究的社会应用。在大科学时代,随着对科学家的任命、提升和奖励的系统日益由外部的政治和经济力量决定,可以怀疑科学主要是由为追求自然真理而追求自然真理驱动。而且,对科学知识的手段、目的、成本和风险以及效益的讨论,也提到议事日程。[①]

在大科学和高技术时代,面对科学和技术关系日益密切以及对科学成果的应用监管不力的现实,对科学的追求本身不能不牵涉到科学家的科学良心和社会责任感。科学作为形成经济基础的工业商品的原初源泉(ur-source),已经变成国家的事务,科学的追求变成在政治上和伦理上具有负荷的活动,而不管我们是否希望如此。特别是在缺乏保证科学知识为公众利益服务的机制时,对知识的追求本身不能认为是中性的。坚持把责任推给技术专家的科学家颇像这样一种人,他造了一盒火柴,却把它留在充满放火狂的房间。毕竟,正是科学共同体能够最佳地预见它的发现的技术应用及其可能的危险。经验表明,不能信赖工业会考虑所有已知因素,或者探明各种风险。[②]

科学研究活动一开始,就涉及问题和方法的选择,从而与价值发生关系。因此,科学是以某种方式"包含"作价值判断的科学。为了在可供选择的问题中进行选择,科学家必须作价值判断。也许最经常的

①　L. Stevenson and H. Byerly, *The Many Faces of Science*, *An Introduction to Scientists*, *Values and Society*, Boulder, San Francisco, Oxford: Westview Press, 1995, pp. 226-230.

②　L. F. Cavalieri, *The Double-Edged Helix*, *Science in the Real World*, New York: Columbia University Press, 1981, pp. 21, 135.

是,科学家不能完全摆脱他的人的属性,他是一个有偏爱的主体,这种偏爱不可避免影响到他的科学活动。因此,价值判断实质上包含在科学的程序中,科学家确实以科学家的资格作价值判断。[①]　在科学方法——包括在仔细控制的条件下从事研究以及科学知识的可靠性基本依赖于结果的再产生性——的发现与研究者的价值无关(尽管这受到一些学派的挑战)的意义上,方法论可以是中性的。但是,方法的选择和问题的选择二者,即在科学研究的名义下什么是可允许的,是负荷价值的,却受到社会伦理和道德状态的影响。活体解剖的例子阐明了这一点。达尔文认为,用无私地追求知识为之辩护是不充分的,用满足纯粹的好奇心来辩护则是完全不可接受的。用消除人的疾病具有压倒性的重要性来辩护是可以的,但是要知道,与人类不同的物种有权在宇宙中拥有它们的位置。[②]

不仅科学活动的实践包含价值评价,而且科学本身就是一个评价术语。科学家必须在好科学和坏科学、科学和伪科学之间做出区分,否则他便无法从事科学。因此,科学包含作价值判断,这是它的基本关心的一部分。[③]　不过,以上所述主要是就科学知识之外的项目作价值判断,下面我们着眼于科学知识的内在评价即科学理论的价值评价及其评价标准。

人的科学活动肯定可以说是以评价为先决条件,对科学理论的取舍、修正、协调更是如此。我们的决定总是在不充分的信息的基础

---

①　R. Rudner, The Scientist Qua Scientist Makes Value Judgment. E. D. Klemk et. ed. , *Introductory Reading in the Philosophy of Science*, New York: Prometheus Books, 1980.

②　J. Lipscombe and Williams, *Are Science and Technology Neutral?* London-Boston: Butter-Worths, 1979, p. 11.

③　M. Scriven, The Exact Role of Value Judgment in Science. E. D. Klemk ed. , *Introductory Readings in the Philosophy of Science*, New York: Prometheus Books, 1980.

上做出的,这就要求我们采取恰当的评价标准,主要是提供事实说明和价值说明。① 但是,迪昂的理论整体论②——尤其是其中所涵盖的不充分决定论题,观察和实验渗透、负荷、承诺理论,判决实验不可能——告诉我们,事实说明或经验证据并不能完全决定一个理论的命运,因此其他价值色彩更浓的评价标准就是不可或缺的了。特里格言之有理:

> 理论不能由证据推出,因而证据与理论之间存在裂痕,这在某些方面同所谓存在于事实与价值之间的裂痕相似。因此,似乎不难理解,需要用价值来缩小证据与未确定的理论之间的裂痕。的确,如果我们的语言是有理论倾向的,而观察是依赖于理论的,那么我们看待世界方式本身就是充满价值评价的。

这样一来,理论的选择受价值影响,而不是由规则决定的。当事实不能解决问题时,显然是价值指导我们对理论进行选择。③

在这方面,哲人科学家④通过自己亲身的科学实践和哲学反思,提出了一系列真知灼见,我们不妨列举几位有代表性的人物的见解。马赫把"思想对事实的适应和思想的相互适应"⑤作为对科学理论的基本要求。赫兹认为科学理论是描述世界的图画,他运用三个标准构成选

---

① C. G. Hempel, Science and Human Values. E. D. Klemk ed. , *Introductory Readings in the Philosophy of Science* , New York: Prometheus books, 1980, pp. 254 - 268.

② 李醒民:《迪昂》,台北:三民书局东大图书公司,1996 年 10 月第 1 版,第 323 - 377 页。

③ R. 特里格:社会科学中的事实与价值问题,北京:《自然科学哲学问题》,李珺译,1990 年第 1 期,第 38 - 43 页。

④ 李醒民:论作为科学家的哲学家,长沙:《求索》,1990 年第 5 期,第 51 - 57 页。上海:《世界科学》以此文为基础,发表记者访谈录《哲人科学家研究问答——李醒民教授访谈录》,1993 年第 10 期,第 42 - 44 页。

⑤ 马赫:《认识与谬误》,李醒民译,北京:华夏出版社,2000 年 1 月第 1 版,第 167 页。

择法则。每一个图画必须通过像一组相继的滤纸一样的标准，以便变成在科学上为我们所接受。这三个标准是：逻辑一致性，即与思维规律没有矛盾；经验适当性或与现象符合；简单性和独特性。① 爱因斯坦以"内部的完美"（理论前提的自然性和逻辑简单性）这一辅助标准，补充"外部的认证"（理论不应当同经验事实相矛盾）标准之不足。② 迪昂的精彩论述直接揭示了非经验标准的在科学理论评价中的必要性和重要性，值得人们深思：

> 如果两个不同的理论以相同的近似度描述相同的事实，那么物理学方法认为它们具有绝对相同的有效性；它没有权利命令我们在这两个等价的理论之间选择，它必然给我们留下自由。无疑地，物理学家将在这些逻辑上等价的理论之间选择，但是支配他们选择的动机将是优美、简单性和方便的考虑以及合适性的理由，它们本质上是主观的、偶然的，随时间、学派和个人而变化的；尽管这些动机在某些情况下是严肃的，但是它们将永远不具有必然坚持两个理论中的一个而排斥另一个的本性，因为只有理论中的一个而不是另一个能够描述的事实的发现，才会导致被迫的选择。③

哲学家特别是科学哲学家更是不甘落伍，他们的解决方案可谓连篇累牍、积案盈箱。逻辑经验论提出评价科学理论的六个标准：

① U. Majer, Simplicity and Distinctness. N. Rescher ed. , *Aesthetic Factors in Natural Science*, Lanham: University Press of American, 1990, pp. 57 - 71.

② 李醒民：科学理论的评价标准，北京：《哲学研究》，1985 年第 6 期，第 29 - 35 页。

③ 迪昂：《物理学理论的目的和结构》，李醒民译，北京：华夏出版社，1999 年 1 月第 1 版，第 324 页。

与现有经验数据一致标准,有新预言标准,与当前得到充分确认的理论一致标准,解释能力标准,经验内容标准,内在一致性标准。这些标准无一例外是从经验适宜性的分析中推出的,它们不能诠释科学家在做理论选择时诉诸审美标准这一事实。[①] 波普尔这位逻辑经验论向后逻辑经验论的过渡人物,主要也是站在经验论的立场看问题的。他说:

> 凡是告诉我们更多东西的理论就更为可取,就是说,凡是包含更大量的经验信息或内容的理论,也即逻辑上更有力的理论,具有更大的解释力和预测力的理论,从而可以把所预测的事实同观察加以比较而经受更严格检验的理论,则更为可取。总之,我们宁取一种有趣、大胆、信息丰富的理论,而不取一种平庸的理论。

他在另一处把更精确、说明更多事实、更细致描述或诠释了事实、通过检验、提出新的实验检验、联结了各种迄今互不相干问题,作为比较和选取理论的标准。[②]

后逻辑经验论的科学家突破了经验论的框架,他们罗列的评价科学理论的标准包含形形色色的非经验标准。在知名的科学哲学家当中,库恩提出的标准有五个:准确性(accuracy)、简单性(simplicity)、内部的和外部的协调性(consistency)、范围的广度(breadth of scope)、多产性(fruitfulness)。奎因等的标准是保守性(conserva-

---

① 麦卡里斯特:《美与科学革命》,李为译,长春:吉林人民出版社,2000 年第 1 版,第 8-10 页。

② 波普尔:《科学知识进化论》,纪树立编译,北京:三联书店,1987 年第 1 版,第 177-178、197-198 页。

tion)、适度(modesty)、简单性、普遍性(generality)和可反驳性(refut-ability)。劳丹的标准包括内部的协调性、对惊奇结果的正确预言和证据的多样性。[1] 波兰尼把确定性(准确性)、系统的贴切性(深刻性)、内在意义作为标准。[2] 普特南则以融贯性(coherence)和简单性(sim-plicity)标准为例,论证它们本身是价值。他说,假定它们是感情的词汇,这些词汇表达了对理论"赞成的态度",但是没有把任何确定的性质归于理论,那么人们也许会认为辩护是完全主观的。另一方面,假定它们是中性的——人们对这样的性质可以有"赞成的态度",但是这样做时没有客观的权利——那么便立即陷入困境。像范式一样,价值术语(例如"有勇气"、"和蔼"、"谦逊"、"善"等)、"融贯的"和"简单的"也被用来作为称赞的术语。事实上,他们是行为指导术语:把理论描述为融贯的、简单的、有说明能力的,这在正确的背景下是说理论的接受受到辩护;陈述的接受受到辩护是说,人们应该接受该陈述或理论。[3]

其他现代科学哲学家和哲学流派也不示弱。考尔丁认为,科学真理的判定标准除科学陈述与实在符合或对应(correspondence)这个重要标准外,还有融贯性、简单性、不同工作者之间的意见一致(agree-ment)、可交流性(communicability)。[4] 隆季诺详尽地论述了经验的恰当性(empirical adequacy)(与经验的准确性可交互使用)、简单性、

---

① H. E. Longino,Cognitive and Non-Cognitive Values in Science. L. H. Nelson and J. Nelson eds. ,*Feminism Science ,and the Philosophy of Science* ,Dordrecht:Kluwer Academic Publisher,Printed in Greet British,1996,p. 39.

② 波兰尼:《个人知识——迈向后批判哲学》,许泽民译,贵州人民出版社,2000 年第 1 版,第 206 页。

③ H. Putnan,Beyond the Fact/value Dichotomy. A. I. Tauber ed. ,*Science and the Quest for Reality* ,London:Macmillan Press Ltd. ,1997,pp. 363 - 369.

④ E. F. Caldin,*The Power and Limit of Science* ,London:Chapman & Hall LTD. ,1949,Chapter V.

说明能力(explanatory power)(与范围的广度可交互使用)标准的含义和应用。① 普尔提出科学通向逼真性(verisimilitude)的标准有:综合性(comprehensiveness)即考虑所有已知的相关资料,协调性即摆脱内部矛盾,融贯性即作为一个整体结合在一起,适合性(congruence)即与经验符合、重合。② 巴布尔和盘托出评估理论的三大标准:理论与观察的一致性,理论概念的内部联系,理论的综合性。第一个标准是与可在科学共同体中复制的材料的关系,这些关系是可以检验的。经验的一致性是任何可接受的理论的关键属性。第二个标准是指理论概念之间的关系,即在一个特定理论的内部结构的概念之间,或与其他被认为是站得住脚的理论的相关概念之间,不存在逻辑矛盾。第三个标准用于检验理论的综合性,其中包括理论的根本的概括性、统一性、丰富性等。③ 珀尔曼则列举出卷入评价理论体系的七个标准。一是说明(explanation),即有效的理论模型系统化和说明。换句话说,它把观察收集的资料统一为单一的体系,并使资料融贯和一致。二是预见(prediction)。这个标准主要包括未来的资料,而不是过去的或现在的资料。好模型准确地和可靠地预期未来的事件,因此它不仅能够预言,而且也能受它自己的预言的检验。三是灵活性(flexibility)。理论体系在自身之内必须具有协调和适应资料的手段,它必须是可修正的。四是功能性(functionality)。功能性是一个不可或缺的标准。理论在实际应用上兴旺发达,它有助于建立的技术使自己处于牢固的地

---

① H. E. Longino,Cognitive and Non-Cognitive Values in Science. L. H. Nelson and J. Nelson eds. ,*Feminism Science ,and the Philosophy of Science* ,Dordrecht:Kluwer Academic Publisher,Printed in Greet British,1996,pp. 39 - 58.

② M. Pool,*Beliefs and Values in Science Education* ,Buckingham,Philadelphia:Open University Press,1995,p. 47.

③ 巴布尔(I. G. Babour):《科学与宗教》,阮炜译,成都:四川人民出版社,1993 年第 1 版,第 186 - 188 页。

位。理论科学和技术已经在近代的发展中相互养育。五是简单性。在其他事项相同的情况下,最简单的观念是最好的。一般地,最简单的理论是基于最少的基本假设的理论。六是似可信性(plausibility),即所涉及的观念体系与其他流行的思想体系和经验的符合程度。七是可证伪性(falsifiability),即对于拒斥以及接受观念体系应该存在清楚的经验基础。[1]

在这里,有两位学者的见解值得介绍一番。雷舍尔把必要而不充分的经验标准和充分而非必要的非经验标准称为理智价值,并揭示了它们的特点。他说,在科学理论和说明中进行选择时,某些智力价值或认知价值达到合理性的真正性格,因此可以称这些价值为理智价值或理论价值。首先是"符合事实",拯救现象的论题自古希腊以来就是科学的中心论题。适合资料显然是必要的,但是这并不充分,因为一大堆资料可以以无数的方式被可供选择的理论满足。使选择变得可以控制的标准还有:简单性、规则性(regularity)、一致性(uniformity)、综合性、内聚性(cohesiveness)、经济性(economy)、统一性(unity)、和谐性(harmony)。这一切显然是价值,即是理论化事业的基本理智价值。其特点有四。第一,它们是为理智和理解力提供方法的认知价值。参照这些基本上是美学的、十分典型的秩序和结构原则,探索的理智就会合乎规格地进展。第二,它们是客观的(即客体取向的)价值而不是主观的(即主体取向的)价值。简单性等与理论探索的客体或材料有关,并非与从事它的工作者有关。在这方面,它们不同于像坚忍、诚实、正直、合作等——代表了科学家值得称赞的品质,而不是他们生产的科学的特性。第三,它们是有倾向性的。例如,在采纳简单

---

① J. S. Perlman, *Science Without Limits*, *Toward a Theory of Interaction Between Nature and Knowledge*, New York: Prometheus Books, 1995, pp. 92 - 94.

性作为认知价值时,我们没有说将用较简单的理论代替复杂的理论。在这种意义上,对简单性的偏爱不是绝对的和断然的。第四,它们是规则的(regulative)而不是构成的(constitutive)。这就是说,它们是对我们认知事务的行为的规定和对理论本身的要求,而不是对世界的直接描述。在采纳简单性和一致性作为认知价值时,我们并没有说世界是简单的和一致的。[①] 福尔迈的看法也颇有见地,尤其是他指明了哪些标准是必要的,哪些标准是充分的:

> 就形式化理论,譬如数学这类理论而言,只有内部连贯性是一个必要条件。当然,公理的独立性和完备性,理论的精确度和覆盖面(强度),也同样被视作重要的标准。在实证科学领域,除形式化标准外,还增加了许多其他标准。我们把外部连贯性、可检验性和说明能力,看作必要的标准。但是,向新知识的开放性、概念和体系的统一性、基本概念与公理的经济性、可形式化性、启发力和预测力、简单性和多产性,也都是一些有用的特征。在对理论做出评价时,我们把它们当作值得一提但是并非必不可少的。

其中,内部连贯性就是理论的前提或结论的无矛盾性。外部连贯性是指,一种理论必须同公认的科学成果相和谐。它不应当同它们相矛盾,而应当考虑它们,并且还要消化那些至关重要的成果。但是,在新的乃至"革命性的"理论中,通常很难决定保留"基础"知识的那些部分,以及把那些部分当作背景知识引进来。可检验性是说,如果一种

---

① N. Rescher, Values in Science. *The Search for Absolute Values: Harmony Among the Science*, Volume II, New York: The International Culture Foundation Press, 1977.

理论（或假设）本身或由它推出的结论能够通过经验证实或证伪，它就是可检验的。所谓说明能力，即是说一种理论必须能够解决存在的问题，说明可观察的事实并做出正确的预言。[①]

女性主义哲学流派的观点有必要在此一提。女性主义认为科学理论的优点表现在下述六个方面。一是经验的适合性。二是新颖性（novelty），意指以显著的方式不同于目前已经接受的模型或理论，或者由于假定了不同的实体和过程，采纳了不同的说明原理，包含了另类的隐喻，或者由于力图描绘和说明先前不是科学研究的课题的现象。三是本体论的异质性（ontological heterogeneity），意指以本体论的异质性（或本体论的多样性）概括其特征的理论是承认对不同类型的实体平等的理论。四是相互作用的交互性（mutuality of interaction）：前一个标准重视在实体方面是多元的理论，这个标准重视把实体和过程之间的关系看作是相互的，而不是单向的，看作是包含多重因素，而不是单一因素。五是对当前人的需要的可应用性，它与下一个标准都是实用的标准。六是能力的扩散（diffusion of power）：这是第四个标准的实践版本，人们偏爱在说明模型中包含相互的而非统治-从属关系的模型。[②]

需要强调的是，科学理论的智力价值评价标准并不是一成不变或一劳永逸的。比如，经验标准并不是一开始就被奉为主要标准。文艺复兴时期科学家面临的任务，就是调和与融会天主教教义和希腊人的数学自然观。当时科学家是作为数学家而从事自然研究的。也就是说，他们希望通过直觉或感官，去发现具有广泛性的、基础牢固的、不

①　福尔迈：《进化认识论》，舒远招译，武汉：武汉大学出版社，1994 年第 1 版，第 153 - 157 页。

②　H. E. Longino, Cognitive and Non-Cognitive Values in Science. L. H. Nelson and J. Nelson eds. , *Feminism Science , and the Philosophy of Science* , Dordrecht: Kluwer Academic Publisher, Printed in Greet British, 1996, pp. 45 - 48.

可改变的、合乎理性的原理，再从这些原理演绎出新的定律，就像欧几里得几何学一样。在这里，几乎没有借助实验的帮助。即使在近代科学的开拓者伽利略、笛卡儿、惠更斯、牛顿的眼中，演绎方法这一科学研究中的数学方法，总是比实验方法所起的作用大得多。[①]不言而喻，此时经验标准在科学理论评价中也不可能置于中心地位。夏平和沙弗尔在其论著中恢复了现代人尤其难以把握的文化情境：在我们看来，关于自然的权威性的知识（科学）似乎始终与实验紧密地捆绑在一起，然而在17世纪，这种联系并不是必然的、不证自明的。[②]

　　作为知识体系的科学与作为社会建制和研究活动的科学相比，其中价值成分的含量要少得多，甚至相当大的部分或项目可以说是价值中性的。但是，我们绝不能断言，在科学知识体系中一点也不包含价值的要素。马斯洛从人对自然的认识和处理的角度，揭示了价值不可避免地要渗入科学知识。因为人们在对自然事物进行抽象、分类从而理解其相同点和不同点时，大体上是有选择地注意实在的，并依据人们的兴趣、需要、愿望和忧虑来改变和重新安排实在。这样将我们的知觉过程组织成各大类，这在某些方面是有利的和有用的，而在另外的方面又是不利的和有害的，因为它使实在的某些方面异常突出和鲜明，同时又使实在的另一些方面陷入阴影。必须清楚，尽管自然界为我们提供了分类的线索，而且有时还有"天然的"分界线，然而这些线索常常只是最低限度的和模棱两可的。我们往往必须创造一种分类或把某种分类强加于自然界。在此过程中，我们不仅依据自然的启示，还要依据我们自己的人性，我们自己无意识的价值、偏见和兴趣。

---

　　① 克莱因：《西方文化中的数学》，张祖贵译，上海：复旦大学出版社，2004年第1版，第106－107页。

　　② 贾撒诺夫等编：《科学技术论手册》，盛晓明等译，北京：北京理工大学出版社，2004年第1版，第327页。

假如理论的理想就是把理论中的人的决定因素减少到最低限度,那么只有靠很好地了解这些因素,而不是否认它们的影响,才能达到这一目的。① 布罗诺乌斯基的洞察也凿凿有据:

> 实在并不是为人的审查而展现的,它贴着标签"请勿接触"。不存在被拍照的我们未参与其中的外观,不存在被复制的我们未参与其中的经验。我们用发现的行动重新制作自然,在诗篇中或在定理中。伟大的诗篇和深刻的定理对每一个读者都是新的,还是他自己的经验,因为他本人创造了它们。它们是多样性统一的标志……②

科学知识体系,或者更准确地讲,狭义的科学理论体系,是由科学原理、科学定律、科学事实三个层次构成的。它们形成科学理论的严整逻辑结构。其中科学原理(包括基本概念和基本假设)是科学理论的逻辑基础;科学定律(科学命题)是由该基础导出的命题(从逻辑上讲),或是从经验资料归纳或概括出来的(从发生学上讲);科学事实既是提出科学原理的向导,也是直接检验科学定律和间接确认科学原理的试金石。而且,为了建构科学理论,人们还必须有意识或无意识地做出或承诺某些为数不多的、形而上学色彩极强的基本假定,这就是科学预设(作为科学信念起作用)和科学传统(作为研究纲领起作用)。于是,就广义的科学理论体系而言,科学事实、科学定律二者是其低端层次,科学原理、科学预设和科学传统三者是其高端层次。科学知识体系中的价值成分按照从低端到高端这样五个层次的顺序,一般是递

---

① 马斯洛:《动机与人格》,许金声译,北京:华夏出版社,1987 年第 1 版,第 8 页。

② J. Bronowski, *Science and Human Values*, New York: Julian Messner Inc. , 1956, p. 32.

增的。或者反过来,价值成分大体上是递降的。

　　科学预设是人们在从事科学研究和建构科学理论之先或显或隐地持有的科学信念,如科学研究的对象世界(实体、关系、现象等)是实在的或客观存在的、有序的和一致的,实在世界是人的理性可以部分地理解的,科学事实或现象是可以重现的,不同的人对相同的证据能够取得某种共识等等。这些信念很难用经验完全证实或证伪,它们不能从科学本身的内部确立起来,是外在于科学理论的,但是人们依然相信它们,它们一般也不会使人们上当受骗。科学传统是在一定的历史时期反映了人们对世界和科学的总的看法,即就是所谓的自然观、宇宙观、世界观和方法论,如拟人说、机械说、嵌入说的宇宙观①,目的论、有机论、因果论的自然观,理性论的和经验论的方法论等等。它们扮演了研究纲领的角色,决定了科学理论的格局和本质属性。科学预设和科学传统在某种意义上是人的信念和看法向自然界的投射(projection),具有明显的主观性,在相当大程度上是由文化与境和社会价值决定的,其包含不少的价值成分就是顺理成章的事了。作为科学理论内含物之一的科学原理也具有类似的品格,尽管它包含的价值成分相对要少一些。这是因为,科学原理与科学事实并没有逻辑的通道,而必须借助创造性的想象力(用爱因斯坦的话来讲,是"思维的自由创造"和"理智的自由发明")和隐喻式的语言,来建构基本概念和基本概念之间的关系(基本原理),以填补这一逻辑鸿沟,而人的想象和语言不免受社会文化语境的影响,从而带有主观的和价值的因素。

---

　　①　李醒民:科学解释的历史变迁(上、下),北京:《百科知识》,1987 年第 11、12 期,第 15－18、8－9 页。

　　波塞尔论述了科学的两级规定(大体相当于我们所说的科学预设和科学传统之混合)是如何融入价值的并影响科学理论的建构的。他说,科学的"第一级规定"是科学研究的在先条件,对科学的构造具有非常重要的规范作用。一是本体规定:这类规定决定各个科学分支即学科的基本研究对象,譬如其主要部分及基本程序;另外还决定这些基本对象之间的一般关系。二是知识来源:这类规定涉及科学知识的主要来源与渠道"应该"是什么,同时规定来自那些途径的"知识"不能算作是"知识"。三是知识来源等级的规定:单纯列举知识来源的种类还不够,种类中还有个轻重先后的问题。四是判断规定:这类判断确定什么是"证明",何谓"指出原因","经得起检验"的意思是什么;还有什么样的"批评"是合理的批评,甚至什么是"反驳",什么是"推翻"等等。五是学术规范:每个学科都有非常专门的学术规定,它们起规范的作用。这类规定涉及理论的形式;单个陈述或者整体理论的表达方式,亦即美感与简单性;哪类问题是可以提出的以及哪类答案是允许的,还有一定陈述的不可推翻性。第一级规定决定了科学中的方法论,以此为基础展开科学性的陈述系统。在第一级规定的后面或上面还有另外一级的规定,即所谓的"第二级规定"。它们没有前者那么明确,亦不是"成文"的规定。只有借助它们才可以说明前者的变化,才能发现科学革命时期规定变化的理由。因此,可以说,第二级规定提供理由,说明第一级规定的变化在什么情况下是可以接受的,在什么情况下必须拒绝。它们实际上是对世界的基本看法,也就是所谓的自然观或世界观。①

　　隆季诺也主要针对几个高端层次,详细谈及价值在其中的涉入。

---

　　① 波塞尔:《科学:什么是科学》,李文潮译,上海:上海三联书店,2002年第1版,第155－159、164－166页。

他说，探究的对象从来也不正好是自然或自然的某一分立部分，而是处于某种描述之下的自然，例如作为目的论系统的自然，或所谓机械论系统的自然，或作为复杂的相互作用系统的自然。某些描述使某些问题类型是有意义的或恰当的，而在另一总括特征的与境中则不会如此。因为探究对象的特征不依赖于自然告诉我们什么，而依赖于我们希望就自然了解什么，以致描述将把探究与它所满足的需要和兴趣联系起来。以特定方式概括自然特征的机械论哲学使某些问题类型是恰当的，而另一些则是不恰当的。正如我们看到的，它也作为介于资料和说明性的假设（hypotheses）之间的假定（assumption）的源泉起作用。探究对象概念除了是这样的假定的源泉外，也是限制甚至是考虑的候选者假设的范围的稳定因素，而且它规定了假设的特征，决定了推理的特征。知识的对象的观念能够有助于表明，如何把与境价值转化为构成价值。在任何历史时期，人们能够找到各种各样的研究传统——使自然或自然的一部分概念化的方式。这些概念化即所研究的对象的基本性质和关系的特征，就是所说的研究对象的构成。这种构成是就这些对象找到的知识之类型的功能，从而像发现一样多的是决定、选择和价值的问题。重要的是要承认，这些选择本身即便有过也并非经常被察觉到，从而可以完好地被描述为人的需要对自然界的无意识的投射。正是共同体对目标的一个集合支配的价值和假定的坚持，才提供了防止个人癖性价值的影响的某种尺度。自相矛盾的是，共同体的这样的坚持也是日常科学实践免受与境的侵袭，尤其是免受把社会经济需要直接译码为科学假设。于是，在探究对象观念中寻求和描述的知识的类型作为决定构成价值的目标起作用。它通过提供假定稳定探究，这些假定专注于某些观察和实验类型，借助这些假定那些资料被看作是给定假设的证据。它也对可容许的假设提供限制。但是，寻找特定的知识类型的决定，例如寻找最贴近的原因而不是寻求机能或意图,或者反过来,都反映了与境价值,而不是构成价值或认识论价值。因此,科学并非仅仅寻求真理,而且也寻求特定的真理种类。①

在另一端,科学事实之所以可能含有价值,除了事实需要由人根据现有的科学状况鉴别、选择、取舍外,还因为科学事实是渗透理论的事实,而且它们不是孤立的,只有在理论体系中才能获得意义。这样一来,理论高层次中包含的价值自然而然地就被传递到科学事实。利普斯科姆比谈到前一个理由时说,即使信息形式的知识也包含价值,就更不用说明显含有主观性因素的理解的知识了。信息形式的知识并非毫无限制地是好事,在积累信息时存在筛选重要信息和琐细信息的问题,而且还得经常抑制和删除不相干的信息。在这个过程中,科学家必须作价值判断,训练有素者往往能够做出正确的判断。因此,全面地考虑,最纯粹的、最抽象的和显然"无用的"科学,也不可避免地是价值相关的和价值负荷的。② 格姆针对科学陈述(似乎包含事实陈述和定律陈述二者)的议论,主要涉及后一个理由。他认为,一些科学陈述包含价值。其一,某些科学陈述涉及健康、安全有害和风险概念,这类陈述仅在参照一般性的价值背景时才有意义。其二,某些陈述是关于其他陈述的可接受性的,他们涉及有力的证据、充分确立以及足够高的概率等概念,此类陈述也依赖类似的价值背景。其三,科学共同体普遍公认的陈述与上述二者有关,它们或在内容中包括价值,或对背景价值做出承诺。③

至于科学定律,若其内含价值,也多半是通过科学推理从科学原

① H. E. Longino, *Science as Social Knowledge*, *Values and Objectivity in Scientific Inquiry*, New Jersey: Princeton University Press, 1990, pp. 99 – 100.

② J. Lipscombe and Williams, *Are Science and Technology Neutral?* London-Boston: Butter-Worths, 1979, p. 48.

③ 格姆:科学价值与其他价值,王新力译,北京:《自然科学哲学问题》,1988 年第 4 期,第 16 – 21 页。

理中传递下来的，或通过归纳和概括从科学事实中渗入的，例如通过科学原理中的或科学事实描述中的基本概念。隆季诺指出，价值集中在资料和假设之间的推理即作为证据的推理上。他说：

> 把推理看作是实践提醒我们，它不是脱离现实的计算，而是在特定的与境中发生的，相对于特定的目的评价的。作为证据的推理总是与境相关的，资料只有借助背景假定对于假设来说才是证据，而背景假定则断定资料是事物或事件的种类和被该假设描述的事情的过程或状态之间的关联。背景假定也能导致我们突出现象的某些方面超过其他方面，从而决定现象被描述的方式和现象提供的资料的类型。背景假定是与境价值和意识形态藉以被结合到科学探究中去的手段。虽然并非所有这样的假定把社会价值译码，但是它们对于作为证据的推理的必然性意味着，方法论的基本组分——逻辑和观察——为把价值从恰当的探究中排除出去并不是充分的。无论如何，背景的作用具有新的问题。科学探究的特征并未被众多个人的主观偏爱的表达来概括。如果科学探究是提供知识，而不是随意地收集见解，那就必须有某种方式减少主观偏爱的影响，控制背景假定的作用。①

由此可见，科学知识体系的五个层次都有可能包含价值成分，尤其是在其高端层次。格雷厄姆从五个方面综合性地论述了科学和价值之间的关系，尤其是科学理论中的价值。(1)基于科学之内的价值术语的联系。在科学一些领域的核心概念中，存在着可能与价值无法

---

① H. E. Longino, *Science as Social Knowledge*, *Values and Objectivity in Scientific Inquiry*, New Jersey: Princeton University Press, 1990, pp. 215 - 216.

摆脱地联系在一起的术语。例如,在生理学、心理学、精神病学中,像"正常"、"反常"、"变态"都负载价值的含义,生物学中的"适应"也是这样。尽管许多科学家尽力消除科学术语的价值含义,比如把"正常"理解为统计术语,把"正常行为"解释为大多数社会成员频繁地显示或实践的行为。这一进路的极端形式又导致人类学相对主义——对一个社会是正常的东西(同性恋、多妻制)对另一个社会则是不正常的,因而不能令人满意。(2)基于被说成对价值有影响的科学理论或假设的联系。这个范畴比我们刚刚考虑的更为通常、更有意义,它由个人给予在科学中发现的理论或假设的价值属性构成,尽管在这里价值的来源在理论本身中不像在诠释它的人的头脑中那么多。例如,社会达尔文主义把生物学的最适者生存理论与资本主义的自由竞争类比,为某些政治和经济秩序辩护;神学家求助于天文学的宇宙膨胀假设为神创说辩护。(3)基于科学的经验发现与价值的联系。科学的经验资料对价值具有有意义的影响,因为它们能够支持或反驳对现存的社会价值有影响的科学假设。伽利略用资料证据支持哥白尼,使日心说不再是可供选择的假设,而是物理事实,从而冲击了与之矛盾的宗教宇宙观。因此,科学提供的经验资料具有引起价值冲突的潜力,这些冲突的起源并非必然地在于资料中,而通常在资料和已经为社会拥有的价值的关系中。(4)基于科学方法和来源的联系。爱因斯坦认为,科学作为严格性和明晰性的模型能够有助于伦理学,而且科学家的目标和人类追求的社会公正、和谐的目标有类似性。在科学中,对和谐、完美、求真和雅致的承诺也与价值的某些类型相关。这些联系涉及科学创造性的来源和方法,而不是包括在科学理论或陈述的信息中。(5)基于技术能力的联系。物理科学中的理论远离价值的考虑。在生物科学中,虽然科学和价值存在直接的联系,但是联系是狭窄的。然而,由科学衍生的技术却以大规模的、众多的方式影响人的价值。谈到科学对伦理的影响时,大多数人其实意指技术而非科学。"科学正在改变我们的价值"的说法,其实更准确地讲,应该是"技术正在改变我们的价值"。①

隆季诺则详尽地分析了与境价值、利益和价值负荷如何能够以影响探究结果的方式强制科学实践,而且是在不违背科学的构成法则的情况下这样做的。他说,科学中的推理的真正特征使它易受与境的影响。可是,这并不表明,与境价值总是或必然地隐含在科学推理中,甚或它们必须隐含在相同的实验或观察资料的相冲突的诠释中。背景假定可以在分析的和形而上学的根据之上,以及非故意地或者在规范考虑的基础上成立或被捍卫。一旦承认任何种类的与境考虑与科学的论据有关,那就无论如何不再能够把价值和利益作为不相关的东西或坏科学的标记先验地排除。与境价值影响科学实践的方式的类型有三种:一是社会和文化与境的广泛价值对于探究通道的影响;二是对关于科学知识的技术发展的含义做出明确的政策决定;三是包括道德价值和进行研究的特殊方式之间的潜在冲突,尤其是带有人的受试验者的研究和危害公众的研究。这三种类型尽管不同,但是都可以按照"外在性"模型加以分析。也就是说,科学与社会和文化与境价值的接触点可以决定研究的方向或它的应用,但是在如此决定的边界内,科学探究本身则是按照它自己的准则进行的。与社会和文化与境的接触点决定这些准则将被应用的范围。再者,探究准则是科学的建制价值的功能,其本身是科学目标——发展对于自然界的准确理解——的功能。虽然世界的范围或方面的选择是由作为社会和文化与境价值的功能的准则之应用阐明的,但是借助准则的使用和指导达到的结

---

① R. Graham, *Between Science and Values*, New York: Columbia University Press, 1981, pp. 357 – 368.

论、答案和说明却不是由准则之应用和指导阐明的,即使那些影响科学的与境价值依然外在于实在事物、外在于科学。当它们不外在于这些东西时,我们便有坏科学的案例。与此相对照,与境价值也在某种程度上"内在地"作用于科学。笔者通过案例研究表明,相对于给定的研究纲领而言,与境价值至少能够在五个方面塑造出自那个纲领的知识的扩展。(1)实践。与境价值能够影响与科学的认识公正性有关的实践。(2)问题。与境价值能够决定在给定的现象中询问哪些问题,忽略哪些问题。(3)资料。与境价值能够影响资料的描述,就是负荷价值的术语可以被利用来描述实验的或观察的资料,价值可以影响资料的选择或被研究的现象的类型。(4)特殊假定。与境价值能够在使特殊探究范围内的推理变得容易的背景假定中得以表达或促动这些假定。(5)总括假定。与境价值能够在决定接受整个范围内研究特征的总括的、像框架一样的假定中得以表达,或促动接受这些假定。他进而设法澄清人们对科学与价值的关系、科学中的价值的一些误解以及价值在科学中的积极意义:

　　科学在文化上不是自主的活动。而且,科学诚实的问题被误解了。观察和理性的理智实践并未以纯化的形式存在。当清除携带社会价值和文化价值的假定时,它们太枯竭了,以致产生不出概括我们确实拥有的理论之特征的美和力量的科学理论。如果我们不是把诚实理解为纯粹(purity),而是理解为整体性(wholeness),那么当科学家在他的科学中起作用时,他的诚实就受到尊重。这种作用不是推翻观察和实验资料,而是指导诠释,提出资料能够在其中被有序化和组织化的模型。较多地承认社会过程(例如批判过程)在知识结构中的作用以及背景假定在主流科学中的作用,可以鼓励个人研究者在他的注释中承担较大的风险。当然,这要求广大共同体承认知识结构的这些方面以及随之而来的放松对个人一致的压力。不用说,这样的过程的一个进一步的结果可能是,观察资料的新分类和这些资料之间的关系得以发展,新的观察和实验资料得以产生。①

①　H. E. Longino, *Science as Social Knowledge*, *Values and Objectivity in Scientific Inquiry*, New Jersey: Princeton University Press, 1990, pp. 83 - 86,219.

科学文化概观 *

　　科学文化(culture of science, scientific culture)是人类文化的一种形态和重要构成要素,是人类的诸多亚文化之一。科学文化是科学人(man of science)在科学活动中的生活形式和生活态度,或者是他们自觉和不自觉地遵循的生活形式和生活态度。科学文化以科学为载体,蕴涵着科学的禀赋和禀性,体现了科学以及科学共同体的精神气质,是科学的文化标格和标志。与艺术、宗教等亚文化相比,科学文化的历史要短得多,但是它在数百年间的影响却如日中天。科学文化深刻地内蕴于科学,并若隐若现地外显于世人。因此,它的一些组分已经潜移默化地浸淫了人们的思想和心理,塑造了时人的思维方式和心理定式,乃至成为人性的不可或缺的要素。还有一些组分比较隐秘,需要研究者加以发掘和阐释,才能被人们在理智上领悟,在行动中效法,从而进一步彰扬科学的文化意蕴和智慧魅力,促进人与自然的和谐,推动人类社会的进步和人的自我完善。

　　科学文化也像人类的其他文化一样,分为器物、制度、观念三个层次。科学文化的器物部分是支撑科学的物质基础,尤其是其中的实验设备、观察和测量器具直接与科学活动密切相关。科学文化的制度部分包括科学活动的各种建制,主要有研究机构、学术团体、出版部门、法规章程等等。科学文化的观念层次——这是科学文化的内核——还可以细分为科学知识、科学思想、科学方法、科学精神,其中包括认知、

　　* 　原载北京:《光明日报》,2006 年 10 月 9 日。

语言和心理诸因素。科学共同体创造、丰富、共有和共享科学文化；以科学研究为生活形式的科学家也或多或少打上了科学文化的烙印；而且，每一个社会成员只要接受足够的科学训练和培养，也能够在科学文化的王国里漫游和观光，濡染一些科学文化。

科学文化内涵丰赡、深邃，外延阔大、模糊，确实是一个难以定义的概念。不过，还是有不少学者力图定义它，至少是界定它的内涵和外延。希尔表明，科学文化指称在各种社会领域传播的有意义的实践和伴随它们的表现的系列，是知识、技艺和态度的组合。哈贝马斯揭示了科学文化的深层底蕴："科学文化最终不是由理论的信息内涵创造的，而是由理论家中那种审慎的和具有启蒙性的素质的形成创造的。欧洲精神的发展过程似乎是以这种文化的形成为目标的。"

科学文化是人类文化之一，不用说具有人类文化的共性。但是，科学文化的主体是认知文化和理性文化，它与作为信仰文化的宗教，与作为感性文化的艺术有较大的差异。科学主要是对世界的认知探索和对真理的理性揭示，而非价值判断和感性欣赏——当然也不能完全排除科学中的价值和审美因素。于是，科学文化自然而然地拥有一些其他文化不具备的独特的性质。

科学文化的对象和内容是实在的而非虚幻的。科学文化面对的对象即自然界（以及社会和人的某些方面）是实在的，外部实在的强制以及客观而严格的方法的约束，加之公开的批评和多元竞争的格局，所以科学知识和基于其上的思想、精神、心态当然也不会成为虚无缥缈的东西。科学文化是最有效的研究真实世界的途径和知识生产的理想形态，是富有启发性的文化。在人类所有文化的知识体系中，无论就其系统性和严密性而言，还是就其量的多少和质的精粹而言，科学文化知识体系大概都是独树一帜的。科学文化一经确立，它的启发功能即脱颖而出：不仅具有自我繁殖的能力（知识可以产生知识，思想可以产生思想)，而且对其他知识体系，对社会乃至人生，都会产生大大小小的影响。独创性是科学文化的独特要求和鲜明标识。独创性使科学文化区别于重复的物质生产文化，也区别于有价值的和可复制的其他精神生产文化。在科学文化中，只有世界冠军，没有世界第二。科学文化是尤为强烈的理性的和实证的文化。科学文化的最大特色之一是以经验实证为根基，以纯粹理性为先导。科学生活是理性生活的缩影，科学实践是实证生活的学校。怀疑和批判是科学文化的生命，也是科学文化发展的内在动力。宗教叫人信仰，法律使人服从，科学则公开让人怀疑和批判。科学的怀疑和批判有双重功能：剔除错误的思想，完善不成熟的理论，履行科学的清道夫、守门人和建筑师之责。科学文化具有普遍性、公有性和共享性。科学文化尽管在创造过程中及初级阶段多少带有一些地方特点和个人色彩，但是经过科学共同体的充分交流和再加工，这种差异在成熟的理论中便大为减少，从而具有其他文化所不具有的普遍性。也就是说，科学文化在各个国家和地区都是共同的，能为每一个乐于分享它的个人和群体所共享。科学文化具有自主性、主动性和非历史性。温格认为，科学文化具有独特的自主性，不大受文化变迁的影响，而西方历史的其他产物似乎不是如此非历史的(a historical)。这表明，科学与其他文化是高度非对称的。科学文化是见解和诠释多元化的竞技场，是争论和辩驳制度化的语境。科学发展伴随着科学观念的局部调整，科学革命是科学观念急剧而根本的改造。在这个过程中，不同的学派拥有各自的科学观念，即不同的本体实在和认识框架等，见解和诠释的多元化盖源于此。对于科学理论的评价和取舍既有外部的确认(理论的命题与经验事实符合)，又有内在的完美(理论的基本观念或逻辑前提的简单性)，但前者更为根本。尽管人们对经验事实的理解和诠释可能会有分歧，但是事实毕竟是事实，它的核心内容和基本含义是无法人为地歪曲的。这就决定了科学的争论武断不得，只能靠证据道理说服，不能靠权势暴力压服，也不能靠巧舌如簧骗服。可靠性（即可信性）的声誉在科学文化中是首要的个人资产，同行评议是科学文化的关键制度。身处科学文化氛围中的科学人，一般比较看重自己的学术声誉和道德声誉，追求长远的、意义比较重大的科学目标。科学文化具有某些伦理道德的蕴涵，尤其是诚实第一。科学文化主要是知识体系及其伴随物和衍生物，并不是伦理道德体系，但是它也蕴涵某些不成文的行为准则和规范，其中最重要的是诚实。如果科学家在做实验和写论文时弄虚作假或抄袭剽窃，他就会被从科学界清除出去。这个原则在民间文化中偶尔有之，在官僚政治文化中很少见到，而在科学文化中则是最主要的。与诚实原则相关的还有另一个原则，就是不把威胁作为迫使别人改变观点的手段。科学文化在更大的程度上是有机的、生物的现象。马赫早就认为，科学无论就其起源、目的而言还是就其行为、进化而言都是一种类似生物的、有机的现象。辛普森沿着这条思想进路进一步强调：科学中的所有系统具有类似生物的组分；文化本来就是生物现象，科学作为文化在更大的程度上是生物现象。科学文化的发展是在理性主义和经验主义、客观主义和主观主义、理想主义和功利主义的张力中为自己开辟道路的。

若要进一步搜索的话，还可以列举出科学文化的一些特性。比如，科学文化像其他文化一样，也具有自己局限性。马斯洛提到：科学亚文化强大有力而包容甚广，足以解决许多以往不得不放弃的认知问题，但却无法解决个人的问题，以及价值、个性、意识、美、超验和伦理问题。不过，话说回来，哪一种文化没有自己的局限性呢？

科学是一种文化形态和文化力量*

前科学(pre-science)时代的人尽管有天生的聪明才智,也涌现出许多宗教先知和思想巨匠,但是他们无法像赫兹那样预言电磁波的存在,也无法像量子物理学家那样揭示超越感觉的微观世界的奥秘。在他们的形形色色的神话、启示、箴言、艺术、幻想等等表达方式中,丝毫没有这方面的内容。在这个漫长的时期,没有真正的科学,也就是没有作为一种独立的文化形态和文化力量的科学。

科学史与文化史和思想史是交织在一起的,特别是在前科学时代,萌芽状态的科学与哲学和宗教的界线是相当模糊的,往往无法截然分开。科学史上的重大革命有两次。16世纪和17世纪的科学革命(或称近代科学革命),使理性传统和经验传统获得了决定性的整合和高扬,奠定了科学作为一种文化的历史地位。经过19世纪这个所谓的科学世纪的发展和蕴蓄,终于在19世纪和20世纪之交爆发了大规模的科学革命(或称现代科学革命),从而使科学文化成为人类社会和人类文化的中轴。

近代科学文化是在旧文化秩序的废墟上耸立起来的。克莱因详细描绘了这种状况:在17世纪,对女巫的残害导致数以千计的无辜者死亡,她们被成群地吊死或烧死。这个世纪的黑暗面绝非仅此而已:宗教自由根本不存在,宗教战争频频发生,宗教裁判所对异端随时进行审判和铲除,宗教使人们陷入对现世和来世的恐怖之中;新闻和书籍

---

* 原载北京:《民主与科学》,2005年第3期,第11-14页,有改动。

受到检查,没有出版自由可言,惩罚追求真理的人士;法治缺失,人们被以莫须有的罪名推进监狱,偷只小羊或小钱就被处死,因无力还债而坐牢;绅士和淑女以观赏拷打和处决犯人为乐事。正在中世纪遗留下来的精神风尚和伦理道德日趋式微之际,正在旧文化被埋葬前的垂死挣扎之际,西方世界出现了一种崭新的文化形态即科学,科学作为新的文化力量和文化秩序将取代衰落的中世纪文化。

近代科学文化也是在突破传统文化的思想藩篱和桎梏中脱颖而出的。多尔拜对此有精当的叙述和分析。他说,16世纪和17世纪是自然研究发生重大转变的时期。在这个时期之初,统治学术的是亚里士多德哲学和基督教的混合物,世界图景的统一体是由诸如炼丹术、炼金术、犹太教神秘哲学教义、新柏拉图主义、巫术和占星术这样隐秘的和思辨的杂烩构成的经院哲学。此后,若干戏剧性的智力发展出现了,一批新科学相继成长起来。最壮观的变革发生在自然哲学(自然科学)之中,完美的力学世界图景赫然耸立,其杰出的代表人物有伽利略、笛卡儿和牛顿。这些成就使自然哲学成为重要的文化力量,它的社会基础由新科学建制的创立来保证,尤其是伦敦皇家学会(1660)和法国科学院(1666)。吉普达比较全面地总结了17世纪科学革命对当时社会和文化的影响:科学破除了许多迷信和传统的信仰;科学提倡观察和实验,同崇尚权威之风相抗衡;科学认为自然规律支配宇宙中的物理现象和生物现象;科学否认地球是神圣的中心,否认人是造物主的目的;科学也引起社会政治领域的变革,自由和民主的观念逐渐深入人心;科学明确了人在宇宙中的真实地位。情况正如马赫明睿地揭示的,近代科学作为一种文化已经牢固确立并具有无比的发展潜力:

我们的文化逐渐获得了完全的独立性,远远超过了古代。

它在后来显示出全新的趋势。它以数学和科学启蒙为中心。但是古代思想的轨迹仍然徘徊在哲学、法学、艺术和科学中,它们构成了障碍而不是财富。不过从长远看,它们抵挡不住我们观念的发展。

马赫的预言很快被现代科学革命及其伴随的技术革命证实。沈清松描述了这一变革展示的巨大力量。他说,科学和技术是现代文化的构成要素,也是现代社会显而易见的动力。把现代社会称为科技社会可谓恰如其分,因为作为现代社会标志的城市化、工业化、信息化都与科技有不解之缘,科技俨然成为现代社会和文化的主导因素。而且,科技系统独立于人文系统和自然系统之外,在某种程度上强制后两个系统服从科技世界的扩张。在他看来,当代社会有两个基本的动力:一个是科技所引领的普遍化、客观化、运作化的倾向;另一个是由于人文关怀而兴起的历史意识,强调各历史团体的独特性、主体性和意义的创造。两者正处于对照的境况中,社会和文化只有在这种相互对照的两个动力之间保持适当的平衡,才能为自己开辟前进的道路。

把科学作为一种文化形态和文化力量来看待的观念,最早可以追溯到培根的《新大西岛》和康帕内拉的《太阳城》,他们二人为我们描绘了一个"科学文化岛"和"科学文化城"。培根的名言"知识就是力量",一针见血地道破了科学作为一种文化形态的力量。现代和当代作者对此的认识和揭示更为明确和深刻,这方面的资料可谓积案盈箱。众所周知,萨顿深入探讨了科学文化的本性、价值和意义,斯诺揭示了科学文化和人文文化的尖锐对立以及二者的融合途径。此外,布什认为:"当科学知识及其应用继续改变世界并制约人和国家之间的关系的每一个方面时,科学是今日文化的相当重要的部分。"巴恩斯和埃奇表明,科学是一种文化形式,能够用社会学方法和人类学方法合理地研究它。李克特指出:从一种文化过程来看,科学是一种认识的过程,也是一种发展的过程。科学是文化之高度专门化的一支。巴恩斯还进一步阐明说:科学本身就是文化,即是人类文化的一部分,成为文化中的一个高度分化的要素。作为一种文化,科学自身高度分化为不同的学科和专业——相对自主的亚文化。齐曼则专门针对最富有文化气息的学术科学(academic science)说:它是一种文化,是一种复杂的生活方式,是在一群具有共同传统的人中间产生出来的,并为群体成员不断传承和强化。科学文化培养了理性,并深深地依赖信任。卡西尔的经典性的概括和总结更是掷地作金石声:

> 科学是人的智力发展的最后一步,并且可以被看成是人类文化最高最独特的成就。它是一种在特殊条件下才可能得到发展的非常晚而又非常精致的成果。……在我们现代世界中再没有第二种力量可以与科学思想的力量相匹敌。它是我们全部人类活动的顶点和极致,被看成是人类历史的最后篇章和人的哲学的最重要的主题。

在这里,我们暂且撇开历史源流,集中探讨一下科学的文化形态和文化力量本身。

科学及其衍生的技术作为一种文化形态和文化力量,大大改善了人类的安全、营养、健康、舒适、通讯、交通、娱乐等等的状况,增强了人们抗御自然灾害和影响自然的能力,从而在人类文化中发挥了显著的作用。科学的这种"形而下"力量,是每一个生活在现代社会的人都能时时、处处强烈感受到的,无须多费笔墨。我们应该领悟和铭记的是,作为知识、思想、方法和精神综合体的文化形态的科学,更具有本原的价值和意义,它超越了功利主义,这才是科学的真正的文化力量之所在。虽然这种"形而上"力量往往看不见、摸不着，但是它所起的作用却是实在的和深远的，犹如轻柔的春雨，"随风潜入夜，润物细无声"。忽视或轻视科学的形而上的形态和力量，是根本错误的，因为这样便否认或贬低了科学的精神价值和人文意义。许多学者都注意到科学这枚硬币的两面，霍金斯就是其中之一。他说："有组织的知识——科学是其中最典型的例子——导致它自己作为文化分量的生命。它是从经验中推导出来的，但是高于经验；它具有风格和伴随对风格的忠诚。"科学与人类事务以两种方式相关联：科学一方面与文化的物质层面有关，另一方面与文化的人文方面有关。

作为文化形态的科学主要是以两种形式发挥其文化力量的，这就是破旧立新，或曰革故鼎新。当然，二者的界限并非泾渭分明，能够截然分开的，往往是破中有立、立时有破。不过，为了方便，我们还是分开叙述，先讲破旧方面。

批判是科学的生命，批判也是科学的精神气质和文化品格。物质的堡垒需要物质的武器去摧毁，精神的镣铐需要精神的武器去打碎——科学就是威力无比的思想批判武器。科学自诞生之日，就担当起破除迷信、革除陋习、更新观念、解放思想的角色（这从刚才所讲的历史源流中也可以看出）。怀特海一语中的：科学实际上把我们的思想面貌完全改变了，把我们心中的形而上学前提以及构思的内容全都改变了。波普尔更把科学的破旧功能视为人性的需要。他说，人通过科学知识可以自我解放——他可以使他的心灵摆脱偏见和褊狭观念。这一信念有其显而易见的危险，但却非常伟大。我们可以改善它、发展它，无疑不能遗弃它，因为我们的人性需要以它为食。

严格地讲，仅仅破旧而不能在废墟之上立新，在某种意义上只不过是非建设性的破坏。科学并非如此，它在破旧的同时也在立新，树立新制度和新观念。这方面的例子不胜枚举。哥白尼在怀疑和批判地心说的同时提出日心说,在粉碎宗教教条的同时确立了新的宇宙观。彭加勒在批判牛顿绝对时间的同时指出时间和同时性的相对性。科学和科学家之所以在革故时伴随鼎新,是因为没有一点新思想的批判,根本无法革故;也因为作为文化的科学,本身就是人类文化的源泉和思想的酵素,认清旧思想体系的裂痕和悖论,往往能够提出新问题,从而为新思想的涌现创造契机。

　　科学在形而上层面的立新之举多不胜数,我们仅从三个视角论述。第一,科学给予我们以永恒世界的信念或世界模式,这是我们安身立命的重要根基之一。没有这样的科学自然观或宇宙观(这是世界观的重要一环),且不说我们面对山崩地裂、日月盈亏,即便是面临经常发生的狂风暴雨、电闪雷鸣,也会像先民那样茫然无措,惶惶不可终日。卡西尔说得一点不错:正是科学给予我们对一个永恒世界的信念。在变动不居的宇宙中,科学思想确立了支撑点,确立了不可动摇的支柱。科学的进程导向一种稳定的平衡,导向我们的知觉和思想世界的稳定化和巩固化。雷斯彻进一步肯定这种世界观来自科学:"科学在其广泛的意义上是文化传统的一部分。纵览我们文明发展的整个过程,科学总是值得'自然哲学'这一历史称号的。不管我们描述事实的方式发生多么大的变化,在形成我们整个思想领域根本的世界观中,科学所起的造型作用这一基本状况将依然如故。"

　　尤其是,布朗深入探讨了科学的世界模式的建设性作用。他开门见山提出这样的问题:是否有健全的理由去希望,从科学接受其"世界模式"的社会将比不从科学接受其"世界模式"的社会要好一些? 它不会像其他社会一样,也以一场噩梦而告终吗? 他的回答是,没有历史证据帮助我们回答这个问题,因为在历史上,我们的社会是第一个尝试与现代科学的巨大威力共处的社会,因此我们的答案只不过是个人信念的表达而已。然而,他还是坚持认为:

　　我们幸福而平静地生活在这个神秘的世界中的最大希望就是,力求更充分地认识我们自己以及我们周围的世界。知道是什么,对于解决所有的社会问题和道德问题都是不可或缺的,因而对于任何值得想象的进步也是必不可少的。现代科学给我们讲述的有关我们自己和世界的知识比以往已知的任何社会都要多。如果我们要明智地利用这些知识的话,我们就必须学会把科学作为我们文化的一个宝贵组成部分来看待,而不仅仅把它视为物质进步的动因。……我们必须明确地认识到,科学的确具有独特的、宝贵的精神,如果我们或多或少地密切注视一下它所提供的"世界模式"的话,我们将会看到,它打开了广阔的眼界,培育着重大的价值,并引导我们采取新的思维方式。

　　第二,科学使我们借助科学方法,探索和把握自然的知识或真理。从这些健全的科学知识出发,有助于我们理解实在的本性和人在自然界中的位置,于是我们才可能得以幸存并正常地生活和正确地行动——要知道,"在现代社会中,真正的科学知识是有目的的行为的最重要的工具。而有目的的行为则是人的文化的实质"。还是这位布朗教授说:"科学的主要文化功能之一就是回答有关自然界的问题,并向我们证明世界是它现在这个样子,而不是我们乐于想象或偏爱的那个样子。按照这种做法,科学就作为我们与实在的本质联系起作用。假如我们不坚持这种联系,那么就不再有'自然的真理',也不再有'公共的真理';只有'你的真理'和'我的真理',我们便处于在事实与虚构、科学与巫术之间失去区别的危险。"这段文字中的最后一句话并非夸大其词,只要回想一下前科学时代食人仪式、牺牲祭祀、活人陪葬、迫害女巫等文化现象的动机和理由,就不难明白其中的道理了。要是时人多少有一点科学的知识或真理,那样的悲剧(他们以为那是十分正当的并有充分理由的,是神圣的典礼而非悲剧)还会发生吗？他们还会那样思考和那样行动吗？

科学方法是科学的精髓和核心价值。它不仅是科学探索的工具,而且也具有某种程度的普适性——科学的文化功能借以得到充分的展示。戴维斯注意到这一点:

> 在所有时代,所有文化都赞颂物理宇宙的美丽、宏伟和精巧。然而,只有近代科学文化,才做出系统尝试,以研究宇宙的本性和我们在宇宙中的位置。科学方法在揭露宇宙秘密的成功如此令人眼花缭乱,以致它能够使我们目眩得看不见最伟大的科学奇迹——科学正在制造物品。

麦克莫里斯则径直指明,科学文化"涉及我们文明的历史发展,并横跨文明时代的诸多学科"。科学"对文明最深刻的(但不是唯一的)文化影响是方法论的影响"。

第三,科学价值(包括科学的价值、科学中的价值、科学与社会价值观念的互动)丰富了人们的价值观,科学的赋义特征给整个世界和人增添了意义。要知道,人必须生活在意义的世界中并使他的生活有意义,否则他的人生就显得无聊与荒谬。因此,每一个人都需要意义进入他的生活,以便使生活充满光明和斑斓的色彩。与其他文化相比,科学也许更具微言大义的特点。波兰尼强调科学价值的文化影响:"科学价值必须被认为是延伸到包含人文学科、法律和人类的种种宗教的人类文化的一部分,而所有这一切都同样是通过语言创造出来的。"克里斯托弗则点明了科学的赋义特征:科学具有容易被用来传达非科学意义的特点。人们相信科学是客观的、无党派偏见的,即使在科学知识和推理的内容与科学的这种力量并无特定关系的时候,它也能修补哪怕是最严重的社会问题,而且不会推翻我们的社会结构。"科学符号具有如此旺盛的生命力,它们几乎能够附着在任何一种意义上"。

不难看出,科学在许多方面代表着我们文化最好的东西,一般认为它摆脱了最坏的污染。尽管如此,还是有相当一部分人对科学的文化意义视而不见、听而不闻。情况正如布朗所说:

> 我们生活在我们因为物质福利而日益依赖科学的时代,可是我们之中的大多数人并不知道科学赖以立足的新思想和新眼界——这有些令人十分吃惊——以及深刻的文化意义。

他进而批评道:我们之中的许多人只是由于物质利益而重视科学,这是一种浅薄的看法。对于这种极端功利主义和物欲主义的态度,也许用西勒的话语回敬再好不过了。他的话语真是言简意赅、耐人寻味——"科学是女神,不是挤奶的母牛!"

怀疑乃至诋毁科学的文化意义的声音也不绝于耳。雷斯蒂沃观察到,近代科学的文化意义总是受到怀疑。根本的科学奇迹的每一远见都被作为疏远人的精神的科学概念遭到反对。在一些案例中,这种反对是对真正的科学观的讨伐。在另一些案例中,冲突在"真正的科学"和被诸如资本家和技治主义(technocracy,该词也被译为"专家政治、技术治国、技术统治"等)者歪曲的科学之间。卡拉汉的怀疑和反对的观点具有代表性:"科学对文化风景的统治不合理地把对自然和世界理解的其他方式排除在外,把它放在从政治的、宗教的直至传统价值接受的道德的、社会的和理智的判断的任何需要之上。"要澄清这些反对意见,就不是这篇短文能够胜任的了。

科学文化及其特性*

一、科学文化的内涵和外延

像"科学精神"(spirit of science,科学之精神;scientific spirit,科学的精神)①一样,"科学文化"(culture of science,科学之文化;scientific culture,科学的文化)这个术语的两种写法也难以截然分清。"科学之文化"中的"of science"有"属于科学的"、"与科学有关的"、"具有科学性质和内容的"含义,似乎指称科学自身内在的、固有的文化属性。"科学的文化"中的"scientific"是一个限制性的和修饰性的定语。作为带有限制性定语的词组,它似乎与"科学之文化"同义;作为带有修饰性定语的词组,它也许还包括具有某些科学成分或特征的少数非科学文化。由于"科学之文化"和"科学的文化"第一义几乎没有什么差异,第二义亦有重叠之处,并且在国内外文献中混用,因此如无特殊说明,我们一般对二者不加区分,统称"科学文化"。

从以上词义分析可知,科学文化不是吸纳了科学的某些要素和气质的其他亚文化,更不是科学诞生和发展的文化氛围诸文化或与境文化,如古希腊的文化遗产、英格兰清教主义文化、欧洲资本主义文化等。

---

　　*　原载杨怀中主编:《科技文化的当代视野》,武汉:武汉理工大学出版社,2006年第1版。

　　①　李醒民:关于科学精神研究的几个问题,北京大学赵敦华主编:《哲学门》,2003年第4卷,第1册,第129-149页,武汉:湖北教育出版社,2003年第1版。

笔者在《科学文化概观》一文中给出科学文化的定义,此处不拟赘述。

正如皮克林所说,科学文化不是统一的、整体的东西,事实上是多个不同的,甚至异质要素的集合体。① 从结构来看,科学文化也像人类的其他文化一样,分为器物、制度、观念三个层次。希尔尽管承认,要对科学和技术文化(scientific and technological culture)下定义,往往表达重叠和多义、实践交织、中介交叉,但是他还是表明,它指称在各种社会领域传播的有意义的实践和伴随它们的表现的系列,是知识、技艺和态度的组合。从 1970 年代以来,科学和技术文化的提法逐渐代替科学普及(scientific popularization),到 1990 年代已经占支配地位。② 莫尔指出,科学文化在主要欧洲国家有教养的人中被认为是独立于科学的应用的,因为它奉献给关于自然、人和人类的知识——为知识而知识所需的知识——以及基于那种知识之上的世界观。③ 这实际上是说,科学文化不是技术文化,是形而上的东西。哈贝马斯揭示了科学文化的深层底蕴:

> 科学文化最终不是由理论的信息内涵创造的,而是由理论家中那种审慎的和具有启蒙性的素质的形成创造的。欧洲精神的发展过程似乎是以这种文化的形成为目标的。④

马尔凯指出:"科学文化被认为是一套标准的社会规范形式和不

---

① A. Pickering, *The Mangle of Practice, Time, Agency, and Science*, Chicago and London:The University of Chicago,1995,p. x.

② B. Schiele ed. ,*When Science Becomes Culture*,*World Survey of Scientific Culture*, Ottawa:University of Ottawa Press,1994,pp. 3 - 6.

③ H. Mohr,*Structure & Significance of Science*, New York:Springe-Verlay,1977, Lecture 21.

④ 哈贝马斯:《作为"意识形态"是技术科学》,李黎等译,上海:学林出版社,1999 年第 1 版,第 120 页。

受环境约束的知识形式。这些规范典型地被认为是一套明确地限定特定类型的社会行为的规则。在政治学研究领域,它们被解释为要求科学家采用一种无私的、政治上中立的态度对待客观事实资料。"① 至于我,虽然没有对科学文化径直下一个严格的定义,但是我在上面对科学文化概念的分析、理解和诠释,已经和盘托出了科学文化的内涵和外延,也可以算作是一个准定义吧。

在这里,笔者想顺便阐述一下笔者对一些观点的看法和理由。

笔者不赞同希尔把科学文化和技术文化合在一起说成"科学和技术文化",更反对"科技文化"(scientific-technological culture)的提法。这是因为,科学和技术虽然关系密切,但毕竟是两个判若云泥的概念②。于是,由二者孕育、派生的科学文化和技术文化有泾渭之分,就是顺理成章的事了。从下面的几个驳论以及本书的有关各章,读者不难明白这一点。

笔者不赞成卡拉汉把科学文化等同于科学主义(scientism)③。从外延上讲,科学文化是一个大概念,包揽的范围较广;科学主义只是其中很小的一部分,科学主义与反科学主义之争,也仅仅是科学文化论争的议题之一。从内涵上看,科学主义有中性的表述(科学家对作为一个整体的科学的看法和态度,或外界认为科学家对作为一个整体的科学的看法和态度)和贬义的表述(相当于科学方法万能论和科学万能论)④,这与科学文化的内涵虽然有少许重叠和交叉,但是二者毕竟不是一码事。此外,科学文化的构成要素也许有高下之别、虚实之分,

---

① 马尔凯:《科学与知识社会学》,林聚任译,北京:东方出版社,2001 年第 1 版,第 145 页。

② 李醒民:在科学和技术之间,北京:《光明日报》2003 年 4 月 29 日,B4 版。

③ D. Callahan, Calling Scientific Ideology to Account. T. L. Easton, ed., *Taking Sides*, *Clashing View on Controversial Issues in Science*, *Technology*, *and Society* (Second Edition), Dushkin Publishing Group/Braw & Benchmark Publishers, 1997, p. 50.

④ 李醒民:就科学主义和反科学主义答客问,北京:《科学文化评论》,2004 年第 1 卷,第 4 期,第 94–106 页。

可是贬义的科学文化却叫人不知所云。

笔者不赞许西方学者提出的"科学文化效率观"——中心思想是建立在投入与产出分析基础上的权力分散机制和时间观念 ①。效率概念源于物理学,是指有用功在总功中所占的比值。效率概念被移植到经济学,其核心意思是单位时间完成的工作量或投入与产出的比率,主要包括交换效率、生产效率、最高水平效率。在生产和工程中,追求效率是十分重要的。在技术以及某些应用科学研究中,讲求效率也是必要的。但是,在学术科学即基础研究中,强调效率不见得都是好事。试问,爱因斯坦各花费了 10 年时间创立狭义相对论和广义相对论,他的效率是高还是低? 爱因斯坦在其一生的最后 40 年致力于建构统一场论,依然没有得到实质性的结果,他的效率就是零吗? 难道我们非得要求数学家提高效率,在数月或数年之内对费马大定理做出证明吗? 理论物理学家用大脑和纸笔引发了科学革命,其效率又该如何计算? 更重要的是,效率主要涉及物与物的关系,而纯粹科学研究主要是人的事业,强调效率难免有见物不见人之嫌。可见,科学文化效率观中的权力分散机制和时间观念虽然有一定的价值,但是不宜在科学中过分看重和追求投入与产出的效率,尤其是在学术科学中。

笔者也不赞扬其所尊敬的同行林德宏教授的观点:"科学文化本质是关于物的文化,其主要任务是提高技术物的功能,更好地发挥物(物质资源和技术物)。人文文化本质上是关于人的文化,其主要任务是提高人的素质和社会的协调程度。科学文化的最大优点是物化为现实的生产力,是物质文明的创新之源。"②笔者认为,科学虽然主要是

① 张钢:论科学文化的效率观,北京:《自然辩证法研究》,2000 年第 16 卷,第 8 期,第 34－39 页。
② 蔡仲:《后现代相对主义与反科学思潮——科学、修饰与权力》,南京:南京大学出版社,2004 年第 1 版,林德宏:序。

研究自然或物（也在某些方面也研究社会和人本身）的，但是研究的过程和结果则是人为的和为人的，是形而上的新知识、新思想、新方法和新精神的创造和高扬。科学的这些精神价值[①]和无形的文化力量直接使整个社会和人类受惠无穷[②]。因此，"科学文化本质是关于物的文化"之类的说法是站不住脚的。况且，也不能把科学文化和人文文化截然对立起来，因为科学文化也包含诸多人文因素和人文精神，并且成为人文文化的有机组成部分乃至人性的组分[③]。此外，物化为生产力也不是起码不完全是科学研究的本意，科学以技术为中介转化为生产力，只不过是科学的副产品或衍生物而已。在这里，林教授恐怕把科学文化和技术文化混为一谈了，果不其然，他在紧接着的语句中就有"科技文化与人文文化"的提法。

二、科学文化的特性

科学文化是人类文化之一，不用说具有人类文化的共性。我们前面论述的文化的一般特征，或多或少都能在科学文化中窥见。科学文化又不同于人类的其他文化，诸如宗教文化、艺术文化等等，当然具有自己独有的个性，或具有与其他文化相较显得特别突出的性质。例如，在胡适看来，以科学文化为主导的西方近世文化有三大特色。一

---

①　李醒民：科学家的科学良心，北京：《百科知识》，1987 年第 2 期（总第 91 期），第 72 - 74 页。李醒民：论科学的精神价值，福州：《福建论坛·文史哲版》，1991 年第 2 期（总第 63 期），第 1 - 7 页。北京：《科技导报》转载，1996 年第 4 期，第 16 - 20、23 页。

②　李醒民：《科学的精神与价值》，石家庄：河北教育出版社，2001 年 10 月第 1 版。参见其中的有关章节。

③　李醒民：走向科学的人文主义和人文的科学主义——两种文化汇流和整合的途径，北京：《光明日报》，2004 年 6 月 1 日 B4 版。

是理智化，即一切信仰需要经得起理智的评判，需要有充分的证据——"拿证据来"。凡没有充分证据的，只可存疑，不足信仰。二是人化，即智识的发达提高了人的能力，扩大了人的眼界，使他胸襟阔大，想象力高远，同情心浓挚。三是社会化的道德，即不局限于个人的拯救和个人的修养。[①] 我们知道，近世西方文化的特质和头筹是科学文化，近世西方文化在某种意义上即是科学文化，因此胡适列举的三大特色，也可以说是科学文化的特色。

　　一般而言，科学文化的主体是认知文化和理性文化，它与作为信仰文化的宗教，与作为感性文化的艺术有较大的差异。科学主要是对世界的认知探索和对真理的理性揭示，而非价值判断和感性欣赏——当然也不能完全排除科学中的价值和审美因素。于是，科学文化自然而然地拥有一些其他文化不具备的独特的性质。下面，我们拟尽可能全面地归纳、概括一下科学文化的特性。

　　1. 科学文化的对象和内容是实在的而非虚幻的

　　科学文化面对的对象是自然界（以及社会和人的某些方面），它们都是现实存在的即实在的，不管这样的实在是实体还是关系。科学文化的内容尽管有某种约定的甚至虚构的成分，但是由于其外部实在的强制，以及客观而严格的方法的约束，加之公开的批评和多元竞争的格局，所以科学知识不可能天马行空，基于其上的思想、精神、心态当然也不会成为虚无缥缈的东西。因此，与宗教和文学艺术不同，在科学文化中，没有子虚乌有的人格化的上帝，没有虚幻的美妙天堂和阴森地狱；也没有天方夜谭式的神话，或者变幻无穷、魔法无边的孙大圣。诚如拉兹洛所说：科学-技术文化用看不见的力和实体充实这个世界，这些力和实体是实在的：不是超自然的神灵，而是物质世界的元

[①]　胡适：我们对于西洋文明的态度，《东方杂志》，1926 年第 23 卷，第 17 号。

素和特征。①

2.科学文化是最有效的研究真实世界的途径和知识生产的理想形态,是富有启发性的文化

在人类所有文化的知识体系中,无论就其系统性和严密性而言,还是就其量的多少和质的精粹而言,科学文化知识体系大概都是独占鳌头的。科学文化仅有三四百年的历史,但是它所生产的知识总和却是其他文化难以匹敌的,这主要是因为科学文化有明确的研究对象、精湛的研究方法、公正的争论场所和客观的评价机制。科学文化不愧是孕育和生长新知识和新思想的沃土和园地。再者,科学文化一经确立,它的启发功能即脱颖而出:不仅具有自我繁殖的能力(知识可以产生知识,思想可以产生思想),而且对其他知识体系,对社会乃至人生,都会产生大大小小的影响。齐曼说得不错:"学术科学不只是一种碰巧在特定历史时期发生的公共活动,它是我们'认识制度'的标准范例。同时,学术研究不只是一种特定的文化形式,它是我们'知识生产模式'的理想形态。"②威尔逊也深有同感:科学文化是一种富有启发性的文化,这种在历史进程中偶然发现的文化,找到了最有效的研究真实世界的途径。他进而评论说:

> 今天人类中的区别不是种族的区别,也不是宗教上的区别,也不是像人们普遍相信的那样是文明与野蛮的区别。没有科学研究的工具和物理、化学和生物学等自然科学知识的积累,人类就会陷入认识上的藩篱。他们就像一条聪明的鱼降生在深不见光线的池塘里。③

---

① 拉兹洛:《决定命运的选择》,李吟波等译,北京:三联书店,1997年第1版,第125页。

② 齐曼:《真科学:它是什么,它指什么》,曾国屏等译,上海:上海科学教育出版社,2002年第1版,第71页。

③ 威尔逊:《论契合——知识的统合》,田洺译,北京:三联书店,2002年第1版,第63页。

3.独创性是科学文化的独特要求和鲜明标识

齐曼说:"科学是对未知的发现。这就是说,科学研究成果总应该是新颖的。一项研究没有给充分了解和理解东西增添新内容,则无所贡献于科学。"①独创性使科学文化区别于重复的物质生产文化,也区别于有价值的和可复制的精神生产文化,它是科学文化的重要标志。在科学文化中,只有世界冠军或世界第一,没有世界亚军和世界第二,更没有所谓进入半决赛或前十名的个人或团队的地位,而非冠军名次在体育和艺术文化中都是难能可贵的,甚至是很了不起的。科学文化所要求的独创性也隐含着剽窃抄袭和重复发表不仅在道德上应该受到谴责和批评,而且这样做对科学的进步毫无积极意义。

4.科学文化是尤为强烈的理性的和实证的文化

史前时期和前科学时期的各种文化也具有某些理性的和经验的特征,但却显得特别薄弱或不甚突出。在科学文化出现之后,同时代的其他文化虽然有长足的发展,但是与科学文化相比,其理性和实证的成分显然要逊色得多。科学强烈地受到理性和经验的制约;科学文化的最大特色之一是以经验实证为根基,以纯粹理性为先导,理性和实证成为科学文化的鲜明标识。李克特说,一个文化的知识体系并不是各种命题的随意集合,它们往往是受约束的或模式化的。他进而指出:

> 存在两种不同类型的约束:理性的约束,是关于体系内部组织的(就是体系的系统的特征);另一种是经验的约束,是关于体系和观察事实之间的联系的(就是作为一种知识体系所具有的特征)。理性的约束倾向于推进和保持内在的一致性,即体系中命

---

① 齐曼:《元科学导论》,刘珺珺等译,长沙:湖南人民出版社,1988年第1版,第125页。

题之间的逻辑一致性和相互强化作用。经验的约束倾向于推荐和保持事实上的合理性，即与已经被接受的"事实"相协调，而且能够满意地解释那些已经被接受并期望体系能予以解释的事实。

理性的约束包括体系的内部变化，也包括把一个体系分化为相抗衡的不同体系。经验的约束包括改变一个体系以使它与观察到的事实一致，或者重新解释事实使之适合于体系。这两种约束可以通过较长的文化进化过程"自然地"形成，也可以通过特殊的个人的有意构造"人为地"形成。① 在这里，笔者想强调：尽管理性的和经验的约束存在于所有文化，但是毫无疑问，它们在科学文化中表现得最为充分、最为强劲，以致可以毫不夸张地说，科学文化就是理性的和实证的文化。

考尔迪恩对科学文化的这一特色做了更为详尽的分析和阐述，进一步佐证了我们的看法，加深了我们的印象。他说，科学是一种理性生活形式，它采纳了所有理性生活的某些共同原则。科学生活是理性生活的一种形式，是按正确的理由而生活的生活形式。它要求感觉经验、仔细地观察和谨慎的证实，通过经验了解自然。它要求理智的探求，用理性解释经验，把秩序引入感觉资料；要求严格的逻辑、有控制的想象、理智的洞察、明确的分析和广泛的综合，以及精神对新奇事物的警觉。它是以经验和理性的连续作用为特征的，科学生活要求思想和行动的理性统一。它是一个发展中的惯例：其核心准则既不会一成不变，也不会变幻无常，科学信念需要定期检查和不断调整。科学生活要求自由：思想自由、讨论自由、出版自由、研究自由。科学工作是社会的事业，也是个人的事业，他们都受惠于前人的遗产。因此，科学实践

---

① 李克特：《科学是一种文化过程》，顾昕等译，北京：三联书店，1989 年第 1 版，第 66—69 页。

要求个人的正直和对同行的尊重,对他人观点和决定的宽容,在鉴赏和批评之间保持平衡。总而言之,科学生活是理性生活的缩影,科学实践是理性生活的学校。[①]

5. 怀疑和批判是科学文化的生命,也是科学文化发展的内在动力

宗教令人信仰,法律使人服从,科学则公开让人怀疑和批判。科学文化内部的怀疑和批判对于科学发展和进步来说是生死攸关的——在这一点,科学与哲学倒是有异曲同工之妙(不是有人说,哲学家是靠别人的污垢生活吗?)。毫无疑问,怀疑和批判是摧毁旧科学观念的破坏性力量,比如马赫对经典力学的怀疑和批判,沉重打击了牛顿的绝对时空观和机械自然观,成为物理学革命行将到来的先声[②]。值得注意的是,怀疑和批判也是建设性的力量,比如马赫对牛顿旋转水桶的质疑和批判性分析(马赫原理),对爱因斯坦建构广义相对论有直接的启示。不难看出,怀疑是迷信的清洗剂,批判是教条的解毒药。难怪英国哲人科学家皮尔逊这样写道:

> 在像当代这样的本质上是科学探索的时代,怀疑和批判的盛行不应该被视为绝望和颓废的征兆。它是进步的保护措施之一,我们必须再次重申:批判是科学的生命。科学的最不幸的(并非不可能如此)前途也许是科学统治集团的成规,该集团把对它的结论的一切怀疑、把对它的结果的一切批判都打上异端的烙印。[③]

此外,在科学文化中,作为怀疑和批判主体的科学家不光是怀疑和

---

①　E. F. Caldin, *The Power and Limit of Science*, London: Chapman & Hall LTD., 1949, Chapter IX.

② 　李醒民:物理学革命行将到来的先声——马赫在《力学及其发展的批判历史概论》中对经典力学的批判,北京:《自然辩证法通讯》,1982 年第 4 卷,第 6 期,第 15～23 页。

③ 　皮尔逊:《科学的规范》,李醒民译,北京:华夏出版社,1999 年第 1 版,第 54 页。

批判他人的或共同体的已有观念,也自我怀疑和自我批判——这是抑制草率的或有缺陷的科学产物出笼的有效工具,对于科学的健康发展是至关重要的。要知道,在许多情况下,科学家和科学共同体并不是自以为是,而是自以为非。诚如法拉第所言:"世上不知有多少思想和理论在科学研究者的心智中通过,但却被他自己的严厉批判和敌对审查在缄默和秘密状态中压碎了;在最成功的情况下,没有十分之一的建议、希望、意愿、最初的结论被实现。"①这实际上是怀疑和批判的双重功能的体现:剔除错误的思想,完善不成熟的理论,履行科学的清道夫和守门人之责。也许正是因此之故,在科学文化圈子内,假冒伪劣、逢场作戏、捕风捉影、恣意炒作的事情并不很多。而且,即使对于自己比较自信的发现,科学家往往也出言谨慎,不敢乱夸海口,否则便会贻笑大方,失去宝贵的信誉和脸面。正像齐曼所说:"非正式的概率观念是科学文化的一个重要特点。"像"有可能是……"、"证据驳斥了……"、"结果意味着……"这样的说法,在研究报告、评论文章和其他公开的科学话语中比比皆是。②

6. 科学文化具有普遍性、公有性和共享性

各种宗教、民俗和艺术门类(文学、音乐、绘画、戏剧等)的人文文化具有很强的民族性和地域性,从实质内容到表现形式,可谓千姿百态、异彩纷呈。科学文化尽管在创造过程中及初级阶段多少带有一些地方特点和个人色彩,但是经过科学共同体的充分交流和再加工,这种差异在成熟的理论中便大为减少,从而具有其他文化所不具有的普遍性。也就是说,科学文化在各个国家和地区都是共同的,能为每一个乐于分享它的个人和群体所共享。默顿早就揭示出这个特点。斯

---

① 皮尔逊:《科学的规范》,李醒民译,北京:华夏出版社,1999 年 1 月第 1 版,第 32 页。
② 齐曼:《真科学:它是什么,它指什么》,曾国屏等译,上海:上海科学教育出版社,2002 年第 1 版,第 273 页。

诺也认为:"我们需要有一种共有文化,科学属于其中一个不可缺少的成分。"他进而指出:"科学文化确实是一种文化,不仅是智力意义上的文化,也是人类学意义上的文化。"科学界的成员彼此之间常常并不完全了解,他们的出身、阶级、宗教信仰和政治态度也大相径庭,但是"他们却有共同的态度、共同的行为标准和模式、共同的方法和设想",其相似程度远远大于其他文化群体的成员。①

7. 科学文化具有自主性、主动性和非历史性

温格在接受科学是文化的一部分的同时,也确立了科学文化具有独特的自主性,不大受文化变迁的影响,而西方历史的其他产物似乎不是如此非历史的。这表明,科学与其他文化是高度非对称的,科学这种主动的文化组分似乎总是影响其他本质上是被动的文化。② 科学文化之所以自主性强,是因为科学研究的对象和结果较少受文化与境的影响,也是因为科学强固的内在逻辑引导科学自主发展。这种自主性决定了科学文化的主动性:对其他文化影响较大,而本身受其他文化的影响则相对较小。这样一来,历史中的科学的某种非历史性,显然是由科学的自主性和主动性引起的,当然也与经验事实的稳定性有关。科学的某种非历史性俯拾即是:牛顿时代的许多文化风尚已经过时了、消失了,可是牛顿力学依然如故,基于其上的思维方式也没有完全丧失生命力。

8. 科学文化是见解和诠释多元化的竞技场,是争论和辩驳制度化的语境

马尔凯(M. Mulkay)认为,科学知识在某种意义上是文化偶然性的产物。他把科学文化描述为被分享的诠释见解的多元化竞技场,该

---

① 斯诺:《两种文化》,纪树立译,北京:三联书店,1994 年第 1 版,第 v,9 - 10 页。

② S. J. Weinger, Introduction. F. Amrine, ed. , *Literature and Science as Model of Expression*, Dordrecht: Kluwer Academic Publishers, 1989, p. xiv.

竞技场基于灵活的符号资源。① 齐曼提出,科学文化是争论的制度化语境。科学共同体是一个好争论的领域,研究者围绕彼此结论的意义进行唇枪舌剑的争论。科学知识正如观察和用脑思考一样,同样是争论的产物。科学争论使用的语言是在正式科学交流中的有节制的、没有感情色彩的语言,许多传统的驳斥模式——诸如对个人的恶毒攻击、谴责卑鄙的动机、诉诸权威、演戏般的讲演等——现在极少公开使用。否则,它们会被认为是病态的,而且几乎肯定不会产生预期效果。然而,这种礼貌性地争论的言辞并不是法律明文规定的,但明显有利于开放的批评。公开争论是对教条主义的健康警告,并经常把注意力引向未被觉察的危险。②

在科学文化共同体内之所以存在见解和诠释的多元化和争论的竞技场,一个重要原因在于,科学的基本观念,也即科学的逻辑前提或理论基础——基本概念和基本假设或基本公理——以及对其的评价,都具有约定的特征。法国哲人科学家彭加勒早就注意到这一点。③ 今人巴恩斯和埃奇也指出,科学知识或广而言之科学文化带有约定的特征。他说,通常把字面上的科学文化分为两个组成部分:事实和理论。但是,经过重新审查二者之间的关系,却发现它们并无根本的区别。因为我们关于事物的概念和图式、关于理论和实验符合的评价等等,都显示出约定的特征。一种文化的知识总是具有约定的成分,科学文化也不例外。科学文化只需要把约定作为起点,即作为逻辑推理的前提或公理,这样科学的精致结构或形式系统就产生了。按照这种观

---

① S. Restivo, *Science, Society, and Values, Toward a Sociology of Objectivity*, Bethlehem: Lehigh University Press, 1994, p. 14.

② 齐曼:《真科学:它是什么,它指什么》,曾国屏等译,上海:上海科学教育出版社,2002 年第 1 版,第 301－308 页。

③ 李醒民:论彭加勒的经验约定论,北京:《中国社会科学》,1988 年第 2 期,第 99－111 页。

点,科学家被社会化到恰当的约定或前提中,然后本身依然作为一个理性的个人从事科学。再者,科学也是一个特殊的语言系统,而语言使用模式在深刻的意义上都具有约定的特征。① 于是,我们对科学文化的这一特性获得了如下的新认识:

　　科学发展伴随着科学观念的局部调整,科学革命是科学观念急剧而根本的改造②。在这个过程中,不同的学派拥有各自的科学观念(也可以广而言之称其为范式),即不同的本体实在和认识框架等,见解和诠释的多元化盖源于此。对于科学理论的评价和取舍③既有外部的确认(理论的命题与经验事实符合),又有内在的完备(理论的基本观念或逻辑前提的简单性),但前者更为根本。尽管人们对经验事实的理解和诠释可能会有分歧,但是事实毕竟是事实,它的核心内容和基本含义是无法人为地歪曲的。这就决定了科学的争论武断不得,只能靠证据道理说服,不能靠权势暴力压服④,也不能靠巧舌如簧骗服。从而不会像政治争论那样或相互攻讦,或玩弄权术,或投其所好,不会像教会那样制裁和杀戮异端,也不会像经商那样靠假冒伪劣、坑蒙拐骗讨生计。同时,这也决定了科学争论比较容易取得共识,不会像哲学争论那样永无穷期。这样一来,科学文化自然就成为见解和诠释多元化的竞技场和争论制度化的语境。

---

　　① B. Barnes and D. Edge, *Science in Context*, Milton Keynes: Open University Press, 1982, Chapter 2.

　　② 李醒民:科学革命的实质与科学进步的图像,北京:《科学学研究》,1986 年第 4 卷,第 4 期,第 33－40 页。

　　③ 李醒民:科学理论的评价标准,北京:《哲学研究》,1985 年第 6 期,第 29－35 页。

　　④ 李醒民:科学精神的一个鲜明特色:说服而非压服,北京:《学习时报》,2004 年 8 月16 日,第 7 版。

9.可靠性(即可信性)的声誉在科学文化中是首要的个人资产,同行评议是科学文化的关键制度

齐曼揭示出,学术科学是这样一种文化,可靠性(即可信性)的声誉在其中是首要的个人资产。这份资产作为长期的物质资助和社会尊重的来源如此宝贵,以至于他不会冒险求取短期收益。在科学家的教育以及他们从事研究的学徒生涯中,这是被大力强调的,并且被诸如同行评议之类的许多社会实践所强化。[①] 他还特别指出,同行评议是科学文化的关键制度。身处科学文化氛围中的科学家,相当多的人并不把权力和金钱放在第一位,也不投机取巧以获取立竿见影之效,而是看重自己的学术声誉和道德声誉,追求长远的、意义比较重大的科学目标。求实的和严格的同行评议制度,也使科学共同体的成员较少仰赖长官和权威,而把个人信誉看得比什么都重要。

10.科学文化具有某些伦理道德的蕴涵,尤其是诚实第一

科学文化主要是知识体系及其伴随物和衍生物,并不是伦理道德体系,但是它也蕴涵某些不成文的行为准则和规范。"科学文化和更广泛的文化是反映和指导科学家行为的价值之源泉"[②],其中最重要的是诚实。鲍尔登注意到,科学文化的重要伦理原则是诚实第一,即绝对不能说假话。如果他在做实验和写论文时弄虚作假或抄袭剽窃,他就会被从科学界清除出去。这个原则在民间文化中偶尔有之,在官僚政治文化中很少见到,而在科学文化中则是最主要的。与诚实原则相关的还有另一个原则,就是不要把威胁作为迫使别人改变观点的手

---

① 齐曼:《真科学:它是什么,它指什么》,曾国屏等译,上海:上海科学教育出版社,2002 年第 1 版,第 196、299 页。

② S. Restivo, *Science, Society, and Values, Toward a Sociology of Objectivity*, Bethlehem: Lehigh University Press, 1994, p. 96.

段。要别人改变观点应该凭证据,靠说理,这是科学界不同于其他集团,特别是政界和宗教团体的地方。① 但是,如果游戏规则不合理,或者当事人的态度不够端正,诚实第一原则也有被异化的危险。齐曼揭橥了这一点:在许多国家,作为正式申请的项目课题陈述已经成为学术科学的标准特色。忙碌的研究者把它们当作一种浪费的行政杂务,尤其是当他们中很高比例的人竞投资助失败时。可是他们知道,他们的科学生涯同取决于做出令人信服的科学发现一样取决于写这些花言巧语的项目申请。事实上,项目申请是现代科学文化中个人、物质、社会和认识诸多维度交叉的节点。②

11.科学文化在更大的程度上是有机的、生物的现象

马赫早就认为,科学无论就其起源、目的而言还是就其行为、进化而言都是一种类似生物的、有机的现象。③ 他说:"我们的整个科学生活在我们看来好像只不过是我们有机体发展的一个方面","我们在科学领域中的行为一般而言只不过是我们在有机体生活中的行为的副本"④,"科学显然是从生物的和文化的发展中成长起来的"⑤。辛普森沿着这条思想进路进一步强调:科学中的所有系统具有类似生物的组分。文化本来就是生物现象,科学作为文化在更大的程度上是生物现象。⑥

---

① 鲍尔登:科学:人类共同的遗产,桂世济译,北京:《科学与哲学》,1981 年第 6、7 辑,第 24－38 页。

② 齐曼:《真科学:它是什么,它指什么》,曾国屏等译,上海:上海科学教育出版社,2002 年第 1 版,第 227－228 页。

③ 李醒民:进化认识论和自然主义的先驱,北京:《自然辩证法通讯》,1995 年第 17 卷,第 6 期,第 1－9 页。

④ E. Mach, *Principles of the Theory of Heat*, Dordrecht and Boston: D. Reidel Publishing Company, 1986, pp. 358, 117.

⑤ E. Mach, *Knowledge and Error*, Columbus: Ohio State University Press, 1976, pp. xxxxi.

⑥ G. G. Simpson, Biology and the Nature of Science, *Science*, 139 (1963), pp. 81－88.

12.科学文化的发展是在理性主义和经验主义、客观主义和主观主义、理想主义和功利主义的张力中为自己开辟道路的

笔者在 1980 年代中期曾经论述过,科学是在经验主义和理性主义的张力中成长起来的①。后来,笔者又提出哲人科学家的哲学是多元张力哲学的观念②。现在看来,科学文化的发展实际上也是在多元张力中为自己开辟道路的。李克特是这样评论科学文化发展中的经验主义和理性主义的张力的:在科学文化中,理性主义和经验主义尽管彼此不同,但是它们是相容的、结合在一起的。这是因为,二者都是知识的习得和确证的途径;能为那些在价值和文化的其他方面有差异的人们提供理解和达成一致的基础,逻辑的合理性的"工具"和观察的经验的"工具"是类似的;理性主义和经验主义彼此相似,都具有强烈的激进主义含义,即必须遵循某些固定的原则。③ 其次,科学研究的对象是客观存在的,科学研究的结果必须与经验事实符合或对应,这就决定了科学的客观性——冲淡为"主体间性"的客观性也是客观性一种形式——是不可抹杀的。但是,科学概念又是思维的自由创造和理智的自由发明,科学的基础也具有某种虚构的特征。这就形成了科学文化中的客观主义和主观主义的张力,关键是如何在二者之间维持正确的比例和微妙的平衡。再者,科学文化既要有"为知识而知识"或"为科学而科学"的理想追求,以利于科学自身的健康

---

① 李醒民:善于在对立的两极保持必要的张力———一种卓有成效的科学认识论和方法论准则,北京:《中国社会科学》,1986 年第 4 期,第 143–156 页。英文摘要 The Preservation of the Essential Tension Between Opposing Extrems:A Highly Efletive Principle of the Epistemology and Methodology of Science 刊于第Ⅷ届国际逻辑学、方法论和科学哲学会议论文摘要集,莫斯科,1987 年。

② 李醒民:《迪昂》,台北:三民书局东大图书公司,1996 年 10 月第 1 版,第 451–465 页。李醒民:论哲人科学家哲学思想的多元张力特征,合肥:《学术界》,2002 年 1 期,第 171–184 页。

③ 李克特:《科学是一种文化过程》,顾昕等译,北京:三联书店,1989 年第 1 版,第 99 页。

发展;又要实实在在地造福人类,以赢得社会和公众的理解和支持。这就必须在理想主义和功利主义之间保持必要的张力。培根当年就是这样考虑问题的。海森伯进而表明,源于西方文化的科学文化把理性基础的知识与实用活动联系起来,使提出原理性问题的方式和我们的行动密切联系。这是文化的全部力量之所在,由此产生出我们的一切进步。[①]

毋庸讳言,若要进一步搜索的话,还可以列举出科学文化的一些特性。比如,科学文化像其他文化一样,也具有自己局限性。马斯洛(A. H. Maslow)提到:科学亚文化强大有力而包容甚广,足以解决许多以往不得不放弃的认知问题,但却无法解决个人的问题,以及价值、个性、意识、美、超验和伦理问题。[②] 不过,话说回来,哪一种文化又没有自己的局限性呢? 鉴于科学文化的主要特性基本上已经涉及了,我们还是就此打住为佳。

三、科学文化的未来发展趋势和进路

关于科学文化的未来发展趋势和进路,我们不是预言家——恐怕预言家也难以做出准确的预言——不可率尔操觚、妄加置喙。不过,列举一下各家的看法,略谈自己的一孔之见,总是可以的吧。

希尔评论道:今天,科学和技术几乎变得使人着迷,它们渗透在当代政治生活、经济生活和文化生活的各个方面。于是,科学和技术文化(scientific and technological culture)成为当代社会的重要议题和争论核心。1989 年法国《世界报》在一篇社评中这样写道:

---

① 海森伯:《物理学家的自然观》,吴忠译,北京:商务印书馆,1990 年第 1 版,第 33 - 35 页。

② 马斯洛:《科学家与科学家的心理》,邵威等译,北京:北京大学出版社,1989 年第 1 版,前言。

　　21世纪活跃的公民,必须能够以充分的事实知识干预社会正在如此造成的伦理的、战略的、生态的和技术的选择,坚持我们个人的基本自由,在面对来自非理性的和科学主义的压力时保持批判的心智,保证经济的未来和我们社会的健康,维护民主本身,都取决于这个社会在它的中途发展真正的科学和技术文化的能力,而科学和技术文化不会被局限于技巧和技术文化,不会被限制在幸运的少数人手中。

　　在这一争论中,至少有四个关注项目生死攸关。在当代,所有各部分人口共享的科学和技术文化的发展,似乎是使个人能够在日益复杂的社会中结合起来的具有重要意义的因素之一。不断变革人与世界和他人的关系的科学及其成就,要求每一个人能够参与关于我们社会未来的争论,或者至少理解它的含义,以便被看作是一个羽翼丰满的公民。生死攸关的是民主的责任。在当代,科学和技术文化的传播和共享是改善竞争、经济增长和繁荣的条件之一,为的是迅速适应科学的、技术的和工业的变化,这种变化增加了竞争的关键,我们必须发展基于理解和控制科学基本原理和技术之上的新技艺。生死攸关的是经济的竞争。在当代,由于科学创造的纪念碑被认为是人类心智最伟大的成就之一,因此科学和技术文化占据的地位仅次于像音乐、文学或美术之类的其他文化领域。生死攸关的是对科学和技术的智力成就的感谢。最后,在当代,理性的当代表达通过吸收内在于科学和技术文化的推理过程而发生了,委任授权首要地落在学校系统上。我们期望,学校将传递我们社会赖以建立的价值和技艺。生死攸关的是构成现在和未来的决定性的质与集体和个人选择的质。①

---

　　①　B. Schiele ed.,*When Science Becomes Culture*,*World Survey of Scientific Culture*,Ottua:University of Ottawa Press,1994,pp. 1 - 2.

　　斯诺在列举了科学文化和人文文化的对立和走向融合的途径时预言:"第三种文化"——人文文化和科学文化的新综合——将来临,文学知识分子和科学家的交流困难将最终得到缓和,二者会和睦相处。①布罗克曼借用了斯诺的名词,但是赋予其另外的意义:第三种文化是由下述处于经验世界的科学家和其他思想家构成,这些人通过他们的工作和阐述的著作,正在代替传统的知识分子,使我们生活的更深刻的意义变得明显,重新定义我们是谁和是什么。今天,第三种文化的思想家正在避开中间人,用能够达到理解力强的读者大众的方式,努力表达他们最深刻的思想,直接与公众交流,从而引入了知识分子话语的新模式,是行动中的知识分子新共同体的展示。第三种文化能够宽容观念的不一致。它不是好争吵的达官贵人的边缘争论,它影响到每一个人的生活。第三种文化的思想家不是没有生气的学术人,而是形成他们一代思想的人,是综合者、宣传者、交流者,是关心社会公益事业的新的公众知识分子(new public intellectuals)。②

　　尤西姆兄弟(John and Ruth Hill Useem)认为,第三种文化是不同社会的科学家创造、共享和学习的那种文化式样,这些科学家致力于把他们的社会和地区相互联系起来。这样的式样是现代化的决定性力量。雷斯蒂沃就此议题提出四个基本问题:卷入科学的第三种文化的平凡活动激励正在出现的世界化意识,并构成对它的参与;这些活动通过创造不同国家科学家之间的强有力的、持久的和非私人的纽带,加强了主权国家的双边和多边合作;来自发展中国家的科学家是发达东道国的访问者,他们的活动有助于他们祖国的发展;在科学的第三种文化中的活动把科学家整合到超国家的科学社会系统中。但

　　①　斯诺:《两种文化》,纪树立译,北京:三联书店,1994 年第 1 版,第 68 页。

　　②　J. Brockman, Introduction. J. Brockman ed. , *The Third Culture*, New York: Simon & Schuster,1995,pp. 17 - 20.

是,他向第三种文化是正在出现的世界共同体的缩影的观点提出挑战。在他看来,世界化(Ecumene)——世界社会或世界共同体——的一个条件是适当培育作为人的创造性和批判性的理智之表达的科学,而科学能够被视为构成进步的基础过程。科学的第三种文化的概念是关键性的,因为它强调人的探究、合作和进步之间的联系。它能够被看作是科学在其中发展并在世界化过程中传播的系统。理想地,科学的第三种文化培养出这样的科学家,他们有广阔的视野,对期望完成的东西比较自信,拥有最新的知识、技术能力和革新的热情。但是,这不能被认为是理所当然的跨文化活动的后果。职业化和官僚化对第三种文化的机能失调有影响。①

对于科学文化的未来走向和两种文化融合的途径,笔者也发表过自己的粗浅看法。笔者分析了 19 和 20 世纪之交的科学革命②对于认识论和方法论的五点启示:实在弱化,主体凸现;理性主导,经验趋淡;理论暂定,真理相对;科学价值,难以分开;科学自律,平权对外。笔者进而表示,在坚持科学的理性和实证精神、怀疑和批判精神、多元和平权精神、创新和开放精神的基础上,凸显人的主观能动性,发挥人的科学创造力,建构和诠释新的科学世界图像和科学的智慧形象,协调人与自然和社会的和谐,促进人的全面发展和社会的进步。欲达此目的,就必须使科学文化和人文文化协调进步。行之有效的途径和办法既不是削足适履、刊方为圆,也不是揠苗助长、一蹴而就,而是使两种文化在相互借鉴、彼此补苴的基础上珠联璧合、相得益彰。一言以蔽之,两种文化汇流和整合的有效途径是走向科学的人文主义(scientific

---

① S. Restivo, *Science, Society, and Values, Toward a Sociology of Objectivity*, Bethlehem: Lehigh University Press, 1994, pp. 103 – 104, 117.

② 李醒民:《激动人心的年代——世纪之交物理学革命的历史考察和哲学探讨》,成都:四川人民出版社,1983 年 11 月第 1 版,1984 年 6 月第 2 版。

humanism)和人文的科学主义(humanist scientism)，即走向新人文主义(neo-humanism)和新科学主义(neo-scientism)。这是双重的复兴——人文文化的复兴和科学文化的复兴。笔者这样写道：

　　要知道，人的认知能力有三种——理性、心灵和情感，人的认知对象有三个——自然、社会和人生，科学认知的范围和优势像其他学科一样，也是有限的和局部的，科学作为一种文化仅是整个人类文化的一部分。科学人要警惕科学沙文主义和科学霸权主义，清醒认识技治主义或专家政治（它无疑优于官僚政治，但却逊于通才政治）的弊端。因为在 20 世纪，科学已经成为整个社会的中轴，科学文化变成一种强势文化，一不小心就可能滋长那样的不正常情绪和非平权的心态。科学人既要进一步加强科学自身固有的自我批判和自我矫正机制，深入发掘科学内在的精神潜能、文化意蕴和人文价值——正如哲人科学家所做的那样，也要以平权的态度善待社会科学和人文学科，积极吸纳它们的思想菁华和时代精神气质，同时利用自己的优势地位和话语权，积极呼吁公众和决策者认识和重视社会科学和人文学科对于社会健康发展和人的完善的意义和重要性，并促成社会加大对它们的支持力度。与此同时，人文人(man of the humanities)也要戒除井蛙主义(well-frogism)的愚昧无知（从索卡尔诈文事件不难看出）和夜郎主义(yelangism)的妄自尊大，克服某些极端立场、狭隘观点、偏执态度和嫉妒心理，放弃对科学的迪士尼式的乃至妖魔化的涂鸦，多一点建设性的内在科学批判，少一点破坏性的外在科学批判，自觉节制一下封建贵族式的或流氓无产者化的新浪漫主义批判(the neo-romantic critique of science)。特别是那些乐于享用或不知不觉享用科学所导致的技术文明成果，而又无情诅咒科学的人文人,更应该加以深刻反省。科学共同体和人文共同体只有这样相互尊重、相互了解、相互学习,才能在和谐的气氛中和正确的轨道上使科学文化与人文文化珠联璧合,科学精神共人文精神相得益彰,从而走向新的综合——科学的人文主义(渗透科学思想和科学精神的新人文主义)和人文的科学主义(充满人文思想和人文情怀的新科学主义)。①

---

① 李醒民:现代科学革命的认识论和方法论启示,长沙:《湖南社会科学》,2002 年第9 期。

在两种文化之间架设沟通的桥梁*

　　科学文化与人文文化虽然是两种不同的异质文化,但是二者在六个方面(把人作为研究对象、包含主观性、追求知识的和谐和理论图式(schema)或秩序、不是孤立的或绝对独立的、在方法的运用上也不是没有交集、不能完全否认人文学科也有某种累积的特征)也有共性,而且存在融汇和整合两种文化的可能性。因此,把二者人为地对立起来是毫无道理的,舍彼取此或去此存彼都是行不通的。I. G. 巴伯指出:根据一般的观念,科学是"客观的",而客观就意味着科学是由其研究的对象决定的。可是人文科学是"主观的",这就是说它在很大程度上是个人主观的产物。C. P. 斯诺提出这种旧观念是造成今天"两种文化"分离的首要原因。"然而,我们力陈:在一切研究中,主观和客观都具有重要的作用;在一切领域中,都存在着主体的个人涉入;将具有普遍性的事件与独特的事件对立起来的做法,是站不住脚的。"[1]麦克莫里斯强调:我们不能得出结论,说"感知"某种类型的"两种文化"的概念总是"有效的",即使在分开的每一方使另一方多产之时。无论如何,我们坚持,它是肤浅的感知和虚假的划分。它绝不是如此,因为不可能就科学作为分离的文化提出前后一致的主张。[2]萨顿特别表明:

---

　　*　节选自李醒民:科学文化与人文文化:融汇与整合,青岛:《山东科技大学学报》(社会科学版),2012年第3期。

　　[1]　I. G. 巴伯:《科学与宗教》,阮炜等译,成都:四川人民出版社,1993年第1版,第225–226页。

　　[2]　N. McMorris, *The Nature of Science*, New Jersey: Fairleigh Dicknson University Press, 1989, p. 109.

"科学是生活的理智,艺术是生活的快乐,而宗教则是生活的和谐。缺少其他方面,任何一方都不完全。只有在这一三角关系的基础上去理解生活,我们才可以指望揭破生活的秘密。这就意味着,我们首先必须放弃科学的自负;其次,我们必须永远不要使人性从属于技术。"①

不仅如此,科学文化与人文文化必须融汇和整合,并最终达成统一。斯诺早就发出警示:"两种文化不能或不去进行交流,那是十分危险的。当科学正在主要决定我们的命运,也即决定我们的生死存亡,从最实际的方面来看确实是危险的。""弥合文化之中的鸿沟不仅从现实的方面看是必要的,从抽象的精神方面看也是一样。把这两个方面割裂开来,任何社会都不能明智地考虑问题。"②笔者先前也说过:"科学文化与人文文化是人类进步的双翼或双轮——哪一翼太弱了也无法顺利起飞,哪一轮太小了亦不能平稳行驶。要知道,没有人文情怀关照的科学文化是盲目的和莽撞的,没有科学精神融入的人文文化是蹩足的和虚浮的。必须使科学文化与人文文化比翼齐飞,必须使科学精神共人文精神并驾齐驱。"③

两种文化的融汇和整合并不是遥不可及的乌托邦,而是有其内在理由和依据的,是经过坚持不懈的努力可以逐步实现的。因为自然或世界、人的文化活动或人性是一个不可割裂有机整体。人类各种各样的知识学科和文化门类,在创造时刻或达到成熟阶段,其统一性就会明显地呈露出来。④

---

① 萨顿:《科学的生命》,刘珺珺译,北京:商务印书馆,1987年第1版,第25－26页。
② 斯诺:《两种文化》,纪树立译,北京:三联书店,1994年第1版,第95、46页。
③ 李醒民:弘扬科学精神,撒播人文情怀——《科学文化随笔丛书》总序,北京:《民主与科学》,2002年第3期,第37－38页。修改版发表在北京:《科学时报》,2004年2月12日B3版。
④ 李醒民:人类文化的大统一,武汉:《武汉理工大学学报》(社会科学版),2007年第20卷,第5期,第575－580页。

　　请看看几位哲人科学家①是怎样看待这个问题的。马赫无视研究领域之间的区分。任何方法、任何类型的知识都可以参加对特殊问题的讨论。为了建立它的新科学，马赫求助于神话学、生理学、心理学、思想史、科学史和物理学学科。② 爱因斯坦认为："一切宗教、艺术和科学都是同一株树的各个分枝。所有这些志向都是为着使人类的生活趋向于高尚，把它从单纯的生理上的生存的境界提高，并且把个人导向自由。"③针对人文学家和科学家对人类问题采取明显不同的处理方式，以及由这些处理方式引起的广泛的混乱，人们从各方面表示关怀，甚至谈论现代社会的文化裂痕，玻尔的态度很明确："科学发展绝不意味着人文科学和物理科学的分裂，它只带来对于我们对待普通人类问题的态度很重要的消息；正如我将要试图指明的，这种消息给知识统一性这一古老问题提供了新的远景。"④马斯洛察知，道德和精神问题也属于自然王国，是科学的一个组成部分，而不是另一个与自然王国相对立的王国。他指出，科学作为一种社会组织和人类事业，的确有目标、伦理、道德和目的，或者用最简单的话来说，它是有价值观的。⑤按照威尔逊的观点，"最伟大的智力劳动曾经是而且仍将是，试图将科学与人文结合起来。依旧表现出来的知识的零散性，及其所导致的哲学上的混乱，并不是真实世界的反映，而是学者人为塑造的产物"。他

　　① 李醒民：论作为科学家的哲学家，长沙：《求索》，1990 年第 5 期，第 51-57 页。上海：《世界科学》以此文为基础，发表记者访谈录《哲人科学家研究问答——李醒民教授访谈录》，1993 年第 10 期，第 42-44 页。

　　② 费耶阿本德：《自由社会中的科学》，兰征译，上海：上海译文出版社，1990 年第 1 版，第 225 页。

　　③ 爱因斯坦：《爱因斯坦文集》第三卷，许良英等编译，北京：商务印书馆，1979 年第 1 版，第 149 页。

　　④ 玻尔：《尼耳斯·玻尔哲学文选》，戈革译，商务印书馆，1999 年第 1 版，第 238 页。

　　⑤ 戈布尔：《第三思潮：马斯洛心理学》，吕明等译，上海：上海译文出版社，1987 年第 1 版，第 21 页。

特别指明,"只有一条道路可以将众多的知识分支联合起来,结束这场文化战争。就是不要把科学和文化之间的界限看成是领土分界线,而是看做广袤的、基本上还未开发的土地,正在等待两边的人合作开发。误解是由于忽视了这片土地的存在,并不是由于两边的人心智上有什么不同。""自然科学与社会科学和人文学科之间的差别体现在问题的数量上,而不在解决问题的原则上。研究人类状况是自然科学最重要的前沿。反之,自然科学所揭示的物质世界又是社会科学和人文学科最重要的前沿。可以将契合论点概括如下:两个前沿是相同的。"①

　　有眼力和有远见的哲学家也如是观。卡西尔指出:"人类文化分为各种不同的活动,它们沿着不同的路线进展,追求不同的目的。如果我们使自己满足于注视这些活动的结果——神话创作、宗教仪式与教义、艺术作品、科学理论——那么把它们归结为一个公分母似乎是不可能的。但是,哲学的综合则意味着完全不同的东西。在这里,我们寻求的不是结果的统一性,而是活动的统一性;不是产品的统一性,而是创造过程的统一性。"他洞察到,科学在思想中给予我们以秩序,道德在行动中给予我们以秩序,艺术则在对可见、可触、可听的外观之把握中给予我们以秩序——它们都是在纷繁复杂的实在或现实中设法寻找秩序。他明晰地表示:"人类文化的不同形式并不是靠它们本性上的统一性而是靠它们基本任务的一致性而结合在一起的。如果在人类文化中有一种平衡的话,那只能把它看成是一种动态的而不是静态的平衡;它是对立面斗争的结果。这种斗争不排斥'看不见的和谐'——根据赫拉克利特的说法,它'比看得见的和谐更好'。"②多伊奇

---

　　①　威尔逊:《论契合——知识的统合》,田洺译,北京:三联书店,2002 年第 1 版,第 8、179-180、387 页。

　　②　卡西尔:《人论》,甘阳译,上海:上海译文出版社,1985 年第 1 版,第 90、213、282 页。

揭示,科学知识和人文知识是同一人类思维过程的两个不同的方面。知识是比纯粹适合于列表资料更广阔的概念。它包括这样的资料和定量的公式。但是,它也包括理解"知识"预期什么,如何行动,甚至如何安定或驾驭自己的心智。它包括直觉的知识或帕斯卡所谓的"敏感精神"的知识,以及像卡尔·贾斯珀斯(Karl Juspers)所谓的"悲剧性的知识"(tragic knowledge)。他得出结论:"在人知道什么这个广阔领域内,科学知识和人文知识像综合和分析的智力过程一样是不可分割的,或者像符号和语言的表象观点和推理的观点一样是不可分割的。……从而,科学和人文学科沿着一个或多或少连续的人类活动谱。科学不能如此抽象、如此一心一意、如此专注于重复的事实或重复的符号操作,以致可以从中统统被排除同时性和相对唯一性的问题或个人感知和相关承认的问题。另一方面,人文知识的形式按照它自己的图式和符号的观点,也不能完全摆脱重复的一致性问题,或摆脱它与重复的事实之世界的关系问题。"①西博格在建议联邦政府给予艺术和人文学科以支持,这有助于粉碎在科学和技术界与艺术和文学界之间造成的人为障碍时表明,科学文化或人文文化之间的障碍是人为的。"因为我们认为,我们只不过是在某种程度上通过我们的词语和行动造成了障碍,而且能够通过新的视野和态度来消除它们。我相信,这些障碍部分地是我们需要方便地分类和编目我们的观念和活动的结果。虽然科学今日在我们的生活中具有无孔不入和蒸蒸日上的影响,但是在过得有价值的未来世界需要的交叉学科文明中,则不能够存在任何截然分明的科学与非科学之间的划分。对于向往终止和寻找它的人来说,文化的重叠日益增加变得明显了。一些人对变化速

---

① K. W. Deutsch, Scientific and Humanistic Knowledge in the Growth of Civilization. H. Brown ed. , *Science and the Creative Spirit*, *Essays on Humanistic Aspects of Science*, Toronto: University of Toronto Press, 1958, pp. 1 - 51.

率和程度忧心忡忡,是因为科学的应用引起的,仿佛科学是与人无关的力量。他们倾向于忽略这样一个简单的事实:科学毕竟是人的努力,它不会独立于人而存在。我们必须不要忘记,在整个历史上,科学迄今与其说使人'减少人性',还不如说使人'有人性'。"①库恩则一言以蔽之:"我们都把科学本质上看做一种人文事业,……根据这个事实它必然本质上还是一种历史事业。"②

既然把科学文化与人文文化对立起来是人为的而不是自然的,既然两种文化必须融汇和整合,而且能够做到这一点,那么我们应该采取什么具体做法或通过哪些途径达到我们的目标呢?窃以为,不妨从以下几个方面入手。

第一,停止攻讦,和平共处,平权相视,平等对待。要知道,在本体论上,科学面对的对象和人文面对的对象并不是完全不同的对象,而是同一对象(不论是以自然为对象还是以人为对象)的不同面相,只是面对的重点和关注的焦点不同而已;在认识论上,二者是对同一世界的不同侧面的认识,不管它们是用抽象概念或数学公式表示的,还是用日常语言、色彩、音符等表示的,都是实在或现实的描绘和反映,只不过是看问题的视角不同罢了;在方法论上,二者也多有交集,可以相互启发和彼此借鉴。而且,二者都有其不可或缺和无法替代的社会功能和心理功能。因此,双方都没有歧视和贬低对方的理由,更不应该自以为是、诋毁攻讦。秉持平权的立场和平等的态度,才不失为明智之举。笔者曾经这样写道:人的认知能力有三种——理性、心灵和情

---

① G. T. Seaborg, *A Scientific Speaks Out*, *A Personal Perspective on Science*, *Society and Change*, Singapore: World Scientific Publishing Co. Pte. Ltd., 1996, p. 165.

② 库恩:科学知识作为历史产品,纪树立译,北京:《自然辩证法通讯》,1988 年第 10 卷,第 5 期,第 16-25 页。

感,人的认知对象有三个——自然、社会和人生,科学认知的范围和优势像其他学科一样,也是有限的和局部的,科学作为一种文化仅是整个人类文化的一部分。科学人要警惕科学沙文主义和科学霸权主义,清醒认识技治主义或专家政治(它无疑优于官僚政治,但却逊于通才政治)的弊端。因为在 20 世纪,科学已经成为整个社会的中轴,科学文化变成一种强势文化,一不小心就可能滋长那样的不正常情绪和非平权的心态。科学人既要进一步加强科学自身固有的自我批判和自我矫正机制,深入发掘科学内在的精神潜能、文化意蕴和人文价值——正如哲人科学家所做的那样;也要以平权的态度善待社会科学和人文学科,积极吸纳它们的思想菁华和时代精神气质,同时利用自己的优势地位和话语权,积极呼吁公众和决策者认识和重视社会科学和人文学科对于社会健康发展和人的完善的意义和重要性,并促成社会加大对它们的支持力度。与此同时,人文人(man of the humanities)也要戒除井蛙主义(well-frogism)的愚昧无知(从索卡尔诈文事件不难看出)和夜郎主义(yelangism)的妄自尊大,克服某些极端立场、狭隘观点、偏执态度和嫉妒心理,放弃对科学的迪士尼式的乃至妖魔化的涂鸦,多一点建设性的内在科学批判,少一点破坏性的外在科学批判,自觉节制一下封建贵族式的或流氓无产者化的新浪漫主义批判(the neo-romantic critique of science)。特别是那些乐于享用或不知不觉享用科学所导致的技术文明成果而又无情诅咒科学的人文人,更应该加以深刻反省。科学共同体和人文共同体只有这样相互尊重、相互了解、相互学习,才能在和谐的气氛中和正确的轨道上使科学文化与人文文化比翼齐飞,科学精神共人文精神圆融一色,从而走向新的综合——科学的人文主义(scientific humanism)(渗透科学思想和科学精神的新人文主义)和人文的科学主义(humanist scientism)(充满人文思想和人文情怀的新科学主义)。①

第二,相互理解,彼此学习,"它山之石,可以为错"。也就是说,科学人要理解和敬重人文文化的成果、价值和意义,人文人反过来也应该照例行事。人文人要虚心学习科学知识,借鉴科学文化的长处,培养科学精神,科学人反过来也应该依照办理。萨顿讲得十分到位:"每一群人都必须学会理解别人。一般说来,受教育的人都必须有一些科学知识和对科学的理解;科学家也必须接受一些历史训练,必须学会既向前看也向后看,而且是怀着敬仰的心情去看。"在他看来,"对于旧人文主义者的唯一治疗办法是使他们认清科学的真正意义,它在文化上的远远超出它的全部应用价值的价值,而最好的做法是给他讲授科学史。对于科学家的唯一治疗办法是让他仔细思考过去、全部过去,尤其是集中于他的前辈为文明的发展所做出的那些努力,让他们仰望历史这面伟大的镜子,并教会他们怎样使用它,不是作为他们自己美德的镜子,而是作为全人类美德的镜子。"他特别指出:"在旧人文主义和科学家之间只有一座桥梁,那就是科学史。建造这座桥梁是我们这个时代的主要文化需要。这肯定是一项艰巨的任务,但是人们值得为此付出它需要的代价。在那些不能理解科学的旧人文主义者和那些不能欣赏美和优雅又对之缺乏敬仰的科学家中间,我不知道哪一个更可怜。对于没有知识的理想和没有理想的知识,我也不知道哪一个更不明智。为了前进,起来迎接新时代——一个新人文主义的时代——的曙光,二者同样是我们需要的。"②为了便于相互理解,彼此学习,需

---

① 李醒民:弘扬科学精神,撒播人文情怀——《科学文化随笔丛书》总序,北京:《民主与科学》,2002 年第 3 期,第 37 - 38 页。修改版发表在北京:《科学时报》,2004 年 2 月 12 日 B3 版。李醒民:现代科学革命的认识论和方法论启示,长沙:《湖南社会科学》,2005 年第 2 期,第 1 - 6 页。该文完稿于 2002 年 9 月 10 日,随即发表在浙江大学网站上。

② 萨顿:《科学史和新人文主义》,陈恒六等译,北京:华夏出版社,1989 年第 1 版,第 50 - 52 页。

要把它们的语言相互翻译。玻尔强调了把科学的数学语言翻译和诠释为日常语言对于认识自然的意义,其实这样的做法也许对沟通两种文化更有价值。①

现在,现实境况已经不是科学人和人文人愿意不愿意相互理解和彼此学习的问题,而是形势逼人,顺之者昌,逆之者亡。戈德史密斯和马凯有言:"今天,'硬科学'正在向过去是人文科学的禁区全面推进,迫使那些早先从事这些科学的人,要么接受新的更为严格的科学规范,要么退居到象牙塔里去。现在,科学已经渗透到很多领域,例如语言学、心理学、经济学、历史学、考古学以及人类学。人们可以预期,科学将会改变更多的领域,甚至诸如宗教之类的现象,也将成为个体或集团心理学的分支。哲学家不懂得相对论和量子力学就不敢讲述'时间'的日子,已经为期不远了。"②同样地,科学人若是对人文学科一无所知或一知半解,没有应有的人文文化素养,不仅不利于自己的科学工作(要知道,伟大的科学家往往是伟大的哲学家或思想家,也每每是科学的艺术家),而且也很难称得上是一个现代知识分子或者现代知识人甚或现代人。琼斯一针见血:"如果你不是某种能够以普遍的名词谈论科学的以及非科学问题的人,你就不是文明化的人。"③

---

① 李醒民:《科学的文化意蕴》,北京:高等教育出版社,2007年第1版,第165-168页。玻尔说:"实证主义者强调语言精确性的重要意义,告诫我们语言一旦离开逻辑的严密性,就会变得毫无意义,这是非常正确的。可是,他们大概没有看到这样的事实:在科学中我们至多只能力图接近这种理想,而不能实际达到这种理想,因为我们用以描述实验的语言也包含着一些我们不能精密确定其范围的概念。一个人当然可以说,我们理论物理学家用以描述自然界的数学方程,应具有这种高度的逻辑纯洁性和严密性。然而,我们一旦试图把这种方程应用于自然界,上述问题就会以不同的方式再次发生。假设我们要完全说明自然界的任何事物,我们就必须设法从数学语言转变到日常语言。"参见海森伯:关于科学语言的讨论,马名驹译,北京:《自然科学哲学问题》1983年第3期,第85-90页。

② 戈德史密斯、马凯主编:《科学的科学——技术时代的社会》,赵红州等译,北京:科学出版社,1985年第1版,第5-6页。

③ J. Brockman, *The Third Culture*, New York: Simon & Schuster, 1995, p. 24.

　　第三,博雅教育,文理并重,注重素质培养,全面发展。从教育入手,全面推行博雅教育或通识教育或通才教育,在中小学文理并重,在大学后一半学期再进行专业训练,倡导终生博览群书,发展兴趣爱好。尤其是,在学校不仅仅是灌输知识,更重要的是培育人的综合素质,力图塑造全面发展的、心灵和谐的个人。弗兰克认为,"通才教育作为渡桥",可以沟通"科学同人文学科之间存在的鸿沟"。① 但是,正如普赖斯注意到的,现状却不容乐观:"我们的教育体系在培养学生方面正陷于失败,无论在人文还是在科学方面,他们只能被授予愚昧无知证书。我们的科学家和人文学家(humanists)两种人都越来越成为解决我们文明和学术的急迫问题有欠缺的人,因为两方面都缺乏对方的知识。"②为此,帕斯莫尔指明解救之道:"我们能够通过修正我们的教育体制,使我们的科学家人文化,并使人文主义者更好地理解科学,把技术的坏结果减小。"③

　　第四,综合学科,尽力综合,交叉学科,尽量交叉。在促进学科统一和两种文化融汇和整合方面,作为综合学科的哲学可以充分发挥应有的统摄作用——"哲学可以缩小某些艺术和某些科学之间的间隙","哲学能够作为不同的理智学科之间的媒介","哲学能够担负协调任务"④。"在知识的综合中,哲学起了至关重要的作用,哲学使思想的力量和连续性经过几个世纪之后仍然具有活力"⑤。其实,奥斯特瓦尔德

　　① 弗兰克:《科学的哲学》,许良英译,上海:上海人民出版社,1985 年第 1 版,第 4 页。
　　② 普赖斯:《巴比伦以来的科学》,任元彪译,石家庄:河北科学技术出版社,2002 年第 1 版,第 253－254 页。
　　③ J. Passmore, *Science and Its Critics*, Duckworth:Rutgers University Press, 1978, pp. 41－42.
　　④ T. Sorell, *Scientism, Philosophy and the Infatuation with Science*, London and New York:Routledge, 1991, p. 127.
　　⑤ 威尔逊:《论契合——知识的统合》,田洺译,北京:三联书店,2002 年第 1 版,第 12 页。

早就洞悉:"在最近半个世纪的专门化之后,科学的综合因素再次强有力地坚持自己的权利。必须认为,需要最终从普遍的观点考虑全部众多的分离学科,需要发现个人自己的活动和人类在其整体上的工作之间的关联,是目前的哲学运动最丰饶的源泉,正如它在一百年前是自然哲学努力的源泉一样。"①卡西尔指出:"哲学不可能放弃它对这个理想世界的基本统一性的探索,但是并不把这种统一性与单一性混淆起来,并不忽视在人的这些不同力量之间存在的张力与摩擦、强烈的对立和深刻的冲突。这些力量不可能被归结为一个公分母。它们趋向于不同的方向,遵循不同的原则。但是这种多样性和相异性并不意味着不一致或不和谐。所有这些功能都是相辅相成的。每一个功能都开辟了一个新的地平线,并且向我们展示了人性的一个新方面。不和谐就是与它自身的相和谐;对立面并不是彼此排斥,而是互相依存:'对立造成和谐,正如弓与六弦琴。'"②柴夫柴瓦兹强调:哲学是文化的自我意识,是文化的一种内在理论,应该包括对自然、人类、社会和历史的反思。③ 弗兰克则特别指明作为哲学一个分支的科学哲学的特殊地位和作用:"为了不仅了解科学本身,而且也了解科学在我们文明中的地位,以及它同伦理、政治和宗教的关系,我们就需要一个关于概念和定律的统一体系,在这个体系中,自然科学以及哲学和人文学科都有它们的地位。这样一种体系可以叫作'科学哲学',这就是科学和人文学科之间的'缺少的环节',而用不着引进任何只有权威才能保证的永恒哲学。"④

---

① 奥斯特瓦尔德:《自然哲学概论》,李醒民译,北京:华夏出版社,2000年第1版,第1页。

② 卡西尔:《人论》,甘阳译,上海:上海译文出版社,1985年第1版,第288页。

③ 奥辛廷斯基:《未来启示录——苏美思想家谈未来》,徐元译,上海:上海译文出版社,1988年第1版,第141页。

④ 弗兰克:《科学的哲学》,许良英译,上海:上海人民出版社,1985年第1版,第7页。

交叉学科（inter-discipline）或跨学科（cross-discipline），像医学、心理学、人类学、生态学等学科，以及信息论、系统论、控制论、耗散结构论、协同论、突变论，都横跨自然科学、社会科学和人文学科，或涵盖科学文化和人文文化，它们是沟通两种文化的桥梁，联结三大知识门类的纽带，已经发挥并将继续发挥巨大的融汇和整合作用。因此，很有必要着力在科学和人文的接壤地带开拓和开掘。普赖斯说得很有道理："似乎大家都同意，科学同人文的任何分离都是一件坏事情。这个鸿沟必须消除，必须把科学当作人文或者把人文当作科学看待来消解裂痕。……在人文和科学的中间地带值得进行认真的学术研究，这种研究是引人入胜的，并且可能有用。只有通过艰苦卓绝的劳动，人文学者的传统思维模式和所有进行探索的技巧手段才能对科学领域的东西产生作用。而且，关于科学，这种学问能告诉我们的比任何一个纯粹科学家从其正统研究过程的潜移默化中所能学到的要多，它必然提供目前还处于萌芽阶段课题的科学史、科学哲学、科学经济学和科学社会学的整个学科群。"[1]雷斯蒂沃也特别重视与科学关系十分密切的社会科学和人文学科——例如科学哲学、科学史、科学社会学、科学人类学、科学美学、科学语言学、科学创造心理学、科学文化学、科学伦理学、科学政治学等等的独特作用。比如，科学史是人类文明史的重要一章，它能告诉我们人类进步的历史和一个充满人性的科学。科学人类学进路"不仅在于它在与科学实践的接触中提出了明显的事实，而且有助于揭示科学知识的社会本性"，"是使科学，尤其是使科学知识祛异化、祛神话、祛神秘化的关键"[2]。齐曼表明，两种文化并没有

---

[1]　普赖斯：《巴比伦以来的科学》，任元彪译，石家庄：河北科学技术出版社，2002 年第 1 版，第 253－254 页。

[2]　S. Restivo, *Science, Society, and Values, Toward a Sociology of Objectivity*, Bethlehem: Lehigh University Press, 1994, p. 118.

真正的鸿沟。"在许多学科,例如认知科学、地理学、考古学以及科学技术论中,它们彼此交融。即使它们被划分为由无数专业化共同体推崇的亚文化,它们仍然分享一种包罗万象的精神气质和理性范式。"①

第五,科学文化需要向善臻美,突显价值、人性和人文意义;人文文化需要崇实尚理,追求真理,构建科学的人文学科和科学的人文主义。科学向善包括伸张作为社会建制的科学的固有之善——普遍性、公有性、祛利性和有组织的或有条理的怀疑主义;履行作为研究活动的科学的伦理责任和道德规范,一切从人的需要或福祉出发,使人为的科学时时处处成为为人的科学;彰显和弘扬科学精神蕴含的善意,使之成为人性的重要组分。

科学审美也是一种桥梁或纽带,可以使两种文化的鸿沟得以跨越或裂痕得以连接。科学审美赋予科学以某种文化品位和价值、人性因素和人情味。科学家像诗人一样,凭借相同的审美源泉作为他的经验的主要组分。在这种意义上,审美能够重新整合经验决定性的官能。②在科学中,审美可以在三个层面显露出来:对作为科学研究对象的自然的审美和陶醉,这是科学家迷恋和从事科学的强大动机、动力和情感寄托的源泉;在科学发明的过程审美,这是照亮前进的路途,激发灵感、选择最美的组合——发明的实质就是如此——的阿拉丁神灯③;审美也是科学理论评价的两个重要标准之一,即内部的完美(另一个是外部的确认),也就是理论前提的逻辑简单性。彭加勒发出科学家的心声:"我们所做的工作,与其说像庸人认为的那样,我们埋头于此是为了得到物质的结果,倒不如说我们感受到审美情绪,并把这种情绪

---

① 齐曼:《真科学:它是什么,它指什么》,曾国屏等译,上海:上海科技教育出版社,2002 年第 1 版,第 221 页。

② 李醒民:科学中的审美,北京:《光明日报》,2006 年 2 月 7 日,第 12 版。

③ Aladdin's lamp. 阿拉丁是阿拉伯神话《天方夜谭》中寻获神灯与魔指环的青年,阿拉丁的神灯即如意神灯,此灯可使持有者百事如意。

传达给能体验到这种情绪的人。"①他甚至敞开心扉,直抒己见:"科学家研究自然,并非因为它有用处;他研究它,是因为他喜欢它,他之所以喜欢它,是因为它是美的。如果自然不美,它就不值得了解;如果自然不值得了解,生命也就不值得活着。……科学家之所以投身于长期而艰巨的劳动,也许为理性美甚于为人类未来的福利。""这种无私利的为真理本身的美而追求真理也是合情合理的,并且能使人变得更完善。"科学之美像自然之美一样,也是科学家孜孜不倦进行科学探索的缘由。在彭加勒看来,自然界存在和谐的法则,"只有当科学向我们揭示出这种和谐时,科学才是美的,从而才值得去培育"②。陶伯揭橥,审美维度可以把作为科学的客观的东西与作为人性的主观的东西统一起来,从而把两种文化的分裂和我们自己的人格分裂弥合起来。③米勒表明,在创造性的时刻,科学和艺术之间的界限模糊了、消解了。美学变得至关重要。对爱因斯坦来说,就像当年的哥白尼和伽利略一样,美学就是数据。④费希尔甚至这样说过:人的努力能够在致力于发现美中围绕真统一起来。没有科学的美学没有用处,没有美学的科学没有价值。具有美学的科学能够拥有价值。⑤

我们早就论述过,科学是人的活动的产物,自然带有人和人性的痕迹,这体现在科学的各个方面,是不能完全消除的。科学自身包含

① ポアンカレ(Poincaré):《科学者と詩人》,平林初之輔訳,东京:岩波书店,1927年,第139-140页。

② 彭加勒:《科学与方法》(汉译世界学术名著丛书),李醒民译,北京:商务印书馆,2010年第1版,第12、14、216页。

③ A. I. Tauber, Epilogue. A. I. Tauber ed. , *Science and the Quest for Reality*, London:Macmillan Press Ltd. ,1997,pp. 395-410.

④ 米勒:《爱因斯坦·毕加索——空间、时间和动人心魄之美》,方在庆等译,上海:上海科技教育出版社,2003年第1版,第255-256页。

⑤ E. P. Fischer, *Beauty and Beast*, *The Aesthetic Moment in Science*, New York and London:Plenum Trade,1999,p. 181.

价值,特别是表现在科学的研究活动和社会建制中①;科学也是有人性的:从科学探索的动机和动力,从科学的"上帝"和科学家的宇宙宗教感情②,从科学含有价值要素,从科学的不可避免的主观性,从科学是真善美三位一体的统一体③,从科学家的科学良心④和科学精神,我们不难窥见科学的人性成分和科学具有的人文主义精神。诸多知识人和公众之所以误以为科学无价值负荷和无人性,主要在于单面相地或一维地看待科学,而不了解作为一个整体的科学是三维的⑤——作为知识体系的科学、作为研究活动的科学和作为社会建制的科学,而且对科学的真正本性或属性研究不透、发掘不深、弘扬不够、传播不力的缘故,也在于贬义的科学主义(科学方法万能论和科学万能论)和客观主义造成负面的文化影响,在于种种原因造成科学和科学家的异化⑥在人们心头留下阴影,从而扩大和加深了对科学的误解和曲解。三个

---

　　① 李醒民:关于科学与价值的几个问题,北京:《中国社会科学》,1990 年第 5 期,第 43 - 60 页。李醒民:科学价值中性的神话,兰州:《兰州大学学报》(社会科学版),1991 年第 19 卷,第 1 期,第 78 - 82 页。

　　② 爱因斯坦"信仰斯宾诺莎的那个在事物的有秩序的和谐中显示出来的上帝",而斯宾诺莎的上帝乃是实体和自然的同义词。按照爱因斯坦的观点,宇宙宗教感情的表现形式是对大自然和科学的热爱和迷恋,对奥秘的体验和好奇,是对宇宙的赞赏、尊敬、敬仰、崇拜、谦恭、谦卑、敬畏、喜悦、狂喜和惊奇之情。宇宙宗教感情也是爱因斯坦从事科学研究的强大动力和动机,乃至成为爱因斯坦的思维方式和科学方法。参见李醒民:《爱因斯坦》,北京:商务印书馆,2005 年第 1 版,第 361 - 390 页。密立根这样表白:"科学的上帝(the God of science)是理性秩序和有序发展的精神,是原子、以太、理念、责任和理智世界中的整合因素。"参见 R. A. Millikan, *Science and the New Civilization*, Freeport and New York:Books for Libraries Press,1930,p. 83.

　　③ 李醒民:科学:真善美三位一体的统一体,淮安:《淮阴师范学院学报》,2010 年第 32 卷,第 4 期,第 449 - 463、499 页。

　　④ 李醒民:科学本性和科学良心,北京:《百科知识》,1987 年第 2 期,第 72 - 74 页。李醒民:科学家的科学良心,北京:《光明日报》,2004 年 3 月 31 日,B4 版。李醒民:论科学家的科学良心:爱因斯坦的启示,北京:《科学文化评论》,2005 年第 2 卷,第 2 期,第 92 - 99 页。

　　⑤ 有兴趣的读者,可以参阅笔者的专著。李醒民:《科学论:科学的三维世界》(上卷、下卷),北京:中国人民大学出版社,2010 年第 1 版。

　　⑥ 李醒民:《科学的文化意蕴》,北京:高等教育出版社,2007 年第 1 版,第 329 - 399 页。

病源找准了，再对症下药，就容易药到病除。这样，通过把事实、价值和意义统一起来，通过在坚持科学的客观性、合理性、真理性原则属性的前提下，对其予以重新阐释和适当弱化——例如把客观性冲淡为主体间性，识别和肯定科学活动和科学发明中的激情、想象、审美、灵感、卓识(good sense)、幻想、体验、感受、神交等非逻辑、非理性的因素，把真理检验的证实(verification)弱化为确认(confirmation)并在真理等评价中引入内部的完美(inner perfection)标准，以设法填平两种文化之间的鸿沟。这样一来，就能够达到斯诺的设想："应该把科学同化为我们整个心灵活动的重要组成部分，正如运用于其他部分一样地自然而然。"①

J. S. 赫胥黎心知肚明："如果把科学当做人的活动而非那种活动的成果，则它的存在自然也是由于动机而与人生价值相联系。人性是奇怪的，它要求知道事物，追求真理，它重视知识不但为了有知识的愉快，同时为了知识带来的能力。"②弗罗洛夫也强调必须正确地认识科学：科学和人的文化统一的需要通过日益增长的现代思想家的数量来实现，这完全是有正当理由的，因为正是在这条路线上，科学的总括的文化和人文意义将充分地显示出来。因此，只强调科学向直接生产力的转化以及它与生产和经济的关联，而不把科学看作是社会发展的文化因素，是根本不恰当的。这贬低了科学作为精神价值的有人的意图的特点和它的人文意义。他进而表明："如果我们仅仅遵循'实践上有效用的科学'的片面发展取向，那么人的文化的未来发展将受到威胁。夸大科学的这一作用，我们就会消灭生气勃勃的活力——而正是这种活力，促进作为一个整体的科学的进展，决定科学家的活动，甚至决定

---

① 斯诺:《两种文化》，纪树立译，北京:三联书店，1994 年第 1 版，第 16 页。
② J. S. 赫胥黎:《科学与行动及信仰》，杨丹声译，台北:商务印书馆，1978 年第 1 版，第109 页。

他们实践科学的倾向。于是,科学可能变成使科学家残缺不全的无灵魂的摩洛神①,而科学家在这些条件下可能使他们自己也变得没有灵魂。"②希博格明锐地揭示:"我们可以说,科学变成了它自己成功的牺牲品。或者更确切地提出来,它变成了它自己的真诚成功的牺牲品。"他特别表示,从哲学母体分离出来的科学变成数目不断增加的学科。尽管这些学科更加精确和多产,但是眼界却越来越狭窄——"科学用智慧交换知识,并在某种程度上用知识交换信息"。不用说,科学必须通过继续养育和改进它的个别学科变得强大起来,我们也需要这些学科提供专门的知识。但是,科学同时必须通过它与其他知识的关联变得更聪明,它必须能够把它的智慧以最有效的方式传达给社会。因此,"在我们面前有一个极大的任务,也就是使科学的焦点和感受性人性化,同时使人性组织化和理性化"。由于在这方面做得不成功,使科学的威信下降,使幻想破灭的年轻人掀起反理性的运动,使科学共同体感到内疚和绝望。为此,"我们必须清除这一切。为了科学精神的统一和我们自信的恢复,为了使对科学丧失信念和希望的那部分人在新的基础上尊重科学,我们必须努力工作"③。陶伯则从几个具体问题着手,力图使科学人性化:我并非正在倡导在合理性和激情或困境之间选择,而宁可是承认日益客观化的世界中的主观经验需要自我意识的入场券。为了把科学看作是参与了对人有意义的基本审美实践,我们必须使在其他地方不起作用的"客观性"的东西人性化,并重新把科学与其他文化结合起来。肯定的,这些认识论的洞察向我们提供了专

---

①　摩洛神(Moloch)是古代近东各地崇拜的神灵,信徒以儿童为牺牲向他献祭。

②　I. Frolov, Interaction Between Science and Humanist Values. "Social Science To-day"Editorial Board, *Science As a Subject of Study*, Moscow: Nauka Publishers, 1987, pp. 234-257.

③　G. T. Seaborg, *A Scientific Speaks Out*, *A Personal Perspective on Science*, *Society and Change*, Singapore: World Scientific Publishing Co. Pte. Ltd. , 1996, p. 272.

业控制,甚至存在较大的要考虑的利害关系。使科学更人性化在使我们的文化更人性化中是关键的。人们把科学看作是唯一使经验客观化的模范,但是应该承认这是凭借我们人的充分的官能。本质上是创造方案的科学必须承认我们称之为审美的人情味的分量。审美维度可以是桥梁,可以把作为科学的客观的东西和作为人性的主观的东西统一起来。我们的论题十分简单,那就是,科学家正像诗人一样,凭借相同的审美源泉作为他的经验的主要组分。在科学家自己的陈述中,审美往往有助于跨越深刻的形而上学分裂。①

　　为了阐发和强化科学的价值和人性要素,拉维茨提出批判性科学的概念:"批判性科学的探究对象将不可避免地变得不同于传统的纯粹科学和技术的对象,因为在这里,科学家与外部世界的关系是如此根本不同。在传统的、纯粹的、数学的-实验的自然科学中,外部世界是被分析的、被动的对象,仅仅能够研究事物和事件的比较简单的和抽象的性质。在技术中,虽然考虑未被控制的实在世界对建构物设计的反作用,但是仅仅把它作为对理想系统的扰乱;任务是控制它或使设计避开它的影响。但是,当问题达到人与自然之间的和谐的相互作用时,必须虔敬地把实在世界看作是符合它自己的权利的复杂而微妙的系统,看作是我们为未来多代人暂时管理的遗产。因此,尽管我们与环境相互作用的研究将必然使用在理智上构造的学科探究的设备,但是它们的状况和内容将不可避免地被修正。我们将比较容易地认出它们是不完善的工具,以此尝试生活在与我们周围的实在世界的和谐之中;虽然这种态度可以被视为有助于怀疑论,但是这种怀疑论将是健康的怀疑论,它承认真正的知识源于漫长的社会经验,这样的知

---

① A. I. Tauber, Epilogue. A. I. Tauber ed. , *Science and the Quest for Reality*, London: Macmillan Press Ltd. , 1997, pp. 403 – 404.

识就其存在而言依赖于我们文明的连续的幸存。探究对象本身将包括在它们的基本属性中的终极原因,不仅包括适合于技术的受限制的功能,而且也包括在经典生物学和生态学中充分发展的恰当的和成功的判断。所有这一切都是未来的工作;但是,如果它是成功的,那么科学知识和人文关怀之间的对立这一从 19 世纪非人性的自然科学中得出的特征将被克服。"① 费希尔则提及另一种方案:"我未隐含科学和人文学科应该变成一种文化。我仅仅意指,自然科学应该变成英语词道德科学(moral science)所表达的东西,应该变成与人文学科一词相关。科学和人文学科将总是有差别的。在一种文化中,我们谈论能够使我们一致同意的事物——水的温度和枢轴的能量;而在互补的文化中,事务的第一序列包括意指某种与人有关的事情——例如乐趣、喜爱和热爱。如果今天对文化建制而言存在最紧急的工作,那么必须达到的一致的意见是,科学和人文学科意味某种东西并拥有对人的价值。"遗憾的是,我们目前的科学体系未容许做到这一点的希望,没有提供理智功能和谐平衡的机会。今天的大学也不再提供由它的名字(universities)启示的整体(universitas),整体涉及科学学科的统一以及在其中占据的人的统一。也许在这样一个地方可以实现科学和人文学科整合的梦想:"学生和教师在人类努力的两个领域,通过工作都能够寻找和发现自己私人的通向感知的进路。这是我们能够用认识论方法代替先前的专门知识的唯一道路,这种认识论方法容许我们在不抛弃科学方法的规则性的牢固根基的情况下,理解自然的价值和它的美。强调感知的美学是这种方法。"②

　　在硬币的另一面,人文文化也有必要加强自己的欠缺和薄弱环

---

① J. R. Ravetz, *The Merger of Knowledge with Power*, *Essays in Critical Science*, London and New York: Mansell Publishing Limited, 1990, pp. 317 - 318.

② E. P. Fischer, *Beauty and Beast*, *The Aesthetic Moment in Science*, New York and London: Plenum Trade, 1999, p. 187.

节,应该具有实证精神和理性精神(崇实尚理),像科学人一样追求真理,把科学的某些优良要素融合于自身。要知道,即使如历史学这样的人文文化,也应该适当具有真理的、实验的和科学事实的属性。因为诚如迪昂所说"历史的真理是实验的真理(truth of experiment)。为了识别或揭示历史的真理,心智要精确地遵循与揭示实验的真理相同的路线。不过,历史与其说是观察事实,还不如说是研究遗迹,它破译文本。而且,这些遗迹和这些文本本身也是事实"①。可是,极端的人文主义却在加剧两种文化的分裂。像海德格尔之类的人文学者以及形形色色的后现代主义者,他们不仅不懂科学,而且一点也不了解科学的精神价值和人文底蕴。他们对科学的理解是片面的、陈腐的、拙劣的,常常把"形而上"的科学混同于"形而下"的技术。他们完全无视科学思想、科学方法和科学精神对人文主义传统的丰富、更新和发展,反而要清除所谓的科学对人文主义的侵蚀。在他们的眼中,人文主义是绝对的好,科学主义是绝对的坏,一点也不明白未来人类文化的走向是科学的人文主义和人文的科学主义的大联合。② 莱维特的告诫向那些以人文主义自我标榜的人敲响了警钟:科学作为一种知识系统,并且作为一种技艺体系,值得社会各个机构高度尊敬。可以设想,如果不是绝对的话,至少应该使科学在民主过程中免遭轻率的、粗糙的否定。一句话,应该把科学从粗鄙的多数主义和民粹主义的冲动中分隔开来。应该尊敬甚至崇敬科学,以此来保护科学,使它免遭政治游戏吵闹、争斗的危害。③ 普赖斯自造术语科学人文学(humanities of science),作为人文学科蓝图的组成部分。科学人文学用来指称他所

---

① P. Duhem, *German Science*, Translated from the French by J. Lyon, Chicago: Open Court Publishing Company, La Salle Illinois, U. S. A., 1981, p. 41.

② 李醒民:走向科学的人文主义和人文的科学主义——两种文化汇流和整合的途径,北京:《光明日报》,2004 年 6 月 1 日 B4 版。

③ 莱维特:《被困的普罗米修斯》,戴建平译,南京:南京大学出版社,2003 年第 1 版,第506 页。

提倡的、对科学进行研究的学科,主要包括科学史,也明确包括科学哲学、科学经济学和科学社会学等相关学科。他认为,他用这个词指称的东西与萨顿的"科学的人文主义"(scientific humanism)指称的东西的区别在于:前者表示一个学术领域或学科,而后者指的是一种运动或趋势。他期望:"我们谈论的这个新学科即科学人文学,应该提供一个范型,能够在把充分的科学知识注入人文框架中是最好的自由教育的范型。如果这一新学科是能够把一部分人文和同量的科学加工糅合在一起的砌合机,那就更好了。"①

看来,科学文化与人文文化需要的不是对立和分裂,而是各自补苴罅漏,完善自己。钱德勒以美代表的艺术和以真代表的科学之间的关系,说明两种文化互补的意义:"有两类真理:照亮道路的真理和温暖人心的真理。第一类真理是科学,第二类真理是艺术。无论哪一个都不独立于另一个,无论哪一个都不比另一个更重要。没有艺术,科学就会像管子工手中的一把高档钳一样无用。没有科学,艺术就会变成杂乱无章的民间传说和容易激动的自吹自擂。艺术的真理使科学避免变成非人性的,科学的真理使艺术避免变成荒谬可笑的。"②雷舍尔也表达了相同的意思:科学家应该认识到,科学在自己的权利中具有足够的价值和地位,以至它的信徒无须声称。不过,像赋予科学的纯粹的坦率性、完全的客观性和完善的理性,实际上是遥远的理想,在一些情况下是不可实行的理想化的东西。"从作为人的创造性和能动性之本性的实在论评价的立场来看,对科学的人文方面的高度意识能够对人类智力的这两个重要工作领域的最大利益服务。这两个领域

---

①　普赖斯:《巴比伦以来的科学》,任元彪译,石家庄:河北科学技术出版社,2002年第1版,第252、261页。

②　E. P. Fischer, *Beauty and Beast*, *The Aesthetic Moment in Science*, New York and London:Plenum Trade,1999,pp. 181 - 182.

不是分离的,而是相互渗透和相互依赖的。在引导人们更好地理解人自身和人生活的世界这一卓越的人类事业中,科学和人文学科与其说是陌生的同盟者,还不如说是古老而相互有益的同伙。"①

第六,科学人争当哲人科学家,人文人力作科学人文家——"虽不能至,然心向往之"。促进科学文化与人文文化的融会和整合,建立科学人和人文人之间的联盟,采取"拉郎配"或"乱点鸳鸯谱"的手段,绝不是好办法。即使把二者强扭或捆绑在一起,也是同床异梦、貌合神离。最佳途径也许是,通过博雅教育(素质教育)、博览群书、自我熏陶和长期实践,促使科学人成为哲人科学家(比如批判学派的代表人物、爱因斯坦等),促进人文人成为科学人文家②(比如达·芬奇、笛卡儿、康德等)。这个要求是很高的,一般科学人和人文人确实难以企及,但是树立一个崇高的理想和远大的目标对双方毕竟具有激励作用,对其拥有梦寐以求的态度总是积极的、值得赞赏的。况且,即使一时不能达到目的,科学人多一些人文素养,人文人多一些科学素质,不也是有利于双方的交流或交往、有益于两种文化的联姻吗?梁实秋说到点子上:"文学家要做有知识的人,便不该不努力理解科学。文学要吸收科学的知识,科学也要'人化'。"③在此,笔者想再次申明:"人文人要像李比希所说、恩格斯所做的那样彻底地'脱毛',恐怕任务更为繁重和艰难。不是么,与 19 世纪和 20 世纪之交相比,当代的哲人科学家虽然少了些,但是毕竟还有一点,而像达·芬奇、笛卡儿、康德这样的科学人文家,几乎已经销声匿迹了。原因何在?谁都不难猜到。要知道,哲人科学家

①　N. Rescher, The Ethical Dimension of Scientific Research. E. D. Klemke et. ed. , *Introductory Reading in the Philosophy of Science*, New York: Prometheus Books, 1980, pp. 238 - 253.

②　李醒民:消除两种"自负与偏见",北京:《学习时报》,2005 年 2 月 28 日,第 7 版。

③　刘为民:《"赛先生"与五四新文学》,济南:山东大学出版社,1994 年第 1 版,第 190 - 191 页。

和科学人文家可是引领人们走向科学文化和人文文化融汇和整合的精神向导啊。因此,我在呼吁科学人贴近人文、拥抱人文的同时,也吁请人文人'脱毛'。人文人倘若没有艰苦的'脱毛'过程,就难以把握科学方法和科学精神的真谛,无法领悟科学的人文意蕴和形而上价值。在这种情况下,不慨叹'科学,要说爱你不容易'才怪呢! 在这种语境中,对科学的批判便很容易堕入封建贵族式的新浪漫主义批判,或者破坏有余、建设不足的流氓无产者化的迪斯尼漫画乃至妖魔化涂鸦。"①

　　布洛克乐观地预言:"如果西方文化大分家出现即将结束的迹象,那就没有别的东西比这更令人兴奋了。这将是一种把科学家看到的世界和艺术家、作家、批评家、学术家看到的世界,结合在明白易懂的关系之中,而不牺牲各自的独立性和有效性的运动。如果能实现这一点,那么就会为人文主义传统打开一个崭新的人类经验的前景。"②在这里,我们愿意评介一下有关学者关于两种文化结束对峙和分裂、走向融汇和整合的一些理念和设想。

　　一种进路是符号学的进路。卡西尔把新康德主义的狭窄出发点即自然科学的事实,扩张成一种符号形式的哲学,它不仅囊括了自然科学和人文研究,而且意欲为作为一个整体的人类文化提供一个先验的基础。请听卡西尔本人是怎么说的:"自发性和创造性就是一切人类活动的核心所在。它是人的最高力量,同时也标示我们人类世界与自然界的天然分界线。在语言、宗教、艺术、科学中,人所能做的不过是建造他自己的宇宙——一个使人类经验能够被他理解和解释、联结和组织、综合化和普遍化的符号的宇宙。"按照卡西尔的观

　　①　李醒民:自由的批评和反批评是令人惬意的事!——就后现代与科学论题答王治河先生,北京:《中华读书报》,2005年4月13日,第16版。
　　②　布洛克:《西方人文主义传统》,董乐山译,北京:三联书店,1997年第1版,第253页。

点,人文文化和科学都是符号形式,只是这些符号具有不同的特殊品性和特殊结构罢了,人类文化并不具有不连续性和根本的异质性。它们像各种各样表面四散开来的射线,都可以聚拢起来会聚到一个共同的焦点。在这里事实被化为各种形式,而这些形式则假定具有一种内在的统一性。①

　　另一种进路是诠释学(解释学)的进路。"关于自然科学与人文科学连续性的思考,由诠释学家利科(Paul Ricoeur)致力。二者都改奉符号系统为解释的典范。符号系统有其语法面(syntax),亦有其语意面(semantics)。语法关涉结构,旨在解释;语意关涉意义,旨在理解。但是,任何语意的理解皆假设了对于语法的把握,而任何语法亦皆应经过诠释而构成意义的符号。所以,在结构的解释中有对意义的理解,在意义的理解中有对结构的解释。既然任何自然现象、数理系统、人文社会乃至典章文物,皆可当做带有意义的符号系统来处理,则对于符号系统的解释和理解两面之相、相辅相成,正指出了自然科学和人文科学的连续性,有了新的理论脉络作为依据。""其次,人是自然科学和人文科学共同研究之对象。人的行为的动机虽是一种理由,但同时亦为一种原因。二学科的连续性,在人类学上亦有基础,主要是人的自然面和精神面的结合与延续。"②

　　还有一种进路是意会认知的进路。波兰尼提出,意会认知是以"内居"(dwell in)的方式进行的,也就是认知主体通过同化于众多的支援成分而达到与认识对象融为一体,达到神交的地步。此时,认识主体进入被探索事物的境界,意会整合于是得以进行。内居不仅是意会认知主体融入对象的过程,而且也是对象向主体归化的过程,即内

---

　　①　卡西尔:《人论》,甘阳译,上海:上海译文出版社,1985年第1版,第 i、279-281页。
　　②　沈青松:《解除世界的魔咒——科学对文化的冲击与展望》,台北:时报文化出版有限公司,1984年第1版,第七章。

居的双向性在主体客体化的同时,客体也主体化。这是一个由"我—它"关系逐渐向"我-你"关系转变,最终达到主体和对象一致的"我—我"境界的过程。这样,"我-它"和"我-你"之间的鸿沟得以填平,如此意会认知就建立了从自然科学间断地过渡到对人性的研究。通过内居,初步连接了科学知识、态度和方法与人文知识、态度和方法的鸿沟,铺设了两种文化之间的桥梁。①

　　威尔逊的进路采取契合(consilience)的进路。他把契合视为科学统一的关键,视为自然科学、社会科学和人文学科统一的途径。"契合"是休厄尔在他的 1840 年的综合性著作《归纳科学的哲学》中首次谈到的。"契合就是通过将跨学科的事实和建立在事实基础上的理论联系起来,实现知识的'统合',从而创造出一种共同的解释基础。"契合是自然科学的基础。至少对于物质世界来说,各种要素绝对要走向概念的统一。自然科学中的学科界限正在消失,正在由不断变化的杂交领域取代,在这些领域中,契合是毋庸置疑的。人类历史的进程与物质历史的进程之间,无论是在星体还是在生命的多样性中,并没有根本的区分。他进而希望,无论成功与否,真正的改革目标应该是通过研究和教学,使科学、社会科学和人文学科达成契合。如果不将自然科学和社会科学以及人文学科的知识结合起来,就无法解决长期存在、时常令人烦恼的问题。"如果这个世界真是以有助于知识契合的途径运行的,那么我便相信文化事业最终将变成科学,我指的是自然科学、人文学科和创造性的艺术。在 21 世纪,这些领域将变成两大知识分支。到时候科学将继续分化出不同的学科,这一过程已经深入开始,有的部分已经结合而且继续结合到生物学中,还有一些已经与人

---

　　① 黄瑞雄:波兰尼的科学人性化途径,北京:《自然辩证法通讯》,2000 年第 22 卷,第 2 期,第 30－37 页。

文学科融合起来。社会科学的一些学科仍将存在,但是与原先的形式有根本的不同。在人文学科中,从哲学、历史,到道德依据、比较宗教和对艺术的解释,都将会与科学的关系更近,而且会和科学部分地融合起来。"①

在两种文化融汇和整合的征程中,以上四种进路可以作为启迪灵感的思想资源,也可以作为尝试的手段,但是并非排它的唯一路径。最后,我们重点涉及一下"第三种文化"(the Third Culture)的考虑。目前,就我所知,于此大概有四种观点。第一种观点是斯诺1963年在"再谈两种文化"中提出的:"目前谈论某种已现实存在的第三种文化,可能还为时过早。但我深信这种文化正在来临。它一旦来临,某些交流的困难将最终得到缓和,因为这种文化为了完成自身的任务也必须同科学文化友好相处。于是,如我所说,争论的焦点将朝着更有利于我们大家的方向转移。"②斯诺的第三种文化概念,是相对于第一种文化(科学文化)和第二种文化(人文文化)而言的。虽然他没有详细论述它,但是显然指称的是科学文化和人文文化的整合或综合,是一种"合金文化"或"化合物文化"或"杂交文化",因为他用"有机共同体"表述它,并认为"我们需要有一种共有的文化,科学属于其中一个不可缺少的成分"。第二种观点是 I. G. 巴伯所说的,即第三种文化是社会科学:"如果人们像实证主义者那样看待科学,像存在主义者那样看待人文科学,那么的确就会产生相反特性的'两种文化'。'中间'领域不得不选择一个或另一个阵营。但是,我们已经指出,这种两分法是根据不足的。较之这些观点,科学更是一种人类的事业,人文科学更具有

---

① 威尔逊:《论契合——知识的统合》,田洺译,北京:三联书店,2002年第1版,第8、11－12、14－15、13页。

② 斯诺:《两种文化》,纪树立译,北京:三联书店,1994年第1版,第68页。接着的引号内的引文在该书第68、v页。

普遍的目的,而'第三种文化'(社会科学)则兼有两者的许多特点。我们具有的,是一个诸多领域的系列,而不是两个截然相反的阵营。"①第三种观点是,把第三种文化界定为对两种异域文化兼收并蓄而形成的文化——有来自母文化的积淀,又有客文化的印记。久而久之,母文化和客文化的交融就形成了一种新文化——第三种文化,它推演了 1+1 大于 2 的社会和文化逻辑。这种文化最鲜明的特点就是对母文化的热爱。这种热爱已经是脱离了盲目和盲从,以理性、公平和道义为基础表达出来的"大爱"。第二个特点就是希望在母文化和客文化之间寻找到一个合适的平衡,一条既安于现状,又能走向未来的桥梁。第三个特点就是凡是带有这种文化特征的人都会感到一种文化孤独。因为你不能成为客文化中的主流,同时已经形成的新文化中的某些元素同母文化的一些弱点又格格不入。第四个特点就是拥有这种文化的人能够用一种文化补充另外一种文化。换句话说,就是更能够提前于单体文化拥有者看到潜在的机会或者是灾难。第五个特点就是这种文化包容力更强。中西文化构成了世界各种文化体的两极。体会了两端的人就能够从容应付这当中的任何一点了。② 第四种观点是由约翰·布洛克曼(John Brockman)和盘托出的。他的第三种文化概念与斯诺的名称一模一样,但是其内涵则大相径庭。在他看来,斯诺乐观地提出未来将出现一种新的文化,即第三种文化,这种文化能填补人文知识分子和科学家之间沟通的鸿沟,人文知识分子将与科学家平等对话。虽然他借用了斯诺的用词,但所指决然不同于斯诺。人文知识分子并没有与科学家进行沟通,是科学家直接与普通大众沟通。传统学术媒体采取的是直线策略:记者加以捧高,教授加以

---

① I. G. 巴伯:《科学与宗教》,阮炜等译,成都:四川人民出版社,1993 年第 1 版,第 262 页。

② 参见新浪博客 blog. sina. com. cn/s/blog_60619af10100fdir. html 2010 - 5 - 29。

贬低。如今,"第三种文化的思想家常绕开中间人,力求以一种可行的方式,向以求知为阅读目的的大众表达他们最深刻的思想"。最近几本严肃科学作品的成功出版,只有因循守旧的知识分子会觉得意外惊讶。在他们看来,这些书是偏离常规的。可是,人们对新鲜的重要思想有着强烈的求知渴望,愿意努力让自己获得知识,这是第三种文化兴起的最好证明。第三种文化的思想家能赢得广泛的兴趣,不仅仅在于他们的写作能力;传统上所谓的"科学"如今已成为"大众文化"。"第三种文化包括科学家及经验世界中的其他思想家,他们通过自己的作品和解释性写作,正逐步取代传统知识分子,向人们揭示生活的深层意义,重新定义我们是谁、我们是什么"①。由此看来,布洛克曼所谓的第三种文化,其实就是科学阵营里的思想者,他们不再只沉溺于自己的科学研究,对自己的成果开始哲学或人类文化的思考,著书立说,阐述自己的观念。他们有着特殊的优势,都是在不同的科学领域里有着重大贡献的人,通过将自己的科学成果作为基石来阐述自己的思想,这是人文知识分子不能相比的。另一方面,这些第三种文化学者努力在语言和思想阐述上通俗化,相比那些喜欢陷入在概念里思考的人文知识分子,他们更容易被这个世界的大众接受。从霍金的《时间简史》风靡世界,我们可以看出来,这本不容易让大众理解的书籍已然如此畅销,那么其他更通俗易懂的第三种文化学者的著作将无法阻挡地侵入人们的头脑。②

不难看出,对于两种文化的融汇和整合而言,第三种文化的第二种和第三种观点似乎关系不大,但是可以在思想上和实践中作为借鉴。第四种观点实际上讲的是有成就和有思想的科学家积极从事科

---

① 布洛克曼:《第二种文化》,序。www.techcn.com.cn/index.php? edition-view。

② www.people.com.cn/GB/paper447/9897/909020。老逻辑:第三种文化——人文学者的命运真的就只能躲进象牙塔了吗?

学传播，并就社会和人生问题发表自己的见解——这样的科学家若是真有广博而深刻的思想，就可以成为或者接近哲人科学家。这样的第三种文化设想当然对于两种文化的交流和统一是好消息，但是它还是属于科学文化的一部分。我们所谓的两种文化融汇和整合而成的文化是斯诺所指的第三种文化，即由科学文化和人文文化熔铸而成的"合金文化"，或由两种文化化合而成的"化合物文化"，或由两种文化杂交而成的"杂交文化"。

在结束本文时，笔者愿意以笔者先前的一段议论作为结语。"急需改变两种文化（科学文化和人文文化）分裂的态势，急需消除两种主义（科学主义和人文主义）的人为对立！行之有效的解决办法既不是削足适履、刓方为圆，也不是揠苗助长、一蹴而就，而是使二者在相互借鉴、彼此补苴的基础上珠联璧合、相得益彰。一言以蔽之，两种文化融汇和整合的有效途径是，走向科学的人文主义和人文的科学主义，即走向新人文主义（new humanism）和新科学主义（new scientism）。这是双重的复兴——人文的复兴和科学的复兴。"在这里，"科学的人文主义是在保持和光大人文主义优良传统的基础上，给其注入旧人文主义所匮乏的科学要素和科学精神"；而"人文的科学主义是在发掘和弘扬科学主义的宝贵遗产的前提下，给其增添旧科学主义所不足的仁爱情怀和人文精神"。①

---

① 李醒民：走向科学的人文主义和人文的科学主义——两种文化汇流和整合的途径，北京：《光明日报》，2004 年 6 月 1 日 B4 版。